长空闪电

P-38战机全传

蒙创波 著

图书在版编目(CIP)数据

长空闪电:P-38战机全传/蒙创波著.—武汉:武汉大学出版社,2010.5(2020.7重印)
经典战史回眸·兵器系列
ISBN 978-7-307-07659-4

Ⅰ.长… Ⅱ.蒙… Ⅲ.第二次世界大战(1939~1945)—军用飞机—简介—美国 Ⅳ.E926.3

中国版本图书馆CIP数据核字(2010)第043726号

责任编辑:王军风　　责任校对:黄添生　　版式设计:马　佳

出版发行:**武汉大学出版社**　(430072　武昌　珞珈山)
(电子邮箱:cbs22@whu.edu.cn　网址:www.wdp.com.cn)
印刷:武汉中科兴业印务有限公司
开本:720×1000　1/16　印张:18.25　字数:227千字　插页:5
版次:2010年5月第1版　2020年7月第2次印刷
ISBN 978-7-307-07659-4/E·27　定价:54.00元

■ P-38F，1943年驻所罗门群岛，瓜达尔卡纳尔基地的13航空队339战斗机大队347战斗机中队。

■ P-38D，1941年12月驻美国本土。

■ P-38E，1943年早期驻阿留申群岛埃达克基地的第11航空队54战斗机大队343战斗机中队。

■ P-38G-15-LO，1943年春驻北非第12航空队49战斗机大队14战斗机中队。

■ P-38J-15-LO，1944年驻国王崖机场第8航空队55战斗机大队12战斗机中队。

■ P-38H-5-LO，1944年3月驻印度第10航空队459战斗机大队80战斗机中队。

■ F-5E-4-LO，1945年3月驻中国昆明第14航空队21照相侦察中队。

■ P-38L-1-LO，1945年3月驻意大利第15航空队71战斗机大队第1战斗机中队。

■ P-38J“闪电”战斗机与现代化的A-10A和F-16进行解散队形的空中表演飞行。

■ 在美国空军2002年代号为“传承会议”演习中进行飞行编队的P-38和F-15D。

■ 在弗吉尼亚州兰利空军基地上空举行的美国空军“历史传承”飞行展示活动。

■ 参加美国空军“历史传承”飞行展示活动的P-38、P-51D和A-10A进行紧密编队。

■ P-38和F-15D编队象征美国空中力量雄居两个时代的意义。(照片来源于USAF Museum)

■ 美国航天飞行器维持与复原中心所保有的P-38“闪电”战斗机。

■ 陈列于美国国立空军博物馆的P-38L。(照片来源于USAF Museum)

■ 一架和B-29“超级空中堡垒”战略轰炸机同室陈列的P-38J。(照片来源于USAF Museum)

■ 美国画家迪克•克莱默（Dick Kramer）所绘制的P-38“闪电”油画。

■ 陈列于美国国立空军博物馆内的P-38L。(照片来源于USAF Museum)

前　言

“哦，希蒂·拉玛是个俏姑娘，
玛德琳·卡萝也很漂亮。
一旦跻身轰炸机乘员队列，
你可能就不会这样想。
有最美好的事物，我们为之歌唱，
那不是好莱坞的金发或者褐发女郎。
那就是P-38，在为我们护航。
……
冲破高射炮和战斗机的火网，
它们在忠实地护航，
它们就是那天堂的光。
它们不会抛弃我们，
只要炮声还在回响。
给我们勇气，给我们力量
再给我们一些小伙伴，
有P-38在护航，我们在飞翔。”

(注：希蒂·拉玛与玛德琳·卡萝均为20世纪40年代著名女星；“小伙伴”是轰炸机乘员对护航战斗机的爱称)

这首题为《天空中的闪电》的小诗发表在1943年的美国陆军军报《星条旗》上，作者是B-17轰炸机的无线电操作员兼机枪手——技术军士罗伯特·布莱森 (Robert Bryson)。在这首小诗里，布莱森向陆军战友们道出了他对轰炸任务中担任护卫的P-38战斗机的衷心热爱。

■ 在大洋上空飞行的P-38战斗机，右下图的机身涂饰惟妙惟肖地诠释了“双身恶魔”这一诨号的涵义。

是的，这就是P-38，美国空中力量的开路先锋，洛克希德公司横空出世的杰作。在第二次世界大战的所有战斗机当

中，没有哪个型号的造型能比P-38更富有个性魅力：双发布局，引擎罩和尾撑拼接成为流线型的细长整体；尾撑末端的垂直尾翼由一副矩形内段平尾连接；引擎罩前端和机身则通过一副中单翼坚固地组合在一起。整架飞机造型凶悍，线条流畅，堪称空气动力学的杰作。

对于这架造型前卫的战斗机，德军称之为“Der Gabelschwanz Teufel”——“杈尾妖怪”，日军则管它叫“双身恶魔”，美国陆军航空队（United States Army Air Corps，缩写USAAC，1941年6月改称陆军航空兵，它是后来美国空军的前身，为方便称呼，以下一律简称陆航）给它的昵称是“全能天使”。不管被赋予什么样的称号，它都是战斗机技术发展史上的一个里程碑。事实上，自1939年P-38原型机从厂房推出的那一刻起，这个星球上其他所有的战斗机设计都显得黯然失色了。P-38大踏步走在了航空工业发展道路的最前沿，人丁兴旺的P-38家族拥有以下荣誉：

第一种装备前三点式起落架的战斗机；

第一种装备涡轮增压器的战斗机；

第一种装备助力操纵系统的战斗机；

第一种运用全金属对焊蒙皮技术的飞机；

第一种从设计阶段就开始采用气泡式座舱盖的战斗机；

第一种完成不着陆、不加油的3000英里飞行的战斗机；

第一种可在作战状态下挂载4000磅炸弹的战斗机；

第一种验证了跨越北大西洋飞行可行性的战斗机；

美国陆航第一种双引擎战斗机；

美国陆航第一种最大平飞速度超过400英里/小时的飞机；

第一种击落德国飞机的美国陆航战斗机；

第一种为轰炸柏林的机群提供护航任务的美国陆航战斗机；

击落日军战机最多的美国陆航战斗机；

第二次世界大战中，唯一始终保持生产状态的美国战斗机；

第二次世界大战中，唯一大量生产的单座双引擎战斗机；

在P-38诞生的时代，它是世界上飞得最快、最远的战斗机。

从技术数据上分析，P-38的性能应该是无可匹敌的。P-38的前卫设计在赋予其优异性能的同时，也开启了一片以往飞行器未曾涉足的领域，因此引发种种前人没有遭遇的问题。这些原因综合在一起，造成了P-38早期型号的若干缺陷，引发项目周期的延长，延迟战斗力的形成。除此之外，训练时间以及教程的缺乏也使得P-38的新手飞行员事故频出。再加上同盟国军队在后勤策略上的种种缺憾，P-38未能在整场大战发挥出自己全部的潜能——尤其在英伦三岛服役期间，P-38由于多种原因引发的一系列问题招致恶评。不过，一旦翱翔在南欧的雾气、非洲的风沙、阿留申群岛的严寒、太平洋的湿热气候中，风驰电掣的P-38表现得出类拔萃，它的战绩是无可挑剔的！

在实战中，没有哪种飞机能像P-38那样出色地胜任所有战斗任务。作为制空战斗机，后来居上的新型P-51的性能达到了螺旋桨战斗机的巅峰，超过了P-38，但它执行对地攻击任务以及侦察任务的效率则大为逊色。

■ 照片摄于美国在第二次世界大战前，这是洛克希德公司一张著名的宣传照片。飞行员正在扣紧他的降落伞，注意左侧腿袋中插着的航空地图。

B-17和B-24是远程水平轰炸机的代表作，但P-38几乎能挂载和它们一样多的炸弹！更重要的是，一旦P-38将炸弹投下，即可马上变回敏捷快速的战斗机！P-38可以被改装成鱼雷机、夜间战斗机，可以执行水平轰炸和俯冲轰炸，还担负起美国陆航最重要的侦察任务。在战火连天的二战岁月，P-38飞遍了东西两个半球，矫健优美的身影无处不在！

一旦习惯了P-38，飞行员便会不可避免地爱上它。不管P-38招致了多少尖酸刻薄的批评，二战中美国排名最高的两位王牌飞行员就是驾驶着这架双引擎的大飞机，把轻巧灵活的日军战机打得落花流水。伴随着美国陆航飞行员经历了整场第二次世界大战，P-38经受住了时间的检验，在战火中越发磨练成熟，最终成为一代经典。

听听战斗机飞行员们是怎样评价P-38的吧：

“这是一架了不起的飞机！这是在二战中我飞过的最好的飞机。作为个人一点遗憾，我没有飞过P-51，但除此之外的几乎所有战斗机我都尝试了个遍。我喜欢它强劲的爬升率、炫目的高速、操作的手感以及机头强劲密集的火力。P-38几乎能够胜过任何其他战斗机，例如在机动性和爬升率上就超越了P-47。这绝对是二战中战斗机的杰作。”

——查尔斯·麦克唐纳（Charles MacDonald），美国陆航P-38王牌，27架击落记录。

“开战以来，我们一直认为零式是全世界最顶尖的战斗机。但第一次和P-38交手时，我大为震惊地发现它在速度、爬升率、俯冲性能上远远超越了零式。P-38风驰电掣的速度、出色的高空机动性、优异的俯冲和爬升性能是我方飞行员挥之不去的噩梦。P-38飞行员们在高空中穿行，一旦找到合适的机会就俯冲下来随心所欲地大开杀戒，把我们痛打一顿。P-38出现以后，我方的前景开始阴云密布，零式飞行员的士气被彻底摧毁了……”

——坂井三郎，日本海军航空队王牌，64架击落记录。

目 录

第一章
“闪电”家族

洛克希德公司的诞生

1887年，马尔科姆·劳黑德（Malcolm Loughead）出生在加利福尼亚州旧金山市，2年后，他的弟弟奥兰·劳黑德（Allan Loughead）也来到了这个世界上。兄弟俩的童年正值人类航空工业的萌芽期：齐柏林伯爵的硬式飞艇、莱特兄弟的“飞行者一号”等神奇的飞行器摆脱了地心引力的束缚，在世人面前展现出一个异彩纷呈的新世界；飞行器的驾驭者们更是媒体注目的焦点，在报刊杂志之上频频亮相，风光无限。在这样的环境下成长，劳黑德兄弟俩从小对航空技术怀有浓厚的兴趣。

长大后，奥兰·劳黑德在1910年进入一家飞机修理厂工作，并很快学会了驾驶飞机的技术。

1912年，劳黑德兄弟在旧金山市建立了自己的艾尔科水上飞机公司(Alco Hydro-airplane Company)。1915年6月15日，劳黑德兄弟的第一项劳动成果——G型水上飞机在旧金山的湾区试飞。G型机采用木质结构和布料蒙皮，同时也是当时美洲大陆最大的水上飞机。但是，劳黑德兄弟无法为G型机找到合适的买主。他们为此参加了在旧金山举办的巴拿马－太平洋国际展览会，以搭载游客升空游览的方式赚取了一笔资金。

依靠这笔收入，劳黑德兄弟在1916年夏天搬到了圣塔巴巴拉。争取到伯顿·罗德曼（Burton Rodman）等商人的投资后，他们建立了劳黑德飞机制造公司。新公司的第一个项目是制造可载客10人的F-1型水上飞机。在F-1飞机的制造过程中，约翰·诺斯罗普——未来的诺斯罗普公司创始人，加入了劳黑德飞机制造公司，并为F-1设计了机体和机翼。

1918年3月29日，F-1进行了首飞。这是1架装备2台发动机的双翼机，采用3垂尾布局。F-1上翼面的翼展为74英尺（22.5米），下翼面的翼展为47英尺（14米），尺寸为当时水上飞机的世界之最。

1918年4月12日，F-1在圣塔巴巴拉和圣迭戈之间创造了一项速度记录：以3小时零1分的时间飞完了211英里（340公里）的航程。这次飞行引起了美国海军的重视，他们经过研究之后将F-1买下。

第一次世界大战结束后，劳黑德飞机制

■ 洛克希德公司俯览，右侧为机库以及“织女星”客机。

造公司雄心勃勃地向市场推出的下一个产品是S-1型运动飞机。这是一架外观动感流畅的双翼机，性能优良，但当时的运动飞机市场被从军队中退役下来的驱逐机占满了。作为二手军用品，退役的驱逐机性能出色，价格则出奇的便宜，S-1始终无法打开销路。

不得已，劳黑德飞机公司只得转型为转包商，为美国海军生产寇蒂斯公司的HS-2L水上飞机。HS-2L一共只制造了2架（美国海军序列号A4228/4229），其利润无法维持整个公司的正常运作。无奈之下，劳黑德公司在1921年关闭，诺斯罗普跳槽到道格拉斯公司工作。

1926年，奥兰·劳黑德筹集到了资金卷土重来。新公司诞生了，诺斯罗普也回到劳黑德的队伍中。这次，考虑到老公司的发音很像“木头脑袋”（Log Head），奥兰把劳黑德（Loughead）改成了洛克希德（Lockheed），一个铭刻在航空工业纪念碑上的名字。

诺斯罗普在新公司设计了“织女星”（Vega）。这是1架可搭乘4名旅客的小型客机，木质结构，机身造型流线，采用单引擎上单翼布局。

“织女星”一号机在1927年7月4日试飞，和同时代的飞机相比，它出色地运用了各种高新科技。“织女星”推出市场后，大受顾客尤其是当时的著名顶尖飞行员的欢迎，并创造了一系列记录：

1928年4月，乔治·休伯特·威尔金斯（George Hubert Wilkins）和卡尔·本·艾尔森（Carl Ben Eielson）驾驶“织女星”成功完成人类首次飞越北极的壮举；同年11月，他们再次驾驶“织女星”，创造了首次飞越整个南极大陆的记录。

1932年，阿米莉娅·埃尔哈特（Amelia Earhart）成为第一个单人飞越大西洋的女性，为她创造这项记录的就是洛克希德公司的“织女星”。

1933年 韦利·波斯特（Wiley Post）和他的“织女星”一起率先完成单人环球飞行。

在随后的几年时间里，一共有128架“织女星”投放市场。其中115架由洛克希德公司制造，9架由底特律飞机公司在1929年收购洛克希德公司之后制造。此外，当时的西部航空公司需要一种运输机，用于盐湖城和洛杉矶之间的航空邮件运送服务。洛克希德公司为其专门设计了洛克希德航空货运飞机。在设计工作完成之后，诺斯罗普再次离开了洛克希德公司，他的总设计师职位由杰勒德·伏尔提 (Gerard Vultee) 顶替。

在1920年代末，投资商弗雷德·基勒 (Fred Keeler) 拥有洛克希德51%的股权。1929年7月，他决定将手中股权的87%出售给底特律飞机公司。奥兰·劳黑德也在这年离开了洛克希德公司。不过，股权的转移对洛克希德公司似乎没有太大影响，“织女星”的生产仍然在继续，新的型号——洛克希德“天狼星”(Sirius) 项目也进展顺利。

“天狼星”配备有固定的起落架以及2个开放的驾驶舱。1930年4月，传奇飞行员查尔斯· 林德伯格 (Charles Lindbergh) 和安·林德伯格 (Anne Lindbergh) 夫妇驾驶“天狼星”创造了横跨美洲大陆的速度记录。

■ 洛克希德公司的“牵牛星”(Altair)飞机。

■ 洛克希德公司高层合影。照片摄于1934年7月26日，从左至右为：洛伊德·史蒂尔曼、罗伯特·格罗斯、秘书西里尔·查佩立特(Cyril Chappellet)以及总工程师霍尔·希巴德(Hall Hibbard)。

接下来，洛克希德公司的工程师们开发了“牵牛星”(Altair) 飞机，并在这一型飞机上运用了可收放起落架的设计。1934年10月20日－11月4日，“牵牛星”完成了首次从澳大利亚到美国的穿越太平洋飞行。

1931年，底特律飞机公司宣布破产。此时，金融投资家罗伯特·格罗斯 (Robert Gross)、卡尔·史克维尔 (Carl Squire) 和洛伊德·史蒂尔曼 (Lioyd Stearman)看中了洛克希德公司，认为该公司具备相当潜力。罗伯特·格罗斯等人于同年6月前往美国联邦地方法院，投资4万美元买下了洛克希德。新公司由罗伯

■ 在1931年首飞的“猎户座”(Orion)是另外一种成功的洛克希德公司飞机。这是一种载客6人的小型客机，装备有美国国家航空咨询委员会 (National Advisory Committee for Aeronautics) 设计的引擎罩以及可收放式起落架。在西班牙内战期间，“猎户座”为西班牙共和国一方使用。

特·格罗斯领导，2年前离开的奥兰·劳黑德现在以顾问身份重新加入到洛克希德公司。

纵览20世纪30年代的航空工业发展状况，罗伯特·格罗斯意识到，如果洛克希德公司要和波音、道格拉斯等大型飞机制造厂商竞争，就不能固守“织女星”的成功，必须尽早跨越单引擎木质飞机的阶段，向装有2台发动机、具有运载更多旅客能力的新型全金属飞机方向发展。

在罗伯特·格罗斯的指引下，1933年3月，浴火重生的新公司推出了第一架商业飞机：Model 10——洛克希德“伊莱克特拉”(Electra)。这个优秀产品成为早期双引擎全金属小型客机的成功典范。

■ “伊莱克特拉”是洛克希德30年代的骄傲。

最初的“伊莱克特拉”采用单垂尾布局，飞机模型在密歇根大学进行风洞试验时，该校的一位毕业生发现单垂尾可能会导致某些稳定性问题。这位大名克拉伦斯·伦纳德·约翰逊(Clarence Leonard Johnson)、绰号“凯利”的年轻人随后到洛克希德公司应聘，并不知天高地厚地向公司的现任总工程师霍尔·希巴德(Hall Hibbard)提出质疑，指出他的设计存在瑕疵。霍尔·希巴德对此大吃一惊，他的反应是：“好嘛，如果你能做得更好，为什么不来试试看？”凯利·约翰逊随即加入了洛克希德公司，航空史上的一个传奇故事由此开始。

凯利·约翰逊在洛克希德的第一项工作就是设计出了两副垂尾和方向舵的布局，解决了“伊莱克特拉”的稳定性问题。“伊

■ 凯利·约翰逊在工作中。

工的薪水，待到日后设法补偿——要知道，这样的窘况发生了不止一次！

在1936年的大战前夜，谁都不会想到如此不起眼的一间小公司能够抓住稍纵即逝的机会，迅速发展扩大，在短短几年时间里崛起为令世界瞩目的航空工业巨头……

莱克特拉”成功了，后继型号“超伊莱克特拉”也同样采用了凯利·约翰逊的双垂尾布局，该设计一直延续到发展型“哈德森”(Hudson) 轰炸机中。1938年，凯利·约翰逊晋升为洛克希德公司的主任研究工程师。

1936年，虽然“织女星”和“伊莱克特拉”的成功为洛克希德公司赢得了相当的声誉，当时的洛克希德公司还是一家非常小的企业。从1926年成立之日起，在11年时间里，洛克希德公司设计了21种飞机，其中8种投入了商业生产，总产量仅为277架，其中196架为木质结构。当时，公司唯一的收入来源是10座双引擎客机“伊莱克特拉”的销售。在过去的3年中，洛克希德公司一共卖出了不到80架“伊莱克特拉”，手头的活动资金只够勉强维持1个月的运作。一旦资金周转不灵，洛克希德公司只能暂停发放大部分员

X-608项目

自建国以来，美国的对外政策一直渗透着浓厚的孤立主义味道。国会山的政客们着眼于本国优越的地理条件和丰富的自然资源，尽量不卷入国际事务、集中力量于北美大陆的开发和国内建设。在他们看来，倚靠太平洋和大西洋这两道辽阔的天然屏障，美国可以安全地远离其他地区的政治与军事冲突，安心开发本国资源。

在孤立主义政策影响下，美国的军事力量远远无法跟随国家综合实力的发展。第一次世界大战结束10多年之后，政府拨给军队的预算可谓杯水车薪，而陆军和海军这两个势同水火的老冤家每年都要为争取资金斗得不亦乐乎。至于飞机——这种崭新的战争工具仍然被一些保守的政客视为华而不实的大

玩具。

到20世纪30年代，美国空军的前身——美国陆航装备的军用飞机可谓五花八门：有大量轻型武装侦察机，只能勉勉强强把飞行员带上天空，除此之外作战性能相当有限；有不少战斗机/驱逐机，其速度、爬升性能比民间的竞赛飞机好不了多少，完全无法投入实战；有为数众多的战术轰炸机，但它们仍旧采用第一次世界大战中蒙布机翼的老式设计。

美国陆航一直在竭力寻求发展，但自从第一次世界大战结束以来，它的作战思维却没有发生多少改变。在军方高官的脑海中，轰炸机就是胜利的代名词：只要拥有大量的巨型轰炸机，就能以自身重装甲、完善防御的优势突破防空火力，将敌人的阵线和后方炸为齑粉，使敌国俯首称臣——至于战斗机，它们只是为轰炸机提供护航任务的小角色罢了。

按照军方高层的想法，优先级仅次于重型轰炸机的，是为轰炸预先提供战场信息并能及时反馈作战成效的侦察机。在此种思维方式的影响下，美国陆航的研发经费只有很少一部分拨给战斗机项目。陆军的陈旧思想和同时期海军中弥漫的大舰巨炮情结一样，极大地延误了美国空中力量的发展和部署。因此，美国陆航的战斗机部队受到了技术水平、作战思想等诸多方面限制，还在采用“驱逐机”(Pursuit) 的老旧称呼。美国陆军中，在役的战斗机最大武器载荷通常在500磅以下，这个数字意味着1挺7.62毫米机枪和1挺12.7毫米机枪，再加上子弹的重量。在1930年代，美国陆航制空力量的主力是波音P-26、舍维尔斯基P-35和寇蒂斯P-36战斗机，它们相比欧洲大陆的“喷火”和Bf 109战斗机落后了整整一代。

在富有进取精神的年轻官员的推动下，陆航高层也不至于对风起云涌的世界局势完全无动于衷。他们逐渐认识到未来战争一旦爆发，新型的拥有高机动性和强劲火力的战斗机将能增强美军的作战能力。但在1930年代前期，美国政府刚从经济大萧条中恢复过

■ 20世纪30年代美国航空工业水平的写照——舍维尔斯基P-35，其性能远远落后于其他发达国家。

来，根本无力给陆航提供足够的资金研制所有需要的新飞机。

1935－1937年，纳粹德国扩张的步伐使整个世界越发坐立不安。在美国国会山，即便是最顽固的孤立主义者也不可能对此视而不见了。他们紧抓住钱包的手指终于有所松动，美国政府拨出些许款项，批准军方研究新型军用飞机。

政府拨款一到，在陆航负责战斗机项目的年轻官员们便开始放手大干一场。位于俄亥俄州德顿市(Dayton)的莱特机场(Wright Field)是美国陆航的军用航空研究中心，在这里，毕业于麻省理工学院航空发动机专业，同时也是一名经验丰富的试飞员的本·凯尔西(Ben Kelsey)领导着美国陆航的驱逐机项目办公室。

基于对欧洲局势的反复研究，凯尔西认为美国陆航当前装备的驱逐机设计过于陈旧，无法适应战争需求，政府的资金应该拨给那些能够提出创新的战机设计并具备生产能力的公司。凯尔西和同事们经过研究，提出了一个发展项目：寻求一种双引擎的新型战机，装备有最新生产的发动机，配以涡轮增压器使用，拥有强劲的高空高速性能。新战机必须具备远程飞行能力，可以携带强大的军械，能够快速爬升至高空以拦截敌方入侵的轰炸机。同时，前三点起落架也是必要的，因为这可以使地勤工作变得简单。

1936年，美国陆航向包括洛克希德在内的各飞机制造厂商发布了凯尔西起草的X-608号规范书，以征求新型战机。为了避免触及当时美国国会中的孤立主义势力，凯尔西在X-608号规范书内为新型战机创造了一个新名词——“截击机”(Interceptor)。截击机这个概念意味着国土防空的任务，这样一来便杜绝了政客们对此说三道四的可能。不过，在X-608号规范书的定义中，截击机也可以具备若干与当前军方高层的保守倾向不完全匹配的功能，例如夺取制空权，对地攻击等。

凯尔西赋予截击机一整套划时代的性能指标，根据X-608号规范书：

1. 截击机应能在6分钟内爬升到20000英尺(6100米)的高度；

2. 截击机应能在20000英尺高度保持360英里/小时(579公里/小时)以上的最大平飞速度，在海平面的最大平飞速度为290英里/小时(467公里/小时)；

3. 截击机应具备在20000英尺高度，以发动机最大功率巡航1小时的能力；

4. 截击机应采用艾利森V-1710液冷发动机、配合发动机的普瑞斯通冷却器以及通用电气公司的涡轮增压器，以提供足够动力承载两倍于老式驱逐机的弹药载荷；

5. 在2200英尺长度跑道上，截击机可越过50英尺高度起飞/降落。

和其他参加X-608竞标的公司，例如波

V-1710动力系统

■ 为P-38系列广泛采用的艾利森V-1710，F系列引擎。

多年以来，美国陆航坚持认为：在高空环境中，配备涡轮增压器的大马力液冷发动机的性能要高于气冷型号。为此，美国陆航从1932年开始为艾利森公司（当时还是通用汽车集团General Motors Corporation下的一个小型分支）提供发展资金，资助其V-1710液冷发动机项目。从1934年开始，V-1710先后在联合公司的VA-11A型战斗机以及贝尔公司的“空中飞鱼（Airacuda）”重型截击机上进行试验，但这两型战机均未获成功。

在1937年2月，洛克希德公司的截击机设计草稿完成之时，艾利森V-1710-C8发动机已经进行了若干个星期的成功运转。在150多个小时的试验中，V-1710-C8的输出功率超过1000马力。在当时的美国，这是唯一能够大规模批量生产的高性能液冷发动机。美国陆航对V-1710抱有极大信心，希望这一型发动机能够成为未来战斗机的标准动力设备。事实的确如此，美国陆航在30年代末期40年代初期装备的战斗机均清一色地装备V-1710：除了洛克希德公司的这款传奇名机，还包括P-39“空中飞蛇”、P-40“战鹰”、P-51“野马”，名单之外还可以加上各种五花八门中途下马的试验型号。

为使发动机在空气稀薄的高空保持足够的进气压力，V-1710在出厂时自带一台单级单速的机械增压器，但依旧无法完全满足高空环境的工作需求，这就是美国陆航在X-608号规范书之中加入涡轮增压器要求的原因。

X-608项目V-1710动力系统参数

规格	V型，液冷
汽缸数量	12
缸径×冲程	5.5 英寸(140 mm) x 6 英寸（152 mm）
发动机排量	1710立方英寸（28升）
最大转速	2950转/分钟
最大输出功率	1150马力
重量	1595 磅（707公斤）
燃料	规格AN-7-28，标号100/130 或规格AN-7-26，标号91
润滑油	规格AN-0-446，标号1120 或规格AN-0-446，标号1100A（低温环境使用）
涡轮增压器润滑油	规格AN-0-446， 标号 1065
冷却剂	规格AN-E-2，乙二醇 NaMBT

音、联合 (Consolidated)、寇蒂斯、道格拉斯、伏尔提 (Vultee) 公司相比，洛克希德公司自身的实力明显不足：首先，公司规模相当小，只有1200名员工和50名工程师，无法与其他大公司相提并论；其次，缺乏战斗机制造经验，在1936年以前，洛克希德没有制造过哪怕1架战斗机！洛克希德公司为截击机项目召集的工程师们原本都在各自的运输机或客机项目中工作，很少有过和军方合作的经历。

不过，洛克希德公司依然制订了雄心勃勃的计划，目标是推出比军方标准更上一层楼的截击机。洛克希德公司的X-608号项目由霍尔·希巴德主持，凯利·约翰逊被指派领导新飞机的设计团队。

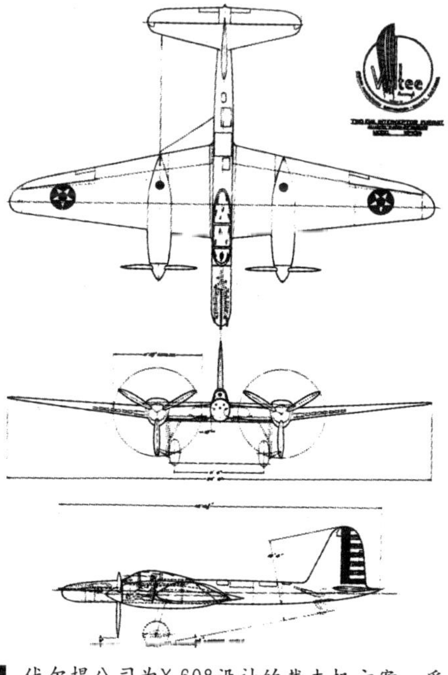

■ 伏尔提公司为X-608设计的截击机方案，采用正常布局，后三点起落架，自然无法与洛克希德公司的设计竞争。

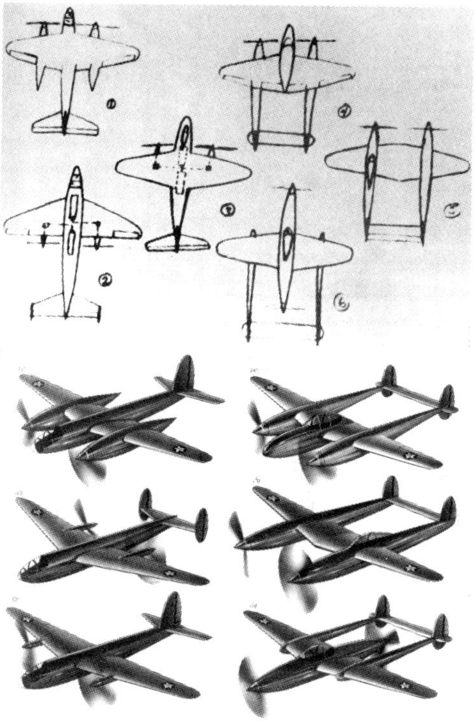

■ 凯利·约翰逊为X-608号项目设计的6种截击机方案效果图，上图为其手绘图。

设计新飞机首先要解决布局问题。和以前的老式发动机相比，艾利森V-1710发动机的长度增加了不少，但按照军方要求，新截击机上必须安装2台。除此之外，新截击机还要安装2台通用电气公司的涡轮增压器、2套普瑞斯通冷却器，再加上收入机身的起落架空间，如何安排这些部件成了颇为棘手的一个难题。

为此，凯利·约翰逊先后设计了6种双发截击机的方案：

方案1：类似德哈维兰后来的“蚊”式轰炸机或者福克·沃尔夫的Fw 187，2个发动机短舱安装在两侧机翼上，螺旋桨位于短舱前方拉动飞机。这也是轻型双发战机的最典型布局。

方案2：2台发动机呈前后排列形式安装在机身内，螺旋桨安装在两侧机翼后方推动飞机，螺旋桨和发动机之间通过机翼内的传动轴连接。和方案1相比，安装在机身内的发动机能够有效减少空气阻力，同时也带来了机身空间不足的缺陷。

方案3：2台发动机呈前后排列形式安装在机身内，螺旋桨安装在两侧机翼前方拉动飞机，螺旋桨和发动机之间通过机翼内的传动轴连接。和方案2相比，本方案的区别为螺旋桨安装方向改变。

方案4：2个发动机短舱和尾撑分别拼接成为流线型的细长整体，分列机身两侧。发动机短舱后的空间则用于容纳通用电气公司的涡轮增压器；双尾撑末端的垂直尾翼由一副矩形内段平尾连接；容纳驾驶员和武器的主机身长度较短，通过一副坚固的中单翼和发动机短舱前端连接。这也是日后为我们所熟悉的P-38机身结构布局。

方案5：双尾撑布局基本同方案4，但取消了中间的主机身，驾驶员的位置安排在左侧发动机短舱之后。

方案6：2台发动机安装在机身前后，分别驱动一副拉进式螺旋桨和一副推进式螺旋桨。双尾撑从机翼后延伸，通过内段平尾连接。这个布局和荷兰福克D.XXⅢ基本相同。

通过研究，洛克希德公司最终采用方案4的布局研制新型截击机，并给予Model 22-64-01的设计编号，简称Model 22。在这里，数字22意味着新型截击机是洛克希德公司设计的第22种飞机。

Model 22拥有那个时代最强劲的火力配备：4挺12.7毫米机枪和1门25毫米机炮，全部安置在机头。这个布局有3个突出的优点：

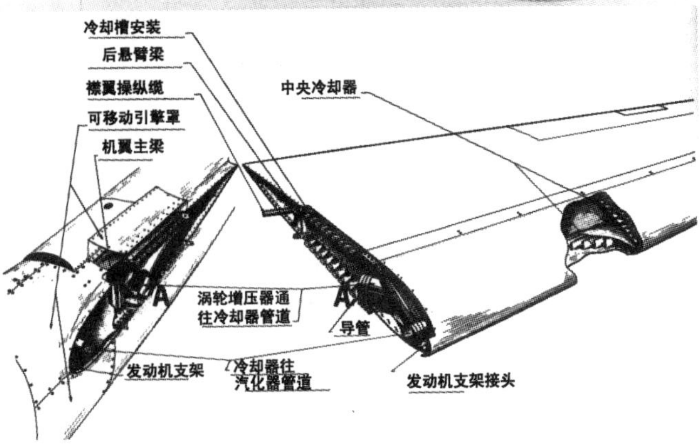

■（上）荷兰福克D.XXⅢ；（下）P-38早期型号机翼部分结构。

1. 地勤人员维护方便；2. 便于精确调节飞机重心位置；3. 最重要的一点，可以使机枪在整个射程内都保持密集的火力——这将在未来的实战中得以充分体现。

Model 22在外部结构和机翼操纵面上采用全金属蒙皮和对焊技术，其他新技术还包括可收放的前三点式起落架、可为飞行员提供良好视野的气泡式座舱盖。出于空气动力学和机械效率方面的考虑，凯利·约翰逊为Model 22设计的中间冷却器安置在机翼的前沿部分。

对于一架标准单引擎战斗机来说，洛克希德公司的设计太大、太重——相当于一架标准的英国中型轰炸机，此外机翼布局也很不寻常。但是洛克希德公司的工程师们相信在新型发动机、涡轮增压器和革新化设计的综合作用下，所有的元素将融合成一架优秀的截击机。

Model 22的设计指标是：在20000英尺高空的最大速度为417英里/小时（671公里/小时），爬升到20000英尺（6100米）的时间为4分半钟，能以397英里/小时（639公里/小时）的速度连续飞行1小时45分钟，最大航程为1386英里（2230公里）。这些数据远远超出了X-608号规范书的要求，简直如天方夜谭一般不可思议。不过，随着时间的推移，事实将证明一切。

1937年2月，罗伯特·格罗斯作为洛克希德公司总裁前往俄亥俄州莱特机场，亲手将凯利·约翰逊手绘的Model 22设计稿递交给凯尔西。凯尔西被Model 22的设计深深吸引：400多英里的最大时速比X-608号规范书的要求要高出一大截，陆航也需要一种出类拔萃的新型飞机来促成国会的更多拨款。于是，在凯尔西的支持下，1937年6月23日，美国陆航与洛克希德签署了编号AC-9974的合同，订购1架Model 22原型机，并赋予其XP-38的军方编号。原型机的美国陆航序列号为37-457，整个合同的金额为163000美元。

值得一提的是，与征求高空双引擎战机的X-608号规范书相对应，美国陆航也颁布了征求中低空单引擎战机的X-609号规范书。竞争的获胜者是贝尔公司，它们的项目是XP-39“空中飞蛇”。

洛克希德公司由此开始书写一代名机P-38的光辉历史。对凯利·约翰逊来说，这标志着他多年革命性飞机设计生涯的第一步。Model 22的设计并非一成不变，在项目进行的过程中，修订和改进工作一直在持续进行。凯利·约翰逊在合同签订后升任洛克希德公司的主任研究工程师，相当部分的Model 22项目工作转交给吉姆·格斯彻勒（Jim Gerschler）执行。

在Model 22的项目过程中，洛克希德公司无法获得可供使用的25毫米机炮，因此吉姆格·斯彻勒计划为其配备丹麦麦迪森公司生产的23毫米机炮，备弹15发。在最初的Model 22设计中，左右两副螺旋桨的旋转方向相同。1937年9月，吉姆格·斯彻勒对Model 22进行了一些修改：发动机采用改进型的艾利森V-1710-11/15，C-9系列引擎；2具寇蒂斯公司的三叶螺旋桨改为相对旋转，以座舱内驾驶员的角度来看，左右两侧的螺旋桨上端均向内旋转。

这项更动孕育了P-38系列的另外一个重要特性：对转的螺旋桨消除了扭矩效应，使飞机操纵更加平稳轻松。2具不同方向旋转的螺旋桨意味着需要2套变速齿轮箱，会给战时的后勤供应及其维护造成一定的困难。但在此后的实战中，这个缺点几乎可以忽略不计，飞行员们对消除扭矩效应的对转螺旋桨布局交口称赞。

凯利·约翰逊对英国皇家空军“喷火”战斗机精巧的机翼设计赞誉有加，曾经考虑过为 Model 22采用类似的翼型。“喷火”翼型较薄，不能容纳机翼油箱，单凭机身内油箱的容量无法满足通常作战任务的航程标准。早期的“喷火”机内油箱容量只有可怜的85加仑，这对保卫英伦三岛的任务来说应该足够了。相比之下，洛克希德公司的这架大怪物在其执行的战斗任务中，通常需要消耗400加仑以上的燃油，两者相差将近5倍！

如要实现高性能以及远航程的统一，一个顺理成章的解决方案便是为新型截击机配备较薄的“喷火”翼型以及可投掷的副油箱。不过，当时美国陆航的后勤部门以后勤压力过重为由强烈反对副油箱的使用。在他们之上，还有来自国会山的保守派压力——副油箱意味着远航程、意味着强烈的攻击性，一架保卫国土领空的截击机需要那么远

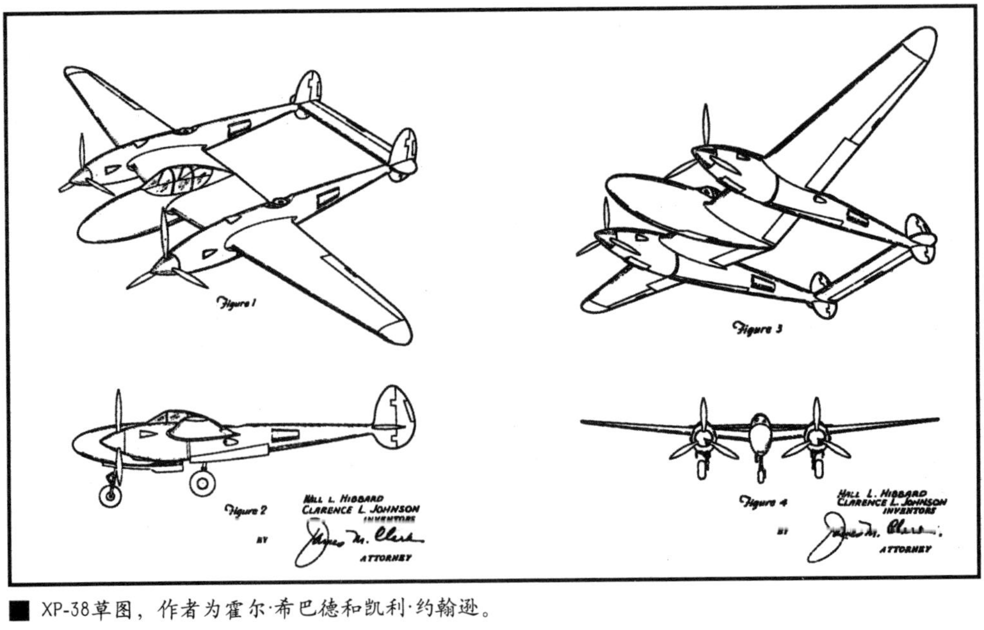

■ XP-38草图，作者为霍尔·希巴德和凯利·约翰逊。

的航程吗？别无他法，凯利·约翰逊转而改用较厚的翼型以提供安装油箱的空间。虽然这种翼型会对性能带来一定的影响，为使项目通过美国陆航的批准，洛克希德公司只能暂时做出妥协。

P-38服役之后，事实将证明凯利·约翰逊的最初想法是正确的：美国卷入第二次世界大战之后，作战任务对战斗机航程的要求日益提升，P-38的后续发展型均不可避免地装备了副油箱；较厚的机翼使P-38在俯冲阶段就会过早触发危险的压缩效应，相比之下，“喷火”则需要俯冲到更高的速度才会触发压缩效应，比P-38更为安全可靠。

在新设计的最后一篇报告——编号1152的文档当中，凯利·约翰逊用了6页纸的篇幅来详细描述Model 22将来可能会遇到的压缩效应：“……当飞机的速度和高度增加时（越高，空气越稀薄），必须注意压缩效应。”因为他知道，Model 22的设计跨入了一片前人未曾涉足的未知领域，前方的迷雾中将有无数的险境等待他的突破。

唯一的XP-38

XP-38的合同在1937年6月23日就已经签署，设计稿也得到进一步完善，按照正规程序，洛克希德公司应当立即开始准备制造XP-38。但事实并非如此，XP-38原型机的生产要到13个月之后才全面展开！这是为什么呢？只要对当时的各方面因素进行综合分析，我们自然会找到答案：

首先，在X-608项目的竞争阶段，军方高层告知洛克希德公司：如果原型机测试性能优秀，他们将能得到大批后续订单——“将有80架之多”！这个数字很显然不会给公司带来巨大的经济利益。其次，洛克希德公司高层意识到，XP-38的设计过于前卫，技术风险高，原型机的制造需要投入大量人力物力。如果原型机的表现没有预想中的那样出色，将很难获得大规模生产的机会，公司投入到项目中的努力就要付诸东流。因此，要考虑如何对待已经到手的这个合同，罗伯特·格罗斯最初的心情颇为踌躇。

在另一方面，洛克希德公司的经济状况逐渐有了起色，远在东方的大日本航空株式

■ XP-38在伯班克的最后组装阶段。洛克希德公司的保密措施非常严格，这张模糊不清的照片是本·凯尔西偷偷拍下的。

会社定购了一批“伊莱克特拉”的14座放大型。洛克希德公司因而等到了一场及时雨，从合同中获得了发展所需要的资金，公司的生产线得以继续运转。更重要的是，这批飞机在工厂中准备下线交付日方的时候，正值1938年4月——洛克希德公司迎来了大洋对岸的英国采购团。此时的英国政府对希特勒的侵略野心如坐针毡，借助美国强大的生产力来加强自身防御力量便成为当务之急，洛克希德公司和其他美国公司被列入武器采购的可能对象。

日本公司的订单使洛克希德公司获得了向英国政府争取更大一笔生意的机会，正如公司秘书西里尔·查佩立特(Cyril Chappellet)事后回忆说：“如果当时我们没有接下那笔（日本）生意，英国采购团到洛克希德来的时候，他们看到的将是一个空荡荡的厂房——英国人不会对这样的公司有任何兴趣的。”

虽然只有5天时间进行准备，洛克希德公司依然成功地打动了英国人。年仅28岁的凯利·约翰逊在“伊莱克特拉”的基础上进行改造，设计出一种轻型侦察轰炸机。这种新型号非常适合英国军方对反潜任务的需求，英国人当即签订了购买合同，赋予其“哈德森”(Hudson)轰炸机的编号，并一口气定购了200架之多！相比洛克希德11年来的277架飞机产量，这批订单堪称公司发展史上一个飞跃。合同涉及金额更是空前的2500万美元，这是当时所有美国飞机制造公司所获得过的最大单笔订单！

一边是前景并不明朗的XP-38项目、另一边是给公司带来巨大财富的“哈德森”轰炸机合同，两相比较，洛克希德公司总裁罗伯特·格罗斯的感受可想而知。

开工建造

1936年，罗伯特·格罗斯在伯班克买下了很大一块地皮。拿到英国政府的轰炸机合同后，洛克希德公司便在这块地皮上扩建厂

■ 涡轮增压器的先行者桑福德·莫斯博士（右）正在给詹姆斯·杜立特将军介绍安装在P-38上的通用电气公司B系列涡轮增压器。

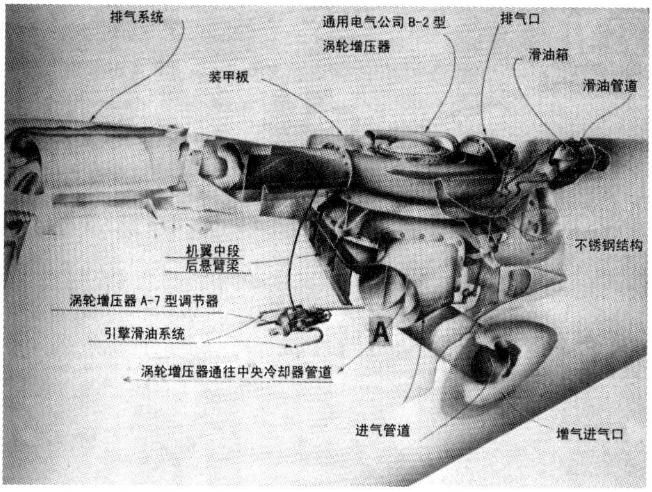

■ XP-38的涡轮增压器结构一直沿用到YP-38上。

房，建造面积达25万平方英尺的生产、管理机构和技术设施。业务开始蒸蒸日上蓬勃发展，公司规模急速扩张。到1939年初XP-38完工时，洛克希德公司的股票市值达到425万美元，纯流动资金为65万美元，公司存款为33万美元，雇员为2500人；2年之后，当第1架YP-38交付美国陆航时，公司雇员达到50000人之多，增加了足足20倍！

完成了“哈德森”轰炸机的设计之后，凯利·约翰逊终于能够回到P-38项目中来。1938年7月，洛克希德公司划出伯班克工厂的车间一角，着手建造XP-38。

在洛克希德公司，Model 22被列入秘密项目，生产厂房被严格控制，禁止非相关人员进入。这套严格保密的制度实际上和后来凯利·约翰逊著名的“臭鼬工程队”如出一辙。事实上，同样在他的领导下，Model 22项目的大部分人员参与了1943年开始的XP-80“射击星”项目——公认的第一个“臭鼬工程队”项目。

作为新设计，XP-38和以前任何在美洲大陆上空翱翔的战斗机截然不同。正如图纸阶段人们对它的预计一样——它太大了！重量超过15000磅(6810公斤)，翼展达到52英尺(15.85米)，XP-38看上去应该从驱逐机的行列中拉出来，划归入轰炸机一类。

从外观上看，2台艾利森V-1710发动机的安装可谓完美无缺，修长的流线型引擎罩，造型和欧洲大陆手工打造的竞速飞机一样优雅浪漫。所有最先进的空气动力学知识都被运用在它的轮廓设计上，工人们对从他们手中诞生的劳动结晶无比自豪。

在洛克希德公司的上一笔大订单——英国人购买的200多架“哈德森”轰炸机上，工程师成功运用了大型福勒襟翼，这日后成为该公司设计的一个传统。在XP-38上同样装有福勒襟翼，这对低速飞行条件下的操纵性有明显帮助。

在绘图板上，XP-38的火力配备为：1门麦迪森公司生产的23毫米气冷机炮，备弹15发；4挺12.7毫米机枪，各备弹200发。飞机采用全金属操纵面，而不是传统战斗机的布制蒙皮结构。它将飞得更高、更快，在新的环境下全金属操纵面能更可靠地运作。尤其是在大角度俯冲、再以高加速度拉起时，相比布制蒙皮，全金属操纵面更不容易破损。飞机的操纵系统为完全手动，不过将随后得到改进。洛克希德、艾利森、通用电气三家公司在XP-38项目上一直进行通力合作，以确保发动机在高空高速条件下的性能发挥。

■（上）XP-38打开的右侧引擎罩特写。从照片中我们可以看出洛克希德的工程师们如何费尽心机保持飞机的流线外形。艾利森V-1710被尽可能紧凑地安装在手工打造的引擎罩内，从这个角度看，XP-38更像1架精心制造用于比赛的竞速机，而不是大规模生产的军用飞机。安装发动机的支架粗壮、简单而又实用。其下方的大型管道为发动机的滑油温度调节器。

■（下）和XP-38一起建造的驾驶舱实体比例模型，用于检查仪表以及各种操纵设备的安排是否合理，结果将反馈到原型机建造过程中进行调整。和当时绝大多数的战斗机不一样，P-38系列给飞行员提供的是类似汽车的驾驶盘，而不是传统的操纵杆。

在XP-38机身内，引擎罩前端的V-1710发动机通过一条结构复杂的管道连接到安装于后方尾撑内的涡轮增压器。当飞行高度达到一定界限后，涡轮增压器将开始运作：发动机排出的废气流过管道，驱动涡轮以每分钟10000转的速度运转；涡轮带动叶轮，将吸入的新鲜空气压缩，注入位于机翼前沿的中间冷却器进行降温工作，再将其引导回发动机进气口，以使发动机在高空的稀薄空气环境中保持足够的歧管进气压力。进气压力得到保障后，发动机在高空环境内便可持续输出强大的动力，这即是奠定P-38家族优异性能的最坚实基础。

如此复杂的一个系统，难保在使用中不出问题，事实上，涡轮增压器在P-38

系列的早期型号中一直小毛病不断。相比之下，另外一个问题同样值得关注——发动机的冷却。从空气动力学的角度来看，安装发动机的引擎罩横截面积越小越好，由此可以最大限度地保持飞机的流线造型，减小阻力；在另一方面，发动机冷却器和滑油冷却器则需要足够面积的进气口，以吸入冷却空气，横截面积越大越好！这个矛盾一直困扰着所有飞机制造厂商的工程师。

为冷却发动机，XP-38的普瑞斯通冷却器安装在尾撑中段两侧的气泡状流线结构中，前端为进气口，冷却器后端的排气口则安装在尾撑后上方。滑油冷却器直接安装在螺旋桨正下方。普瑞斯通冷却液从冷却器注入发动机，中间需要通过一系列管道和压力泵。该冷却方式的扩展空间有限，无法给未来功率提升的发动机提供足够的冷却，发动机的过热问题一直是P-38早期型号的通病。

公众展示

在项目启动1年半之后，1938年12月，洛克希德公司的工人们终于手工制成了第一架，也是最后的1架XP-38。接下来，这架原型机被拆解分离，机身零部件由3辆卡车装载，并用帆布严密包裹，在1938年的最后一天运进加利福尼亚州河滨市(Riverside)附近戒备森严的马奇机场(March Field)。在20世纪30年代末，作为美国主要的军用机场，马奇机场拥有多条高标准跑道，而且远离人口密集地区，为新型飞机的测试提供了良好的条件。XP-38到达马奇机场后，首先接受检查，确认各个零部件没有在运输过程中受到损坏，然后由工作人员将其拼装结合进行测试，以保证所有系统运转正常。

1939年1月，XP-38在马奇机场对外进行了公开展示。呈现在记者面前的是1架漂亮的

■ 1939年1月，XP-38停放在马奇机场的跑道上。由于XP-38的生命周期过于短暂，这张清晰的照片便成为珍贵的资料。

飞行器：圆滑的引擎罩、修长的尾撑、气泡状座舱盖、闪闪发光的铝质蒙皮，恰如其分地折射出洛克希德全体员工自豪的心情，也仿佛在向所有美国人宣告航空史上一个新时代的到来。

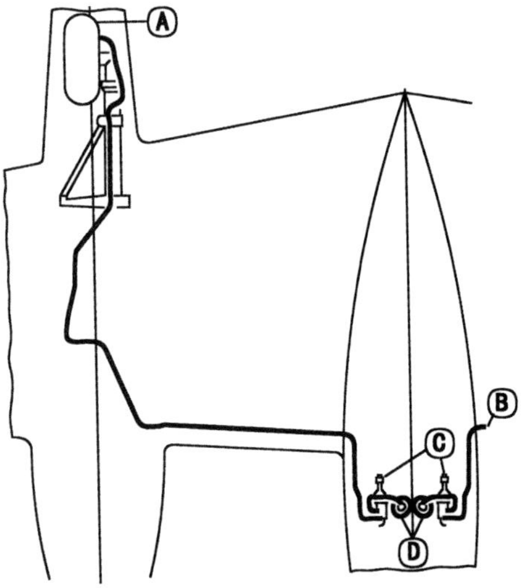

■ XP-38刹车系统示意图。A.主起落架轮及刹车；B.左侧刹车踏板；C.刹车泵；D.液压滑油箱。

地面滑行测试

进行过公众展示，到达马奇机场9天之后，XP-38即将进行多次地面滑行测试，以进一步验证飞机的状况。在地面滑行测试中，XP-38要沿着跑道以不同的速度滑行，工程师希望借此使一些飞行中可能出现的问题尽早暴露出来。在地面滑行测试阶段将问题隐患解决后，XP-38才能进行试飞。

由于一直没有生产战斗机的历史，洛克希德公司在XP-38出厂时相当无奈地发现手头连一名合适的战斗机试飞员都没有。幸好，拥有丰富试飞经验的凯尔西中尉被美国陆航任命为X-608计划的项目执行官，试飞XP-38的重任则当仁不让地落在了他的肩上。

在滑行测试中，凯尔西发现XP-38存在若干问题，其中一个问题差一点就在上天之前把飞机报销掉。

XP-38起飞着陆的速度比以前的任何一架飞机都要快，因此很有必要在新飞机上安装配套的刹车系统。随着滑行测试的速度逐次提高，XP-38刹车力量不足的问题暴露出来。在一次滑行测试中，刹车温度急剧升高，失去了所有响应。凯尔西用尽全身力气，把刹车脚踏板几乎踩弯，依然无法奏效。年轻的陆航中尉只能坐在驾驶舱里头，眼睁睁

■ XP-38停留在马奇机场的跑道上，背景中的飞机为1架道格拉斯B-18轰炸机。

地看着这只15万磅重的大鸟一口气冲出马奇机场的跑道尽头，一头栽倒在一条沟里。

凯尔西解开保险带爬出座舱，这时，大惊失色的工程师们开着汽车火速跟了上来。他们心痛不已地检查这件费尽心血打造而成的珍宝，一双双手在飞机光滑的蒙皮外摸索敲打，生怕飞机结构有任何一点损坏。

谢天谢地，飞机一切正常，接下来得把刹车好好修理一番了。在XP-38进行滑行测试的同时，其他飞机制造厂商也将各种类型的轰炸机送到马奇机场供军方评估。XP-38被牵引到一个机库等待修理，工程师们把马奇机场的备件仓库翻了个遍，最后从1架诺斯罗普A-17俯冲轰炸机上拆下刹车泵和一个液压滑油箱，给XP-38安了上去。这样，当XP-38刹不住车的时候，飞行员可以往刹车的制动器里压进更多的滑油，以保持足够的刹车压力及其冷却。

刹车系统的改装只能算一个临时抱佛脚的点子。实际上，当凯尔西在试飞中使用过两次XP-38的刹车之后，滑油箱便漏得空空如也。因此，对于这架原型机来说，最主要的问题是着陆时刹车不灵。

经过研究，工程师们得出结论：要使XP-38安全降落，最好的办法是以尽可能低的速度进场着陆——在保证避免失速的前提下，越慢越好。这样，XP-38的起落架着地后便可以使用最小的刹车压力来完成降落过程。这只是一个权宜之计——按照常规，在着陆阶段，为避免失速飞机应当保持足够的动力！正是这对矛盾彻底改变了XP-38的命运。

首飞

1939年1月27日，刹车问题得到临时解决，地面滑行测试完成，其他的维护工作也告一段落，XP-38试飞的日子来到了。这是一个明朗的加利福尼亚早晨，XP-38被推出机库，进行最后的检查。在和煦的阳光中，当时美国最先进战斗机的原型机停留在跑道上，等待一飞冲天的时刻到来。

■ 试飞前的XP-38。

凯尔西身穿标准的陆航制服，进入驾驶舱中等待起飞。地勤人员启动2台V-1710发动机，凯尔西

XP-38性能数据表		
翼展	(米)	15.85
全长	(米)	11.53
机高	(米)	3.91
动力系统		艾利森V-1710-11/15，C-9
功率	(马力)	1150
机内燃油	(升)	1136
	(加仑)	306
最大燃油	(升)	1136
	(加仑)	306
最大平飞速度	(英里/小时)/英尺高度	403/20000
	(公里/小时)/米高度	648/6100
巡航速度	(英里/小时)	363
	(公里/小时)	584
爬升率	(英尺/分钟)	20000/6.5
	(米/分钟)	6100/6.5
升限	(英尺)	38000
	(米)	11590
航程	(英里)	1390
	(公里)	2236
空重	(磅)	11507
	(公斤)	5224
总重	(磅)	13964
	(公斤)	6339
最大起飞重量	(磅)	15416
	(公斤)	6998
固定武装	毫米口径×数量(备弹量)	23×1(15) 12.7×4 (200)

随即开动了飞机，迅速检查发动机仪表的读数，通过方向舵操纵飞机滑向跑道，一路上牢牢控制住刹车。凯尔西用左手缓慢地而又坚定地把节流阀往前推，同时感受到了通过驾驶盘传来的震动。

XP-38缓慢滑行了200英尺，凯尔西决定上路了。他松开刹车，飞机犹如脱缰的野马在跑道上急驰，速度越来越快。凯尔西向后拉动驾驶盘，XP-38的机头平稳地向上抬起，前起落架离开了混凝土跑道。发动机废气通过涡轮增压器排出，艾利森V-1710发出低沉的怒吼，是时候了，XP-38的主起落架也脱离了地面，飞机投入天空的怀抱中。

但这仅仅是个开始。XP-38刚刚飞离跑道，机身立即发生了可怕的震颤。震颤的幅度是如此强烈，以致仪表板晃得一片模糊，根本无法看清！驾驶盘几乎要跳出凯尔西的手，他竭力将驾驶盘握好，飞快往驾驶舱外瞥了一眼，想看看飞机究竟处于什么样的状态下。所目睹的一切几乎使凯尔西血液凝固：飞机的翼尖正在上下急剧震动，幅度足有2－3英尺！

当时情况万分险恶，马奇机场已经没有足够长的跑道能让飞机降落了。飞机随时可能失控坠毁，凯尔西应当设法弃机逃生。不过，他想到这架XP-38是洛克希德公司全体员工一年多时间的心血结晶，一旦坠毁将给他们造成灾难性后果。责任感促使凯尔西在驾

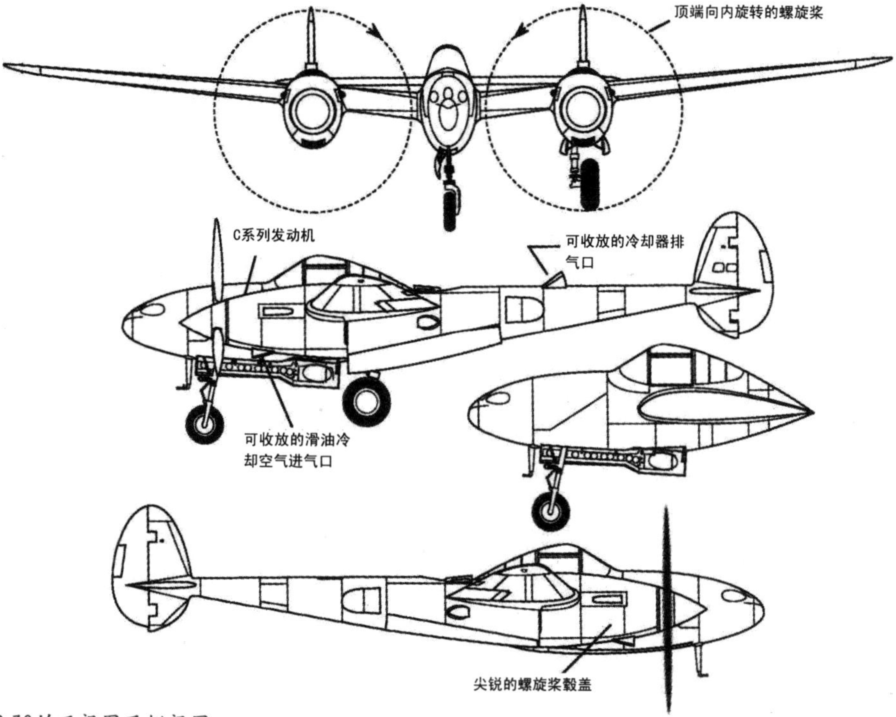

■ XP-38的正视图及侧视图。

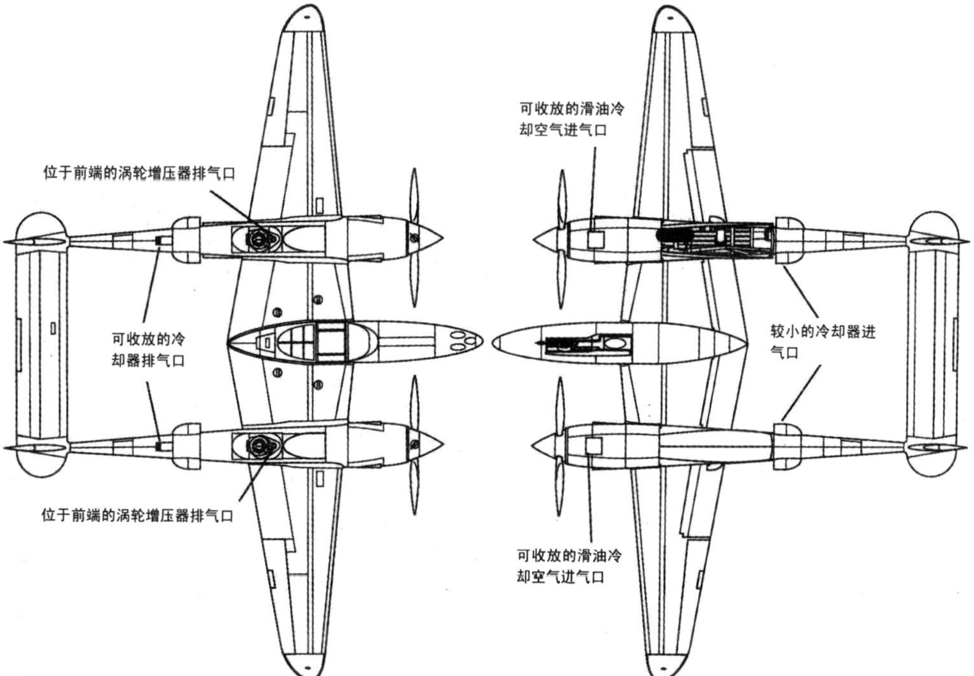

■ XP-38的俯视图及仰视图。

驶舱内坚持下去。

根据工程师们的意见，富勒襟翼应该在XP-38的起飞阶段处于半展开状态，这样有助于提升机翼升力。在震颤中，凯尔西注意到有一片襟翼翘了起来，震动得特别剧烈。他立刻把所有的襟翼收回机翼，震颤随即停止了，飞机开始平稳安静地飞行，只有惊魂未定的凯尔西在驾驶舱中微微发抖。此后凯尔西围绕着马奇机场飞了34分钟，他每一个动作都尽可能地轻柔，以免横生枝节。

凯尔西认定是襟翼出了问题，决定在着陆阶段不使用襟翼。在没有襟翼的情况下，XP-38的着陆速度要大大超出当初设计的数值。为避免着陆速度过快，凯尔西尽力把XP-38的机头拉高，飞机仰角达到18度之多，但着陆速度还是保持在非常危险的140英里/小时(225公里/小时)以上。在主起落架着地之前，飞机的垂尾底部和跑道发生接触，受到损伤。不过，飞机最终还是安全地在跑道上停下，地面上的人员都长长舒了一口气。

通过检查，工程师们发现XP-38机翼后方的4个福勒襟翼的铝质安装支座中，居然坏了3个。脱离了束缚的襟翼在上百英里时速的气流冲击下不停摇摆，这正是导致飞机产生激烈震颤的原因。

XP-38的全尺寸机翼被装上襟翼以及相应收放机构，放入洛克希德公司新建的风洞内进行试验。通过风洞试验，工程师们发现在机翼和襟翼之间有一条狭窄的缝隙，飞机在襟翼半开状态下起飞，或是在襟翼全开状态下着陆，缝隙产生的气流扰动都要影响到襟翼。为了解决这个问题，XP-38襟翼上方的整流罩被钻开许多小孔，使气流得到稳定的控制，消除了对襟翼的影响。同时，襟翼的铝质安装支座也用钢材进行了特别加强，事故隐患被彻底根除了。

垂尾底部的损伤很快得到修复，但为了在此后的降落过程中襟翼能够安全放下，XP-38的发动机功率必须降低。这又是一个笨办法，但如果不这样处理，接下来的测试飞行就无法进行下去。

试飞的任务非常紧张，第二次试飞在1939年2月5日进行，随即XP-38进入紧锣密鼓的飞行测试阶段，每次试飞均能够揭示一些潜在的问题，并得到及时的解决。

在2月10日之前，XP-38又进行了5次试飞。累计飞行时间为4小时49分钟。凯尔西认为：对于一架大型战机而言，XP-38的操纵轻巧，动作灵活，总体表现良好，大大高于当初的预期。飞机操纵性毫无问题，传动装置完美无缺，发动机运转正常。唯一的小问题是涡轮增压器系统在低转速条件下有时运转不正常，而这也完全处在当初工程师们的预料之中，按照项目进展，他们相信在不远的将来会有一个完善的解决方案。

看到当前试飞的结果，洛克希德公司和

陆航都非常满意，他们觉得手中终于有一张打得响的王牌了。

破纪录飞行

作为美国陆军航空发展中心，莱特机场一直是各种新型军用飞机的测试场地。在第一阶段的试飞完成后，洛克希德公司的下一个任务是穿越大半个北美大陆，把XP-38从马奇机场运送到莱特机场进行测试。

按照传统做法，工程师们需要将飞机拆解，通过铁路运输，长途跋涉数千英里来到莱特机场，再将飞机拼装起来，就像当初从伯班克工厂到马奇机场的运输一样。陆航认为这样会浪费太多时间——既然飞机在天上飞得好端端的，为什么还要用铁路运到另一个机场呢？因此，凯尔西收到命令：驾驶XP-38进行从马奇机场到莱特机场的转场飞行，并尽可能创造一项速度记录。

■ 在莱特机场，本·凯尔西（右）和阿诺德将军（左）交谈。

军方下达这条命令还基于另外的考虑，在经济大萧条后人心消沉的1930年代，陆航急切需要一架像德国的Bf 109或者英国的“喷火”那样出色的军用飞机来打破各种记录，在新闻媒体上亮相，以鼓舞广大民众士气。如果XP-38能够在转场中打破飞行记录，便会造成极大影响，这对陆航获得国会的拨款，定购大批新型飞机很有好处。

当时横跨美洲大陆的飞行速度记录，是由特立独行的百万富翁霍华德·休斯 (Howard Hughes) 创造的。他在1936年1月13日驾驶着自己设计的H-1型竞速机，从加利福尼亚的伯班克机场直飞新泽西州的纽渥克(Newark)机场，全程只花费9小时27分钟。以XP-38在试飞中的表现来估算，美国陆航认为打破霍华德·休斯的记录应该有相当把握。

1939年2月11日，按照计划，凯尔西在这一天执行转场飞行。

09:12：凯尔西驾驶着XP-38自马奇机场咆哮而起，迎着朝阳向东疾驶。

12:22：XP-38降落在得克萨斯州的阿马里洛 (Amarillo) 机场——这次史诗性飞行的第一个中途加油点，途中仅耗时3小时10分钟。令凯尔西稍感意外的是，阿马里洛机场的地勤人员毫不知晓军方要在这次飞行中打破前人速度记录的要求，依旧按照平日的工作流程给XP-38加油，这足足消耗了23分钟的时间。

■ 莱特机场的地勤人员给XP-38加注燃油和滑油。

12:45：凯尔西驾驶着XP-38从阿马里洛机场起飞，直飞莱特机场。

15:10：XP-38成功降落在莱特机场，途中仅耗时2小时25分钟，飞行中的表现完美无瑕。凯尔西的转场任务顺利完成了！

为保险起见，凯尔西没有为了创造记录把V-1710的威力悉数发挥，只按照正常的巡航功率来进行转场飞行。即便如此，他还是发现XP-38的速度着实惊人，整段航程的平均速度超过了划时代的360英里/小时！

凯尔西爬出机舱后，等候在机场的阿诺德将军对凯尔西的成功飞行表示热切祝贺。同时，莱特机场内的官员们对这次飞行的时间进行着激烈的争论。如果算上中途在阿马里洛机场的停留时间，XP-38打破不了霍华德·休斯的记录，因为霍华德·休斯的飞机是不着陆加油完成横跨美洲大陆飞行的，省下了不少中途加油的时间。

但如果XP-38继续以高速飞行，直至位于纽约州长岛的米歇尔机场(Mitchell Field)，那么只计算飞行时间，就有可能把霍华德·休斯的记录甩在后头。

现在的问题只是，凯尔西有没有必要飞到米歇尔机场，再返回莱特机场——这也可以看成从马奇机场到莱特机场之间转场航行的一部分。阿诺德将军作为陆航的领导，一直受到华盛顿的压力。他知道，打破纪录的明星战机不但可以鼓舞广大民众的士气，而且能够在与国会中的孤立主义者的斗争中为陆航争取到有力的筹码——这对陆航的吸引力太大了。最后，当机立断的阿诺德将军以他一贯的直率口气对凯尔西说：“去打破纪录吧！凯尔西！”

15:25：在地勤人员迅速将XP-38的燃油和润滑油加注完毕后，凯尔西驾机升空，直飞米歇尔机场。

用1架全新的刚刚开始测试的原型机进行如此长距离的飞行，这种做法是完全违反现代航空工业的测试规程的。但在20世纪30年代，幼年时期的美国陆航没有这么多条条框框的限制。

从莱特机场到米歇尔机场的航程相对较短，因此凯尔西提高了艾利森V-1710的输出功率，XP-38的速度达到400英里/小时以上——在同时代的所有战斗机之中，P-38家族的这架原型机是第一个突破400英里/小时大关的型号！

16:40：凯尔西驾机穿越宾夕法尼亚州，到达米歇尔机场上空。XP-38的机头对准了米歇尔机场的跑道，等待地面塔台的指令，破

■ 1939年2月11日，纽约长岛米歇尔机场的XP-38坠毁现场。飞机损坏并不严重，可修复，但美国陆航认为并无此必要，随即将其拆解。

记录的任务就要大功告成了！

令人吃惊的是，米歇尔机场塔台居然对这次转场飞行一无所知，不了解凯尔西和这架闻所未闻的大飞机从哪里来，目的何在。他们让凯尔西在空中稍等片刻，先让3架美国陆军的PB-2A双座驱逐机降落。

凯尔西把XP-38的机头重新拉起，在空中低速盘旋。等到控制塔放行后，凯尔西按照规程降低发动机功率，放下襟翼，把XP-38的机头抬高以尽可能降低着陆速度——XP-38的刹车系统还是不能让他放宽心。

当飞到米歇尔机场跑道尽头时，凯尔西发现XP-38的高度有一点低，就将节流阀向前推动，以增加发动机输出功率——然而发动机却几乎毫无反应！任凭凯尔西一再重复动作，轰鸣了一整天的艾利森 V-1710完全不予理会。事后得知，XP-38引擎故障的原因是汽化器结冰。在一定的天气条件下，如果发动机以低转速运转，汽化器进气口的水汽残留有可能凝结成冰。如果结冰累积到一定程度，发动机的燃油管道会被堵塞。为防止问题产生，很多飞机的发动机上都安装了特制的汽化器加热装置，可以在发动机低速运转的条件下开启，加热汽化器以防止结冰。但处于原型机阶段的XP-38基于成本原因，没有安装加热装置。

凯尔西驾机在米歇尔机场上空盘旋，等待降落的过程中，发动机低速运转无法提供足够的热量，导致汽化器结冰。XP-38已经没有足够的动力来维持速度和高度了，像个大铁球一样径直下落。凯尔西竭力拉杆，想控制它掠过跑道尽头的树丛。飞机以100多英里的时速擦过了一棵树的顶端，并在距离机场跑道2200英尺远的一个高尔夫球场以腹部着地迫降。飞机的机身结构毁坏，所幸的是，凯尔西在事故中毫发无伤。

此刻的时间为1939年2月11日16:55。

航程2490英里，仅耗时7小时43分，XP-38就像一颗耀眼的火流星，呼啸着掠过北美大陆，演绎出短暂生命中最具激情的一幕。这架闪闪发光的大飞机耗资76.1万美元，却在处女航之后2个星期坠毁，总飞行时间不到12小时——这意味着凯尔西和XP-38在空中所逗留的每分钟都要烧掉1000美元！看着XP-38扭曲的残骸，凯尔西的心情相当沮丧。

尾声

XP-38失事后第二天，凯尔西前往华盛顿，解释为什么这架新飞机会摔在他的手

■ 把玩XP-38模型的本·凯尔西，在坠机事件后，他获得了一段空闲时间休息，随后又投入到下一步工作中——向美国陆航推荐P-38。

里。阿诺德将军听取了陈诉，并把他带到陆军部和预算局去，会见了多个政府高官，以报告项目进展，申请经费以继续项目。每到一处，阿诺德将军就会说："凯尔西，来介绍一下新的38型飞机。"然后凯尔西便为各位大人物一一道来：这飞机有多先进，飞得有多快，操作性如何优越，等等。

按照军方规程，凯尔西受命为陆航撰写一份报告，详细记录XP-38在1939年2月11日飞行中的坠毁过程。

15:25，从莱特机场起飞。16:40，到达米歇尔机场。在纽约上空高度为14000英尺，节流阀控制发动机为低功率运转，进气压力为15英寸水银柱。发动机以局部功率运转大约3分钟，随后进一步降低转速，以使飞机减速放下起落架。起落架放下后，保持发动机进气压力20英寸水银柱，转速2000转/分以进行降落。将节流阀完全关闭，飞机速度下降到120英里/小时以放下襟翼。襟翼放下后，打开节流阀，左侧发动机部分启动，右侧发动机无反应。燃油容量已检测，2台发动机的燃油压力稳定在4磅。发动机油气混合为富油状态，左侧发动机进气压力为15英寸水银柱，转速为1900转/分钟。螺旋桨的螺距经过检查，确认为低负荷螺距。

情况已经很明显：在襟翼和起落架均为放下的前提下，XP-38无法滑行到米歇尔机场。即将襟翼和起落架拉起到"收起"的位置，以期减小飞行阻力进行降落。当速度下降到120英里/小时以下之后，已经不可能通过单台发动机的动力维持飞行：因为在低速和高阻力的条件下，XP-38不能通过单台全开的发动机进行有效的操纵。

滑行速度下降到100英里/小时。从当时情形判断，XP-38将滑行到米歇尔机场旁的一个高尔夫球场。飞机掠过几棵树的顶端，速度仍保持在90－95英里/小时之间。着地前，飞机被急速拉起。飞机落在一条沟的底部，并冲上了沟沿。处于半收放状态的主起落架在着地时引发机身震动。

在降落前，所有仪器状态均经过检查。考虑飞机已经接近跑道尽头，襟翼被手动放下，以期在引擎牵引下，着陆距离能尽可能

■ 洛克希德公司为XP-38绘制的艺术画，原定用于大规模广告宣传，后因XP-38坠毁而取消。

缩短。节流阀必须完全关闭，以保证襟翼放下时避免引发震动。

在所有因素中，最有可能触发事故的是：在飞机高速飞行且发动机处于局部功率运转的条件下，由于中间冷却器提供过度的冷却所造成的汽化器结冰。就当前所了解的情况而言，事故原因显然不会是人为操纵失误，抑或仪表所反映的机械及发动机故障。2台发动机同时出故障的事实，显示了必定有多种原因同时触发。由于发动机结冰的可能性没有被预先指出，飞机上没有安装汽化器加热装置，同时涡轮增压器的安装也存在加热以及压缩能力不足的问题。无论如何，事故的发生证明了一点：在飞机高速飞行且发动机处于局部功率运转的条件下，吸入发动机的空气将比正常条件下温度要低。

值得庆幸的是，这次事故没有给洛克希德公司的整个项目带来什么挫折。

XP-38在整段2490英里的飞行旅程中，平均速度超过每小时360英里，在莱特机场和纽约之间更是达到了每小时400英里的最大平飞速度——这些无可辩驳的事实足以证明凯利·约翰逊设计的成功以及XP-38所蕴藏着的巨大潜力。

同时，在向美国陆航提交的1483号报告中，凯尔西列举了他正在参与进行的P-38项目的若干改进。基于XP-38在试飞中达到的最大403英里时速，凯尔西计算出改进对飞机最大平飞速度所产生的影响。

由以上数据，凯尔西得出一个结论：XP-38下一个发展型号的速度还能有10英里/小时的提升，达到413英里/小时，也就是比X-608号规范书的要求超出15%之多！

阿诺德将军和其他多个有影响力的陆航高官一直坚信洛克希德公司能够制造出最好的战机，并为此展开了热情的宣传和游说，

P-38项目的若干改进

改进	速度影响(英里/小时)
重新设计普瑞斯通冷却器	+8
改进涡轮增压器	+4
修订滑油冷却器进气口	+3
减小冷却器排气口尺寸	+2
减轻800－1000磅重量	+2
两侧水平尾翼面积增加7平方英尺以改善纵向安定性	－1.2
安装武器	－7.8
共计	+10

■ YP-38外形几乎和XP-38一模一样，但两者之间存在极大差异。

他们成功了。在原型机坠毁后不到60天——1939年4月27日，洛克希德公司获得了美国陆航的AC-12523号合同，制造13架YP-38。字母“Y”意味着这13架飞机主要用于性能试验，对生产型战斗机的适用性进行服役测试和评估。在以往试验中发现的XP-38的缺陷，均在YP-38一型中得到修正。

从某种意义上讲，XP-38的坠毁帮了洛克希德公司的一个大忙。如果凯尔西把XP-38毫发无伤飞到终点，在接下来的几个月里，陆航必定要按照规程对飞机进行一系列测试评估以及验证飞机的飞行包线。测试中肯定会暴露出更多的问题，解决问题也需要相当时间，如果再算上返回工厂车间进行改造的时间，洛克希德公司不会那么简单就能够获得YP-38的合同。XP-38的坠毁，事实上为P-38项目节约了大量时间，正可谓塞翁失马、焉知非福。

P-38项目的进度并没有被XP-38的失事拖后太久，因为根据试飞数据，一系列改进已经运用到了P-38项目的下一个阶段——YP-38中。而且XP-38失事后，艾利森公司马上派出了以专家汤姆·麦克雷（Tom McRae）为代表的调查小组赶赴坠毁现场。经过分析，他们列出了9条可能导致发动机失效的原因。根据对整段飞行过程的回忆，凯尔西将其中的5条剔除，其余的4条在下一个版本的YP-38的设计中进行改进，包括重新设计燃油管道和汽化器系统等。

这次事故同时证明了P-38结构的坚固以及对飞行员生存率的保障，这两个优点将在接下来的第二次世界大战中得到充分的体现。

然而，P-38的生产需要整整1年的时间才能达到每个月150架的水平。还要再经过1年，直到1942年6月，生产型的P-38E才会进驻阿留申群岛反击日本侵略军。洛克希德公司消耗了太多的时间，才能够使P-38这架杰出的战争机器形成足够的战斗力。美国陆航的起步比轴心国对手要慢，但它一直在坚定地追赶，并将最终超出。

不可或缺的YP-38

洛克希德公司在1939年4月27日获得13架YP-38订单，等于罗伯特·格罗斯将2180725美元的支票抓在了手里。与此同时，来自英国的大批“哈德森”轰炸机订单为公司带来了大笔资金，随后还有更多的追加订单以及“文图拉”巡逻机的合同送到洛克希德公司。罗伯特·格罗斯终于熬过了黎明前最黑暗的时刻，迎来了光明的前景。洛克希德公司进行了大规模扩建工作，工厂附近的大量建筑被买下来改装成厂房，其中甚至包括一家酿酒厂。除了扩大工厂规模，公司还开始雇佣和训练大批工人，为生产做准备。在1941年期间，洛克希德公司每天招聘的工人数量最高达到500人之多!

罗伯特·格罗斯把眼光放得很远，他开始在机场附近购买地产，甚至把联合航空公司的一个机场买了下来。这笔交易包括了数百英亩的土地，结果联合航空集散站 (Union Air Terminal) 改名成了洛克希德航空集散站 (Lockheed Air Terminal)。洛克希德的发展速度是如此之快，以致公司负责文件收发的职员整天叫苦不迭——要在各栋建筑之间为不同的部门传递图纸和文件，他们得穿上溜冰鞋才行!

和人们的预想相反，公司的繁荣并没有给P-38项目带来多少帮助。此时的洛克希德公司进入了快速发展阶段，正在开足马力为各种订单忙碌。目前该公司最主要的任务是生产“哈德森”轰炸机，对于前景未卜的P-38项目来说，公司不敢投入太多的工程师和制造者——毕竟再怎么努力，P-38最好的结果也只能是生产出当年陆航承诺的数字：80架！公司已经为P-38项目投入了太多资金，和其他大多数公司一样，他们急切希望使公司收支平衡，把希望寄托在其他项目上。例如，公司高层曾经考虑过作为转包商为寇蒂斯公司生产P-40。公司领导犹豫不决的态度给P-38设计的进展造成了障碍，影响到大规模生产的进行。

计划中，酿酒厂被改装用于P-38的零件制造，以及YP-38的组装场地。但由于各种外部因素的发展过于迅速，以致影响到P-38项目：早在1939年中期，工程师们就已经完成了优化过的YP-38初始设计方案，但包括已经完成的气动外形在内的设计图在军方的要求

■ 1940年9月17日，处女航前的第1架YP-38。注意螺旋桨根部的桨柄套仍然保留，机翼和机身之间没有安装翼身结合体。

下被一改再改，进度被大大延迟，YP-38的建造要到1940年初才开始！

陆航的官员对欧洲的战局一直严重关切，意识到美国卷入这场战争是不可避免的。为此美国陆航急切期待着自身战斗力的形成，他们把希望寄托在洛克希德公司和P-38项目上。尽管YP-38从外观上看不出和XP-38有多大区别，但从很多方面来评估，它都是一架全新的飞机。

陆航要求，YP-38的测试必须深入彻底，以切实验证这个型号是否适合真正的作战任务。陆航还对新型飞机的重量异常敏感，他们做出规定，YP-38的总重量必须比XP-38减少1500磅。另一方面，要从原型机发展出真正适合于军事用途的型号，枪械、装甲和相关设备都要添加进来，重量的提升是不可避免的。

为满足陆航的要求，洛克希德公司的工程师们费尽心思，力求提升YP-38的性能，同时又减轻重量。虽然他们做得相当出色，但还是无法完全达到陆航提出的重量指标。YP-38的空重为11117磅，正常起飞重量为13500磅，相比XP-38减轻500磅左右，距离美国陆航的要求还有1000磅的缺口。不过，在YP-38进入性能测试阶段之后，重量问题就不显得那么突出了，美国陆航对此也不再强求。

YP-38和XP-38之间存在相当大差异，因此也增加了不少设计难度。洛克希德公司给YP-38赋予Model 122的新编号，为使其能够成为一架具备实际作战能力的战斗机，工程师们对XP-38的原有设计进行了改造和优化：

◆ 升级动力设备

XP-38上安装的艾利森 V-1710属于早期的C-9型发动机，传动轴位于轴箱的正中。因此，采用C型引擎的P-38家族成员，例如XP-38和后来英国皇家空军定购的P-322的引擎罩线条可以做得对称和流畅，以减小飞行阻力。

动力设备改用了新的艾利森F系列发动机——艾利森V-1710-27/29 (27和29这两个数字的区别在于，前者安装在P-38的右侧引擎罩内，后者安装在左侧引擎罩内。在P-38的后续型号发展中，发动机的后缀也按照这个规则

■ 艾利森V-1710C系列(上)和F系列（下）发动机外形对比。

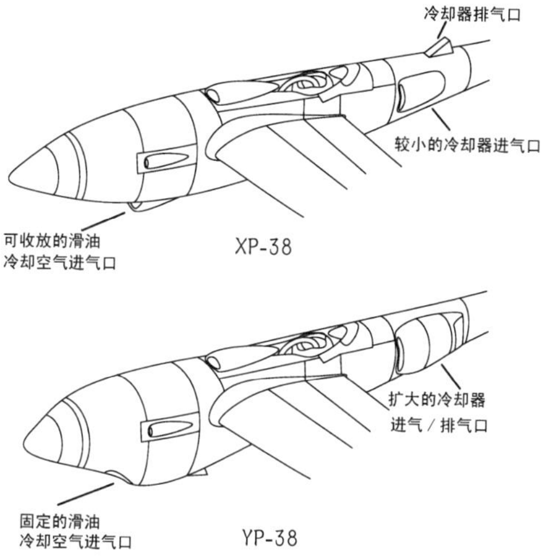

■ XP-38和YP-38引擎罩对比图。

来制定)。艾利森F系列发动机在引擎罩的前上方安装有一个齿轮减速箱，以驱动螺旋桨的机轴。这使得螺旋桨中心轴线从原来位置往上提升了若干英寸。

为此，工程师们就要重新设计整个引擎罩的前半部分，以适应V-1710-27/29的外形。经过这番调整后，引擎罩的中心位置向上挪动。再加上螺旋桨下方的空气进气口影响，从YP-38开始，以后型号的引擎罩不再像XP-38那样流线，空气阻力也略有增加。

◆ 调整螺旋桨转向

在XP-38上，2副螺旋桨是相对于驾驶员往内旋转。但经过研究后，工程师们认为向内旋转的螺旋桨会引发机翼的下降气流作用，干扰通过中间段机翼的气流并导致垂尾震颤；YP-38换装V-1710F系列之后，2副螺旋桨改为向外旋转，以消除流经机翼上方的气流对尾翼的影响。

◆ 升级涡轮增压器

XP-38安装有通用电气公司的B-1型涡轮增压器；YP-38则装备了改进后的B-2型涡轮增压器，在20000英尺的高空可以支持艾利森V-1710F系列发动机输出1150马力。

◆ 修改气动布局

A. 原XP-38的引擎罩下，安装有一个可收放的滑油冷却空气进气口，洛克希德的工程师在重新设计引擎罩的同时，将其改成了直接安置在螺旋桨正下方的流线造型，从进气口吸入的冷却空气将滑油温度降低后，通过引擎罩下主起落架前方可收放的小型滑油冷却空气排气口引出。

B. 为了增强艾利森 V-1710发动机的冷却效率，尾撑后部普瑞斯通冷却器空气进气口前端尺寸被加大，后端则容纳原来位于垂尾上方的冷却器排气口，内部的冷却器核心也随之扩容。

C. XP-38上另外一个独有特征是涡轮增压器的排气口安装在增压器的前端，而在YP-38以后的型号则改成安装在增压器后端。

D. YP-38增加了水平尾翼面积，以获得更好的稳定性。同时平尾中间段加装了上下一对配重，因为美国陆航认为，这对减轻机翼中间段气流所引起的垂尾震颤现象有帮助。凯利·约翰逊对此提出反对意见，他坚持认为这虽然能够减轻所谓的垂尾震颤症状，

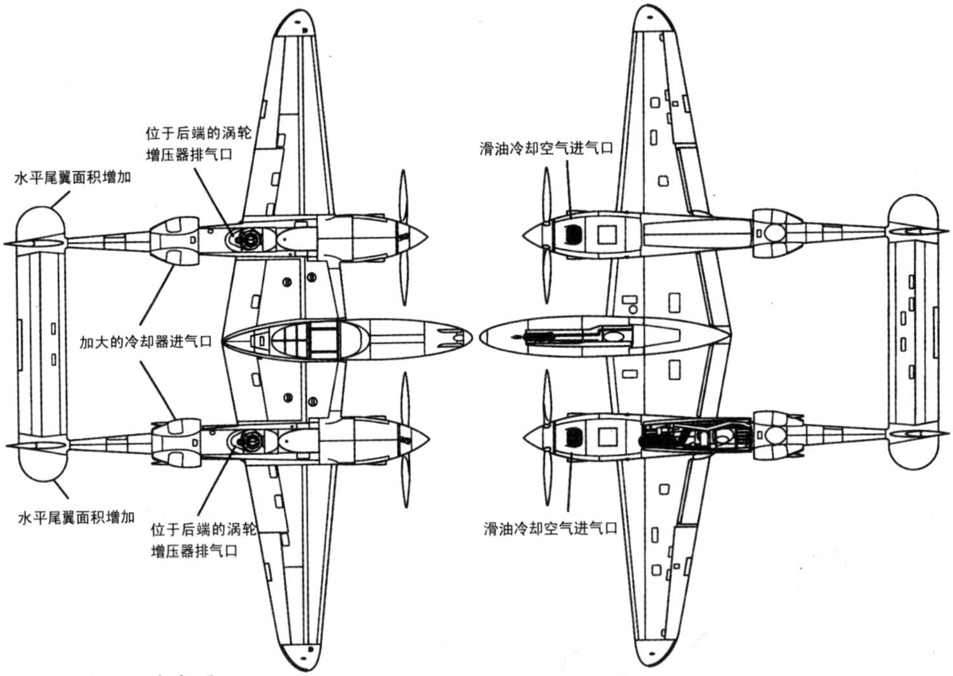

■ YP-38俯视图及仰视图。

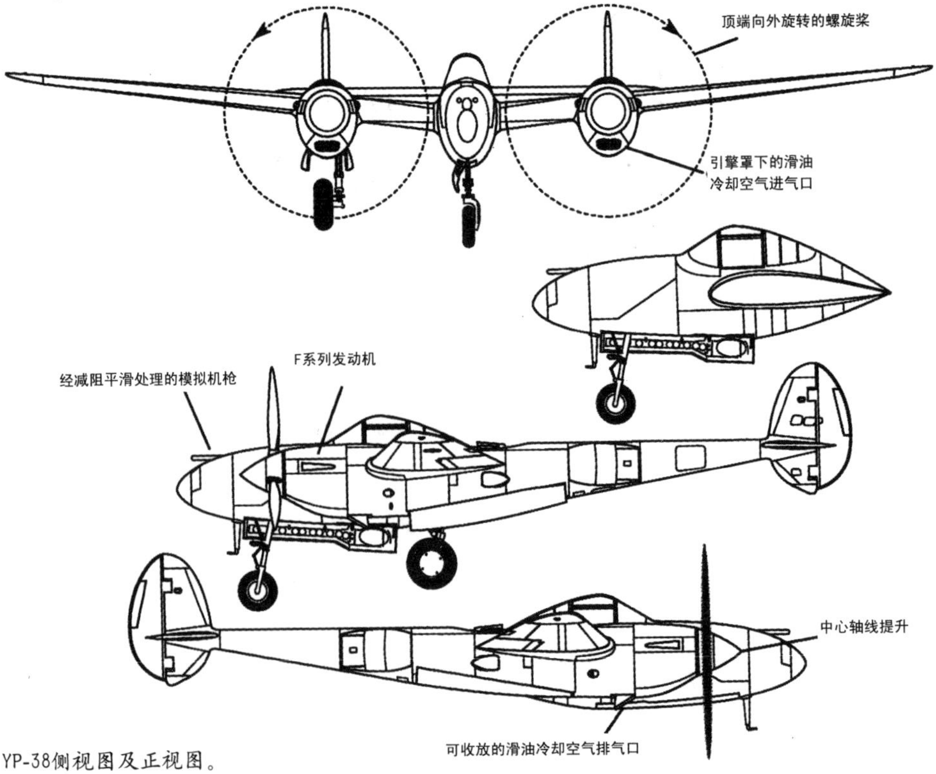

■ YP-38侧视图及正视图。

■ 第7架YP-38加装了武器进行试验，注意地勤人员手持的37毫米炮弹尺寸。

但症结并不在此。但是军方的意志是不可违背的，P-38家族从YP-38开始，把平尾加装配重的布局一直继承下去。而震颤现象要到将来，在凯利·约翰逊将机翼和机身部分重新设计以后，才能够得到圆满解决。

E．XP-38的螺旋桨根部安装有桨柄套，以增加流入引擎罩的冷却空气流量，帮助发动机散热。后期的YP-38改善发动机冷却效果之后，桨柄套的安装也随之取消。

◆ 更改风挡样式

YP-38最开始装备有和XP-38一样的弧面整体风挡，后来变为三面环状式样，座舱盖顶部依然向右开启。

◆ 更改武器配备

YP-38的武器配备为：1门勃朗宁M9型37毫米机炮，备弹15发；2挺12.7毫米机枪，各备弹200发；2挺7.62毫米机枪，各备弹500发。12.7毫米机枪对称安装在机头偏上的中央位置，这样的配置同样用于后续的P-38D。从P-38E开始，P-38家族的机枪排布将采用交错形式。事实上，除了进行武器试验的YP-38外，大部分YP-38仍未在机头装上武器，机头整流罩外为机枪和机炮开出的孔洞均进行了减阻处理。第一架P-38在机头装上了模拟

■（上）第1架YP-38光彩照人地被推出洛克希德公司厂房，为新闻媒介的宣传做准备。注意机头上部伸出的2根柱状物——这是12.7毫米机枪的安装位置，P-38的火力配备还要经过相当时间才最终确定，在试验机阶段没有安装上任何武器。此时内段平尾上的配重没有安装。

■（下）1架YP-38在跑道上进行滑行试验，注意内段平尾上已经根据美国陆航的要求加装了配重——尽管凯利·约翰逊对此表示反对。周围壮观的哈德森轰炸机群是洛克希德公司为英国皇家空军生产的，已经涂装完毕，在YP-38银白色的铝制机身的对比下，显得格外黯淡。

的机枪模型，并进行了减阻平滑处理。

◆ 规范内部结构

这也许是YP-38设计工作中分量最大的一个部分。XP-38的零部件完全由手工制造，然后再一块接着一块地拼合成1架飞机，此种方式显然不适合流水线生产的要求。为使飞机各零部件更适合大规模生产，同时也为了满足美国陆航对减轻重量的要求，洛克希德的工程师在图纸上一共进行了多达30000项的修改，几乎相当于整架飞机重新设计了一次！

由于引擎罩前端加装了滑油冷却空气进气口，尾撑后部的冷却空气进气口尺寸也得到扩大，YP-38在飞行中所要承受的空气阻力比XP-38要大，最大平飞速度从413英里/小时的理论值下降到405英里/小时，航程也随之从1390英里缩短为1150英里。不过由于YP-38的重量有所减轻，爬升性能比XP-38优秀。爬升到20000英尺高空的时间从6.5分钟缩短到了6分钟，很好地达成了X-608号规范书的要求。

YP-38性能数据表		
翼展	（米）	15.85
全长	（米）	11.53
机高	（米）	3.91
动力系统		艾利森V-1710-27/29，F-2
功率	（马力）	1150
机内燃油	（升）	1136
	（加仑）	306
最大燃油	（升）	1136
	（加仑）	306
最大平飞速度	（英里/小时）/英尺高度	405/20000
	（公里/小时）/米高度	652/6100
巡航速度	（英里/小时）	330
	（公里/小时）	531
爬升率	（英尺/分钟）	20000/6
	（米/分钟）	6100/6
升限	（英尺）	38000
	（米）	11590
航程	（英里）	1150
	（公里）	1850
空重	（磅）	11117
	（公斤）	5047
总重	（磅）	13500
	（公斤）	6129
最大起飞重量	（磅）	14348
	（公斤）	6513
固定武装	毫米口径×数量（备弹量）	37×1（15） 12.7×2（200） 7.62×2（500）

第一架YP-38于1940年9月上旬对外公开展示，它的美国陆航序列号为39-689。9月17日，试飞员马歇尔·海德(Marshall Headle)驾驶着YP-38进行首次试飞。

随后，这架YP-38留在洛克希德公司进行各种测试，美国陆航对其的记录为：从登记到注销的14个月里，一共飞行了23个小时。

YP-38的交

■ 在跑道上排列等待测试的YP-38机群，注意尖锐的螺旋桨毂盖，与随后的生产型P-38相比有很大区别。

■ 迈罗·布齐汉姆驾驶着YP-38在加利福尼亚州帕萨迪纳市上空飞行。为加装新发动机，YP-38的引擎罩尺寸扩大了，但实际上还是相当紧凑。注意内段平尾已经安装上配重。

付速度并不是非常快，问题的解决也因此受到影响。实际上，最后1架，也就是第13架YP-38要到1942年5月才从工厂下线，在此之前，其余的YP-38早已接受了大量的飞行测试，对试飞中暴露出来的问题，工程师们也已经解决了相当一部分。

压缩效应

随着P-38项目的发展，一种新的、令人吃惊的空气动力学现象开始浮出海面，这就是压缩效应。压缩效应的定义是：当飞机高速飞行时，空气就会在飞机表面的某些部分堆积并压缩。如果空气在某些重要的操纵面上产生压缩，则会严重破坏飞机的飞行品质。这就是工程师们从YP-38上学到的经验。

当时，美国陆航对新型军用飞机的俯冲性能极为关心。为此，试飞员一次又一次地在测试中驾驶着飞机爬升到高空，再压低机头俯冲而下，直到接近地面才将飞机改平拉起。试验的目的变为：测试飞机在俯冲中依靠发动机动力以及地心吸引力，将能达到何等速度。同时，这也将考验在俯冲时，飞机的操纵性能有何影响。

进行俯冲的飞机未能及时改平拉起导致坠毁，或者受到过于强大的空气压力导致解体的事故屡见不鲜。试飞员实际上是冒着生命危险去探索未知，即便从美国陆航手中领取了令一般飞行员艳羡不已的高额薪水，他们的献身精神仍值得敬佩。

在一次俯冲测试中，富有经验的试飞员塞格玛·吉尔奇 (Signa Gilkey) 少校驾驶着YP-38飞到了35000英尺的高空，按照计划准备俯冲到400英里/小时的速度。

这架YP-38已经进行过一系列俯冲测试，但这次俯冲的表现和以往完全不同。吉尔奇少校发现他试图操纵飞机进行动作时，驾驶盘开始大幅度震动，难以把持。

当飞机速度超过400英里/小时后，飞机的升降舵开始猛烈震颤，而机头也开始变得异常沉重，几乎无法拉起。整架飞机几乎无法操纵，看似要么加剧震颤、直到在空中解体，要么一路俯冲直栽地面！要过很久，人们才知道这些现象是流经YP-38内翼段的气流所引发的，气流受到压缩后变得急剧扰乱，经过尾翼时就会使其发生震颤导致操纵品质下降。

吉尔奇少校相当幸运，依靠丰富的经验摆脱了死亡的召唤。他果断地降低发动机输出功率，使用升降舵配平调整片操纵飞机成功改平拉起，最终回到地面向所有人描述在空中所发生的这一幕。从险象环生的这一幕开始，压缩效应现象附身在P-38身上，开始为世人所知。但在20世纪30年代，还没有任何人知道应该如何去降服这个可怕的恶魔。

进入到项目的新阶段之后，洛克希德公司拥有了许多优秀的试飞员，他们在伯班克机场对出厂的YP-38进行预先的飞行测试。测试告一段落以后，飞机才送交美国陆航进行进一步评估。

洛克希德公司的试飞员重复进行俯冲试验，也发现同样的问题存在。当时的工程师们还不了解压缩效应的作用和P-38尾翼震颤现象是两个毫不相干的概念。在陆航的要求下，YP-38内段平尾的铝制蒙皮厚度得到了加强，同时上下两侧还加装了一对配重。这些措施没有解决问题。凯利·约翰逊提交了一份报告，阐述了自己的分析结果：“经过测试，所有安装上的配重对高速条件下引发的震颤现象没有产生任何影响。震颤幅度并未发生改变，在所有条件下，进行俯冲的趋势和原先一样。”美国陆航指示洛克希德公司，要立即着手寻找解决压缩效应和尾翼震颤问题，罗伯特·格罗斯相信他手下的工程师们会拿出一个妥善的解决方案。

到1941年9月，如果还没有找出根除压缩效应的办法，P-38系列的生产很可能就要因此中断。为此洛克希德公司将第一架出厂的YP-38 (工厂序列号122-2202，美国陆航序列号39-689) 分配到飞行测试部门，以帮助解决压缩效应问题。测试由公司富有经验的试飞员迈罗·布齐汉姆 (Milo Burcham)、吉米·马特恩 (Jimmy Mattern) 和拉尔夫·维尔顿(Ralph Virden)进行。按照工程师们的计划，试飞员要驾驶着飞机在30000英尺高度以300英里/小时的速度开始俯冲，这样借助地心引力的作用，俯冲速度将有可能达到YP-38的极限——0.68倍音速。此类试验无疑意味着极大的风险，为此YP-38进行了多处改造，包括扩大平尾的配平调整片，帮助飞行员在操纵杆力超过30磅的状况下从俯冲中改平拉起。

迈罗·布齐汉姆和吉米·马特恩对改造的效果心存疑虑，认为现阶段的改动远远不能保证高空高速条件下俯冲试验的安全。拉尔夫·维尔顿则有另一番想法，作为一个长期为美国邮政部门驾驶运输机，拥有15000小时飞行时间的老飞行员，他觉得可以一试。

1941年11月5日，对洛克希德公司来说是一个特殊的日子。在这一天，刚刚升职为美国陆航司令的阿诺德将军来到了伯班克，25000名洛克希德公司的员工在午餐时间集合起来，聆听阿诺德的演讲。

到目前为止，P-38生产型业已投产，压缩效应问题依然存在，但阿诺德少将还是在演讲中满怀热情地赞颂洛克希德公司的全体员工所付出的辛勤劳动。此时，洛克希德公司引以为傲的P-38战斗机、“哈德森”轰炸机和“文图拉”巡逻机列队飞过人群上空，演讲的气氛达到了高潮。集会结束后，工人们回到自己的岗位继续工作，拉尔夫·维尔顿则在机场上为俯冲试验做好了准备。

一切准备就绪，地勤人员启动了发动机，维尔顿驾驶着YP-38滑向跑道，起飞升空。他驾机从洛克希德航空集散站向西爬升，按照计划进行一系列的俯冲测试。

看起来一切都相当顺利，维尔顿在15分钟后开始准备下滑降落到伯班克的跑道上。机场上，众多在场人员目击了接下来几分钟所发生的一切：YP-38发出怪异的声响，朝向地面俯冲，内段平尾激烈颤抖，随之在空中脱落！事后，凯利·约翰逊回忆当时情形说：“我在办公室内听到了拉尔夫·维尔顿的飞机呼啸而至，声音相当反常，那只能是螺旋桨以偏移飞行方向的角度撞击空气所发出的声音。”

YP-38直冲向伯班克邻近的格兰代尔(Glendale)市地面，坠毁在榆树街1147号的民房屋顶上。拉尔夫·维尔顿当场丧生，房屋则被摧毁了一半。警察和消防人员迅速赶到现场，展开抢救工作。面对着一片废墟，他们都认为房屋里面不会有人幸存了。出乎意料

■ 拉尔夫·维尔顿的失事现场。

的是，房屋的主人杰克·简森安然无恙，还躺在床上呼呼大睡，丝毫不知晓美国陆航最先进的战斗机已经把自己的住宅撞得面目全非了！飞机坠毁在居民区而没有造成更多的人员伤亡，这也算不幸中的万幸吧。

YP-38为什么会俯冲下来坠毁？凯利·约翰逊仔细检查了YP-38的残骸，得出了最有说服力的推断：飞行中，YP-38平尾的配平调整片发生故障，立即大幅度偏离正常角度；气动外形的急剧改变给高速飞行的机体一个强大的冲击力，从而导致垂尾部分的结构破损，飞机失控坠毁。拉尔夫·维尔顿的事故鞭策着工程师们更加慎重地对待P-38系列的各种潜在故障。

为研究压缩效应和尾翼震颤问题的根源，在P-38系列投产以后，YP-38的测试一直在持续进行。第二架出场的YP-38（洛克希德公司编号122-2203，美国陆航编号39-690）被送到位于弗吉尼亚州的兰利（Langley）机场，在国家航空咨询委员会的全尺寸风洞中进行吹风试验，研究飞机气动外形所导致的尾翼震颤现象。这架飞机接受了多次试验，工程师们曾经把它的机头部分延长，以期能够使得流经机身的气流变得平滑，但这个尝试并没有收到预期的效果。

在洛克希德公司本部，凯利·约翰逊也在着力解决压缩效应和尾翼震颤问题。他利用自己手头整理的资料以及来自兰利机场的测试数据，在1942年初撰写了一篇题为《P-38俯冲特性研究》的报告。在报告中，他提出通过一系列步骤记录P-38速度并通过计算以寻求问题答案的方法：

■ 1941年12月24日，弗吉尼亚州的兰利机场，第二架YP-38在国家航空咨询委员会的全尺寸风洞中进行吹风试验，研究飞机气动外形所导致的垂尾震颤现象。这架YP-38的机头部分被延长，工程师们希望借此改善飞机的气动特性，但试验证明这是不可行的。此后，凯利·约翰逊利用自己手头整理的资料以及来自兰利机场的测试数据，终于找到了问题所在。

1. 记录从实用升限开始，使用作战功率进行垂直俯冲所能够达到的最大速度；

2. 记录在1G加速度下，震颤开始产生时的速度；

3. 记录俯冲到达最低时的最大速度；

4. 记录在不同的高度保持水平状态飞行时的最大表速；

5. 通过以上数据，按照线性分布模型找出不会产生震颤

■ 这是两架同为洛克希德公司多次创造航空记录的飞行器：YP-38和诞生于1920年代、全木质结构的“织女星”小型客机。从照片中可以看出，在这10年时间里，航空技术经历了何等迅猛的一个飞跃。

或者压缩效应的速度区间，在此区间内，飞机可安全进行俯冲等机动。

约翰逊发现：当以0.65马赫速度飞行时，P-38的阻力系数急剧升高，空气在内翼段周围形成一个激波，传递到尾翼上使其震颤——这正是尾翼震颤现象的原因！

问题根源找到，接下来就应该采取措施进行解决了。洛克希德公司高层一度担心对P-38机体结构进行改动会影响到当前的大规模生产，从而再次把项目前景引入不明朗的境地。他们的顾虑是多余的，约翰逊设计了一个流线型的翼身结合体，安装在内翼段根部和机身之间作为过渡，流过机翼的气流变得平滑，尾翼震颤旋即有效消除。安装翼身结合体时，工人需要特别小心，使其和机身能够紧密结合，但这个工作量相当微小，完全不会影响P-38的生产。

除第一和第二架YP-38之外，接下来的几架YP-38在洛克希德航空集散站和加利福尼亚州的慕洛克机场 (Muroc Field) 进行广泛的试验，随即被送交莱特机场，进行进一步测试。1941年春天开始，它们被转交位于密歇根州的赛尔弗里奇机场(Selfridge Field)，由第1驱逐机大队的飞行员进行服役性测试。

洛克希德公司规模在一天天扩大，潮水一般的P-38系列涌出厂房、飞向前线。测试工作现在交付更先进的P-38改型来执行，老旧的YP-38从原先的岗位上退役，转入二线的训练机队列，直到第二次世界大战结束被一架架拆毁。人们不会忘记，正是这些YP-38和勇敢的试飞员一起，对空气动力学的未知世界进行了无畏的探索，也正是它们才使洛克希德公司在战斗机领域开拓了光明的前景。

通过试验，YP-38为其他飞机打开了一道解决压缩效应以及其他相关问题的大门，使设计师和飞行员们得以了解这些现象的根源，更容易地找到解决方案。以更高的性能为目的，设计师们一步一步地在黑暗中尝试和探索，不断地扩展人类在空气动力学和材料力学领域的知识。

从初出茅庐的XP-38试验机到在世界大战中大展身手的P-38生产型，YP-38是其中不可或缺的一个重要阶段。没有工程师们的付出，没有试飞员的奉献，就没有P-38家族的巨大成就。

被退货的P-322

美国人造出了快速的双引擎战斗机，速度超过400英里/小时！XP-38的公众展示、试飞和戏剧性的横跨美洲大陆飞行给欧洲的军事观察家们留下了深刻印象。英国和法国军方的装备采购团很快来到了伯班克一探究竟，他们参观了洛克希德公司新建的战斗机生产线和工作中的技术部门，财大气粗的欧洲来客对他们看到的一切相当满意。

英国人一直对双引擎战斗机的概念有浓厚的兴趣，但他们投入了大批资金的维斯特兰“旋风”战斗机项目并不成功。法国空军也在寻找布雷盖 (Breguet) 700、波特兹 (Potez) 671双发战机的替代型号。

1940年5月，洛克希德公司获得了数额巨大的订单：英国政府订购了250架P-38的出口型——P-322-B，法国政府订购了417架P-322-F，在这里B和F分别代表英法两国名称的缩写 (Britain和France)。在洛克希德公司内部，P-322-F的设计编号是Model 322-61-03、P-322-B的设计编号是Model 322-61-04。

值得一提的是，订单签下来时第一架YP-38还在生产线上进行组装，洛克希德公司能向两国装备采购团展示的，只有XP-38在1年多前那次创纪录飞行的事实。

从这个角度，可以反映出新生的XP-38性能是如何的令人叹服。

■ 外形优美的“旋风”战斗机，但其性能并不理想。

P-322系列的血缘离早期的XP-38更近一些，和YP-38、生产型P-38-LO相比，区别在于：

◆ 取消涡轮增压器

P-322系列采用和XP-38相同的艾利森 V-1710C系列发动机。但根据客户的要求，取消了与发动机配套的涡轮增压器。欧洲采购团明白这个改进将明显降低P-322的性能，但仍坚持要求，理由如下：

A. 在定购P-322系列的同时，欧洲采购团也和寇蒂斯公司签订了购买大批霍克-81战斗机的合同。霍克-81的动力系统是艾利森V-1710，不装备涡轮增压器的C-15系列发动机。为了简化后勤维护，欧洲采购团要求洛克希德公司将P-322涡轮增压器取消，采用相同的C系列发动机。

B. 根据当时的欧洲前线中得到的经验，英法两国军方认为：空战中双方接触的高度大致保持在20000英尺以下。因此，欧洲采购团认定涡轮增压器基本上不会派上用场。

C. 美国当时有大批投产的军用飞机需要装备通用电气公司的涡轮增压器，包括B-17“空中堡垒”轰炸机、B-24“解放者”轰炸机、P-38“闪电”截击机、P-43“枪骑兵”驱逐机等。由于产能不足，涡轮增压器对其他国家的供应优先级低于美国。因此，英法两国认为他们无法确保能够获得足够的涡轮增压器供应P-322的生产。

D. 涡轮增压器属于高精密仪器，当时的英法两国缺乏足够的资源和时间来训练地勤人员妥善地保养涡轮增压器，因此维护上将遇到种种困难。

基于以上理由，欧洲采购团定购了心脏先天不足的P-322型。艾利森V-1710功率输出受到了限制，仅能在14000英尺的高空为P-322提供1090马力的功率。随着飞行高度的增加，发动机的输出功率将急剧下降。

◆ 螺旋桨布局改变

对转螺旋桨为P-38的一个重要特征，该布局能极大改善飞机的操纵性能。然而根据客户的要求，P-322系列一对螺旋桨的旋转方向相同，均为向右旋转。欧洲采购团之所以选择了这种布局，是因为2副不同方向旋转的螺旋桨意味着需要2套变速齿轮箱，繁复的设备配置会加重后勤供应的负担。对于战火已经烧到家门的英法两国来说，必须避免所有并非绝对必要的开销。

◆ 引擎罩造型改变

由于发动机配置发生改变，P-322的引擎罩前端造型也和P-38生产型有所区别。

A. 由于安装了艾利森 V-1710C系列发动机，螺旋桨中心轴线的位置和XP-38相同，均位于引擎罩正中。

B. 和YP-38一样，P-322在螺旋桨正下方安装有滑油冷却空气进气口，但和YP-38与P-38生产型相比，更圆滑、更趋向于流线型。

C. 由于发动机产生的废气不用输出到涡轮增压器，因此在引擎罩顶部，机翼上方的位置分别安装了2个排气口。

D. P-322尾撑后部的冷却器空气进气口和P-38生产型一样，比原XP-38有所扩大。

◆ 起落架布局改变

XP-38和YP-38的前起落架结构中，控制起落架收放的牵引撑杆为向前收起。P-322的前起落架牵引撑杆则改为向后收起，新的

P-322性能数据表		
动力系统		艾利森V-1710-15，C-15①
功率	（马力）	1090
机内燃油	（升）	1136
	（加仑）	306
最大燃油	（升）	1136
	（加仑）	306
最大平飞速度	（英里/小时）	357
	（公里/小时）	574
升限	（英尺）	40000
	（米）	12200
航程	（英里）	1150
	（公里）	1850
空重	（磅）	11945
	（公斤）	5423
总重	（磅）	14467
	（公斤）	6568
固定武装	毫米口径×数量（备弹量）	12.7×2（200） 7.62×2（500）
（注①：改型P-322-II装备艾利森V-1710-27/29，F-2发动机）		

合体便成为P-38家族的标准配备，尾翼震颤问题最终得到了圆满解决。但P-38家族依然被空气压缩效应的顽疾苦苦困扰，洛克希德公司的工程师们还需要一点时间来将“闪电”打造得趋于完美。

◆ 更改武器配备

P-322的火力配备为2挺7.62毫米机枪（各备弹500发）和2挺12.7毫米机枪（各备弹200发），YP-38原先配备的37毫米机炮被撤销。

改动可以减少起落架收起后所占用的机身空间，因而可以腾出更多的空间容纳弹药和其他设备。P-38E之后的系列改进型号，都按照该标准进行生产。

◆ 加装翼身结合体

从P-322开始，凯利·约翰逊设计的翼身结

■ 翼身结合体特写。

◆ 其他改进

A. 风挡样式变为YP-38后期的三面式风挡。

B. P-322系列在机翼下方安装了可收放的着陆灯。

C. 按照英国皇家空军的要求，P-322-B采用英国标准的前起落架、无线电设备及其仪表等。

D. 按照法国空军的要求，P-322-F装备法文标识的仪表板，法国标准的无线电设备以及弹药系统，节流阀的操作方向也和英美标准完全相反。

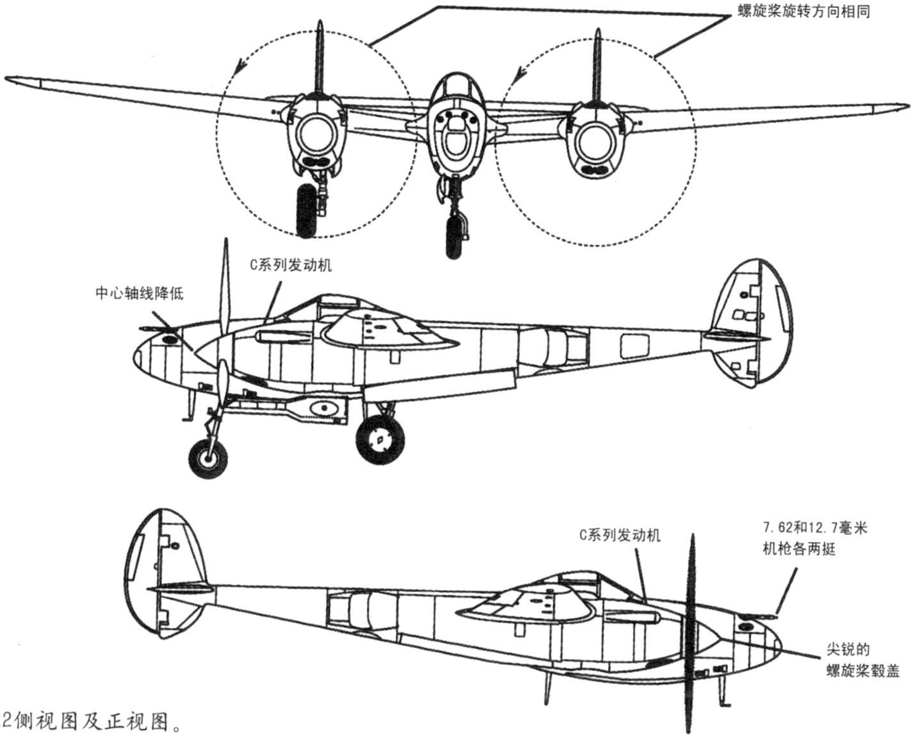

■ P-322侧视图及正视图。

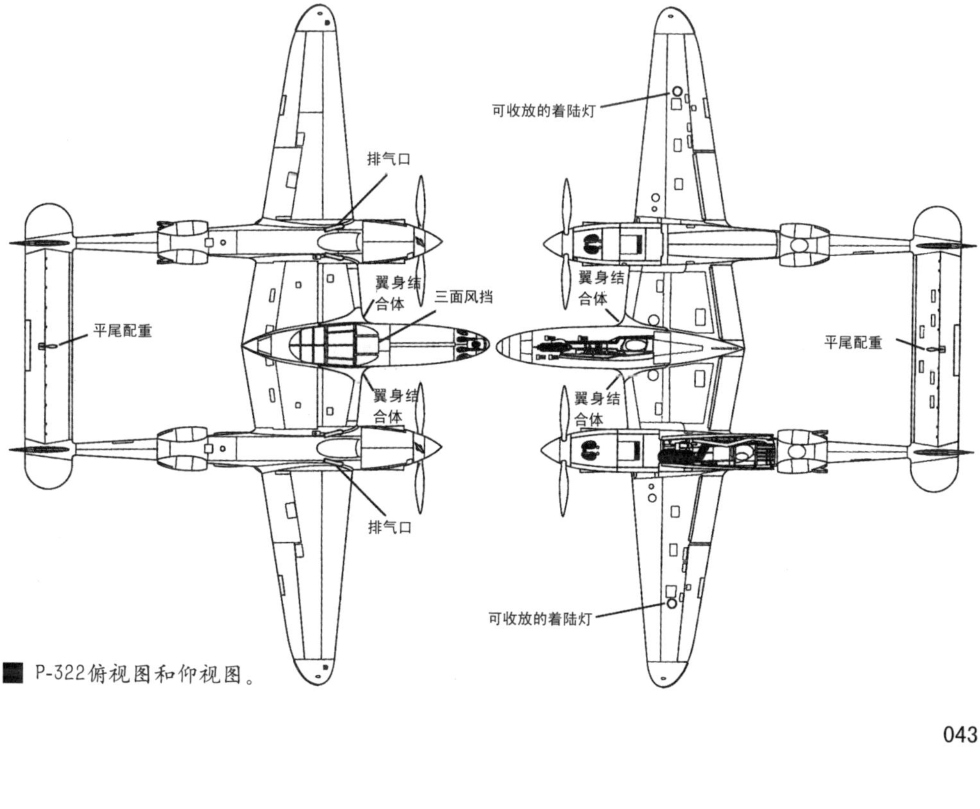

■ P-322俯视图和仰视图。

这笔合同是在所谓的“静坐战争”时期签署的，那时的英国和法国陆军在法国边境的强大防线后集结，却眼睁睁看着德国的闪电战吞灭了波兰，并在冬季集结力量，准备对盟国发动致命一击。

根据合同，洛克希德公司要在1年之内将所有P-322交付完毕，而英法两国政府将为这笔合同支付接近1亿美元的巨额资金。在这笔令人眩目的财富面前，洛克希德公司高层毫无保留地接受了所有合同条款，准备开始大规模生产，而完全不顾工程师们的警告：交付速度很有可能没有预想中那么顺利，同时没有涡轮增压器的P-322性能会大受影响。

在二战前，美国的军用飞机一般都只冠以编号，很少有官方或者来自厂方的昵称。但英国人的做法则完全不同，英国皇家空军属下的几乎每一种飞机都有自己的昵称——暴怒、喷火、飓风……这些响亮上口的名字一向受到军方、媒体以及普通大众的热烈欢迎。对于他们采购的P-322-B，英国皇家空军安排了一个名垂青史的昵称——“闪电(Lightning)”。

签下合同没有多久，1940年6月5日，法国就在纳粹德国的闪电攻击下失陷，英国政府揽下了全部667架P-322的合同，并给予“闪电”Mk Ⅰ的军方编号。随着战局的发展，英国皇家空军认识到“闪电”Mk Ⅰ的性能不足以抵抗德国空军，于是将定购数字减少到143架。其余的524架飞机被赋予新的编号“闪电”Mk Ⅱ，它们被要求配备使用涡轮增压器的F系列引擎以及对转螺旋桨——这才能真正发挥出P-38的威力！

■ 在地面进行测试的P-38“闪电”Mk Ⅰ，注意机头没有装备任何武器，机头上的数字“92”代表着洛克希德公司的生产序列号322-3092。

由于生产任务紧张，第一架英国人的“闪电”Mk Ⅰ要到1941年8月才下线进行试飞，这时距离不列颠空战的胜利已经接近1年了！在这一年时间里，欧洲的空战转向了高空大规模厮杀，没有涡轮增压器的“闪电”Mk Ⅰ不可避免地落在了时代步伐之后。

1942年，最初的3架P-322由货船运送至英国，抵达位于下博斯坎比的英国皇家空军测试中心进行评估。皇家空军为其余的143架飞机预留的序列号是AE978到AE999以及AF100到AF220。评估的结果完全可想而知：皇家空军认为P-322并不能满足当时的作战需要，并将飞机退回，取消了所有订单。

英国皇家空军拒绝P-322的原因有三：首先，不列颠之战业已结束，戈林元帅的德国空军折翼英伦三岛，英国皇家空军的威胁大为减轻。现在丘吉尔首相最为担心的问题只剩下德国海军的“狼群”了。其次，经过大战的消耗，英国国库空虚，已无力支付600多架飞机的大笔购买和维护费用。最后，英国皇家空军对P-322的压缩效应问题非常敏感。即便洛克希德公司保证问题正在逐步得到解决，但英国人还是不希望得到一批毛病缠身的战斗机。

对于刚刚起步发展的洛克希德公司来说，失去这笔金额近亿美元的合同意味着一系列灾难性后果！值得庆幸的是，在大西洋的这一头，情况和英国完全不同：美国在1941年年底完全卷入了第二次世界大战，美国陆航急切需要大量战斗机以扩充实力。因

■ 1架“闪电”Mk Ⅰ在地面进行左侧发动机试车，注意飞机已经加装了副油箱，准备进行测试；引擎罩内侧的蒙皮打磨抛光呈近似镜面，从驾驶舱的位置，飞行员可通过蒙皮的反射，间接观察到首起落架的收放状况。照片发表时，为了保密，机头的洛克希德公司生产序列号被涂掉了。

■ 在伯班克上空试飞的第二架“闪电”MkⅠ，英国皇家空军序列号AE-979。已经根据英国皇家空军的规范进行涂装。注意飞机已经装上了武器，涡轮增压器则被取消了。

■ 序列号AE-979的第二架“闪电”MkⅠ正在飞行，从这个角度可以清楚看到飞机引擎罩和机头的优美线条。注意英国皇家空军标志内侧的航行灯。到“闪电”MkⅠ阶段，P-38系列仍有一个小毛病尚待解决：在高速飞行过程中，巨大的机头起落架舱门会产生4英寸之多的错位。

此，美国政府做了个顺水人情，接下了这笔合同。

美国陆航揽下英国人退回的143架“闪电”MkⅠ后，将第一批22架用于训练和测试，配置原封不动，被赋予P-322-Ⅰ的军方编号。

其余的121架“闪电”MkⅠ在伯班克机场进行了改装，换上了艾利森V-1710-27/29，F-2系列引擎，同样也用于训练和测试。换装F系列引擎意味着这批飞机的一对螺旋桨反向旋转，同时，引擎罩造型和P-38生产型系列一样，在引擎罩下方安置一个滑油冷却空气进气口，但仍未装上涡轮增压器。当改装完成以后，这批飞机被赋予P-322-Ⅱ的军方编号。由于技术先进，对于新飞行员来说，飞P-322-Ⅱ比飞P-38生产型要容易得多。

若干美国陆航中的P-322依然保留当年为

■（上）唯一的“闪电”MkⅡ（英国皇家空军序列号AF221）正在测试挂载航空鱼雷的能力，为安全起见，这2枚鱼雷为水泥制造的试验弹，重量与真实鱼雷一样——各2000磅。

■（中）1946年4月16日，1架“闪电”MkⅠ（英国皇家空军序列号AF-101）在新泽西州纽渥克(Newark)机场试车。战争中闲置的机型集中到纽渥克，随后即被拆毁。

■（左）“闪电”MkⅡ投放航空鱼雷的试验。

英国皇家空军定制的座舱布置和序列号——AE 978到AE 978以及AF 100到AF 220。

合同中剩余的524架“闪电”MkⅡ，只有1架按照英国人的标准生产出来，后来被美军用于试验P-38系列挂载航空鱼雷的能力；其余523架则根据项目的进展，作为P-38F-13-LO、P-38F-15-LO、P-38G-13-LO和P-38G-15-LO生产并交付美国陆航。

英国人为P-322做出的唯一贡献就是赋予其“闪电”的昵称，这个响亮的名字顺理成章地被美国陆航采纳，并成为二战中最响亮的军机名称之一。

半成品P-38-LO与P-38D

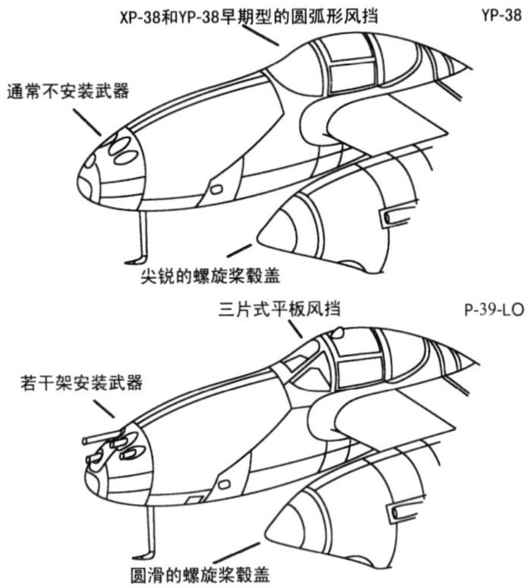

■ YP-38与P-38-LO比较图。

P-38-LO

德国入侵波兰后，大西洋对岸的战火加重了美国军方的危机感，他们意识到，美国正在不可避免地被拖入这场战争，必须加快强化武装的步伐了。

1939年9月16日，战争爆发后2星期，距离签订上一批YP-38订单不到5个月，此时洛克希德公司的工程师们还在埋头整理YP-38的设计图纸，第一架YP-38还要整整1年时间才能够交付——感觉大敌当前的美国陆航和洛克希德公司签订了AC-13205号合同，制造66架P-38生产型战斗机，并赋予其P-38-LO的编号。

“-LO”的后缀是美国陆航对洛克希德公司伯班克工厂产品的标记，以前洛克希德公司在乔治亚州玛利埃塔(Marietta)工厂的产品则加以-LM的

P-38-LO性能数据表		
翼展	（米）	15.85
全长	（米）	11.53
机高	（米）	3.91
动力系统		艾利森V-1710-27/29，F-2
功率	（马力）	1150
机内燃油	（升）	1136
	（加仑）	306
最大燃油	（升）	1136
	（加仑）	306
最大平飞速度	（英里/小时）/英尺高度	395/20000
	（公里/小时）/米高度	636/6100
巡航速度	（英里/小时）	310
	（公里/小时）	499
爬升率	（英尺/分钟）	3200
	（米/分钟）	976
升限	（英尺）	39000
	（米）	11895
航程	（英里）	1490
	（公里）	2397
空重	（磅）	11672
	（公斤）	5299
总重	（磅）	14178
	（公斤）	6436
最大起飞重量	（磅）	15340
	（公斤）	6964
固定武装	毫米口径×数量（备弹量）	37×1（15）
		12.7×4（200）

后缀。

P-38-LO的设计基于试验型的YP-38，主要为实战改装了相关设备：

◆ 修改气动布局

原先XP-38和YP-38所使用的螺旋桨毂盖造型尖锐，加工难度较高，生产型P-38-LO则采用了线条比较圆滑而且易于生产的造型。

◆ 更改风挡样式

XP-38和YP-38早期型的圆弧形风挡被三片式平板风挡代替了，风挡后加装了防弹玻璃。

◆ 更改武器配备

YP-38的2挺7.62毫米机枪被增强为12.7毫米口径（各备弹200发），在机头并排布置。这样，P-38-LO武器系统便升级为4挺12.7毫米机枪和1门37毫米机炮的强劲配置。实际上，P-38-LO出厂时很少装备上机枪和机炮，大部分在机头相应位置安装上了配重。

1941年6月，正当YP-38进行各种试验时，洛克希德公司开始交付P-38-LO。在合同订购的66架里面，包括30架P-38基本型，即P-38-LO。其余的36架则随着项目的进度，作

■（上）P-38和“喷火”在一起。后者在出厂后不久，于1941年7月通过海路运到美国。美国陆航借此来比较国内的战机设计思路。从图中可以看出P-38和“喷火”在体积上的差别。

■（下）P-38系列装甲防护范围示意图，见阴影部分。

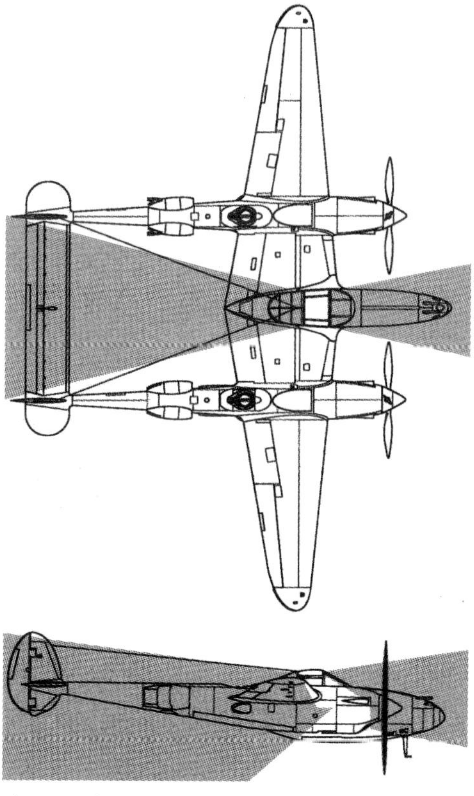

为P-38D完工并交付。

自1941年春天开始，第1驱逐机大队的飞

■ 厂房空间已经被占满，新的厂房又正在建造当中，因此这批P-38D只能沐浴在加利福尼亚的阳光中完成总装。虽然场面看起来略有混乱，但还是可以看出，从远到近的P-38D正在逐步接近完工阶段。远处的哈德森轰炸机已经涂上了英国皇家空军的标志。

行员们就一直在对YP-38进行测试，对这种新型飞机有着充分的了解。在洛克希德公司生产了29架P-38-LO之后，陆航就很自然地把它们划分到赛尔弗里奇机场，归第1驱逐机大队使用。这批飞机后来被重编号为RP-38（R为Restricted的缩写），作为受到限制的战斗机执行非战斗任务。1942年初，日军在太平洋掀起一波又一波的侵略狂潮时，就是这些RP-38在加利福尼亚海岸上空担任起保卫美国本土的重任。

P-38D

在美国陆航订购的66架P-38-LO合同中，后36架作为P-38D交付，这也是被陆军部认为第一种具备实际作战能力的P-38。

在P-38-LO处于初期生产阶段时，凯尔西乘船前往欧洲大陆，对大洋彼岸的战局进行实地考察。美国陆航高层和洛克希德公司每天都会收到翔实细致的空战报告，从战场上得来的数据表明：自封闭油箱和保护飞行员的装甲在空战中的作用至关重要。

以空战报告为依据，陆航向洛克希德公司发出指示：今后的P-38-LO应该装备上自封闭油箱和装甲。为了使其和以前的P-38-LO区别开来，这批按照美国陆航标准生产的P-38-LO获得了P-38D-LO（以下简称P-38D）的编号。P-38D的主要改进有：

◆ **加强防御**

在飞行员座椅和重要设备周围，加装了

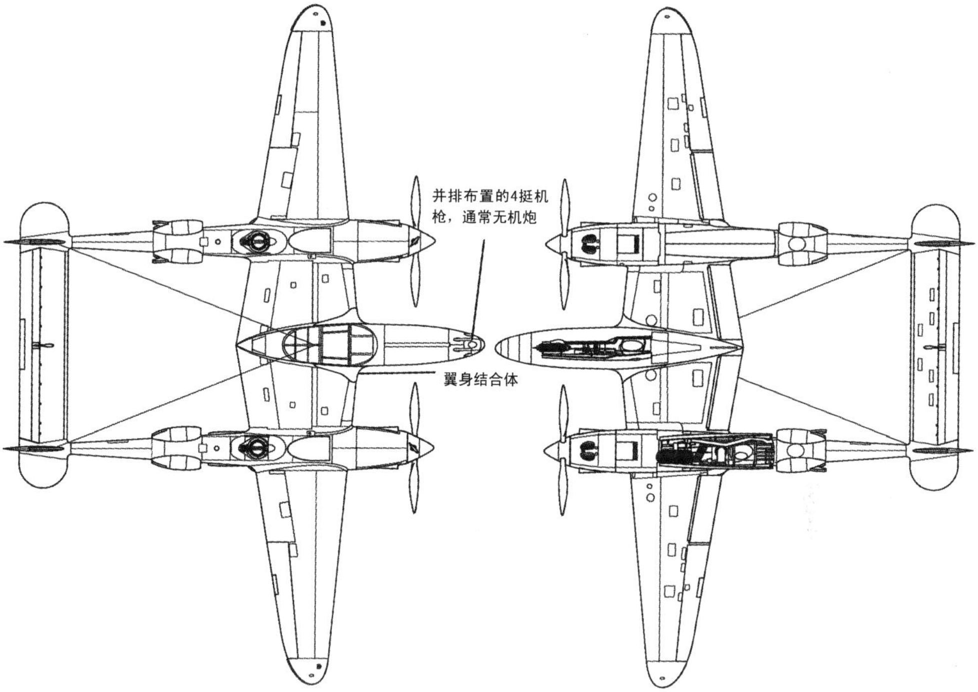

■ P-38D俯视图（左）及仰视图（右）。

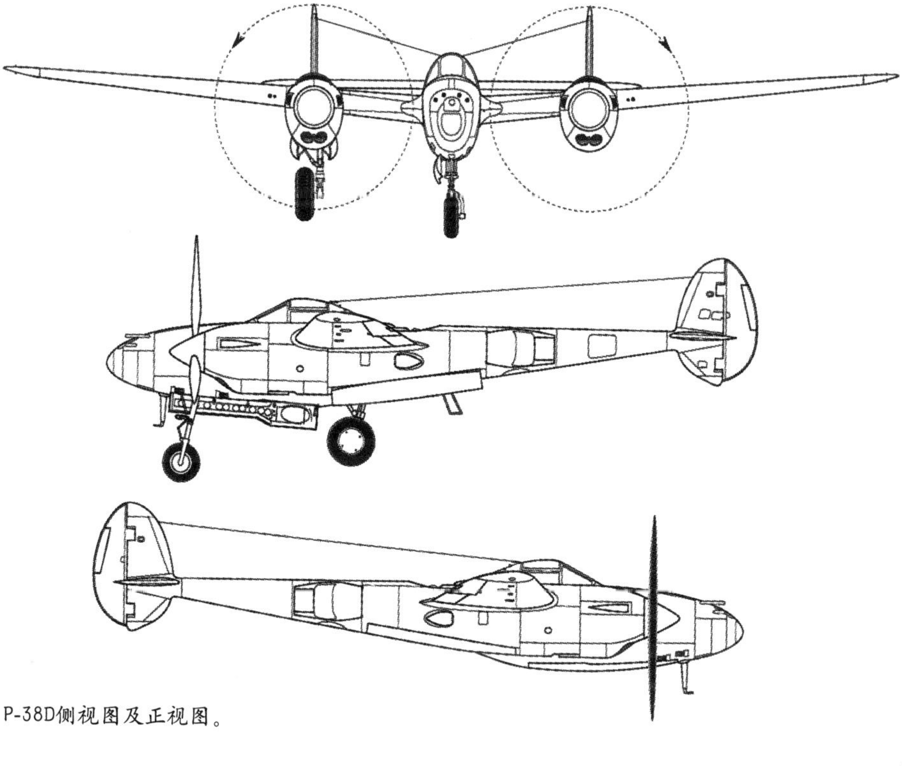

■ P-38D侧视图及正视图。

装甲防护。

◆ **自封闭油箱**

安装后可提高飞机被命中后的生存率。自封闭油箱的结构比较复杂，需要占用相当空间，P-38D的起飞重量因此小幅提升，对速度有略微影响。

◆ **其他改进**

A. 配备低压氧气供应系统以及流量调节阀。

B. 配备可收放的航行灯。

C. 早期的P-38D并没有配备在P-322上得到验证的翼身结合体，不过随后在使用维护过程中进行了加装，后期的P-38D安装了翼身结合体，从而解决了从XP-38开始一直困扰着"闪电"家族的尾翼震颤问题。

第一架P-38D在1941年8月出厂交付美国陆航使用。由于时间仓促，这个批次的P-38D依然缺乏足够的作战能力：有若干架P-38D只安装了4挺12.7毫米机枪，甚至有几架1挺机枪都没有！计划中的37毫米机炮则从来没有装上过，其在机头整流罩上的开口被相应地进行了减阻处理。

这36架P-38D大多数被分配到赛尔弗里奇机场的第1驱逐机大队，加入了先期到达的YP-38和P-38-LO机群中，少部分则分配到位于加利福尼亚州汉密尔顿(Hamilton)机场的第14驱逐机大队。

1941年6月20日，为了更好地应

P-38D性能数据表

翼展	(米)	15.85
全长	(米)	11.53
机高	(米)	3.91
动力系统		艾利森V-1710-27/29，F-2
功率	(马力)	1150
机内燃油	(升)	1136
	(加仑)	306
最大燃油	(升)	1136
	(加仑)	306
最大平飞速度	(英里/小时)/英尺高度	390/20000
	(公里/小时)/米高度	628/6100
巡航速度	(英里/小时)	300
	(公里/小时)	483
爬升率	(英尺/分钟)	20000/8
	(米/分钟)	6100/8
升限	(英尺)	39000
	(米)	11895
航程	(英里)	970
	(公里)	1560
空重	(磅)	11780
	(公斤)	5348
总重	(磅)	14456
	(公斤)	6563
最大起飞重量	(磅)	15548
	(公斤)	7058
固定武装	毫米口径×数量（备弹量）	37×1 (15)
		12.7×4 (200)

■ 停留在跑道上的XP-38A。

对迫在眉睫的战争，美国陆军航空队升级为美国陆军航空兵(Army Air Force)，下属的所有驱逐机大队(Pursuit Group)在其后将改称为战斗机大队(Fighter Group)。

1941年9－11月，美军在加利福尼亚州和路易斯安那州举行了大规模的军事演习，第1战斗机大队的飞行员们驾驶着P-38-LO和P-38D参与其中，分别扮演红方和白方的角色，机头两侧相应地涂上了红色和白色的十字符号以进行区别。通过演习，飞行员对他们的新飞机有了更深入的了解。在演习中，P-38的对手是老式的P-35、P-36和P-40，人们惊奇地发现P-38的所有性能都远远超出了它的前辈，特别是在高空的较量中，没有任何战

■ 即将进入战争的P-38D，这张照片摄于1941年11月16日，照片中的P-38D仍未具备作战能力——没有安装武器系统，只在机头安装了几根柱状整流罩。

■ 演习中，白方的P-38D，注意机头没有安装机炮，机枪的位置由4根柱状整流罩代替。

■ 演习中，红方的P-38-LO，注意机头没有安装机炮，机枪的位置由2根柱状整流罩代替。从这个角度可以看出早期P-38的典型特征：没有翼身结合体、向前收起的前起落架牵引撑杆以及还没有减小尺寸的起落架舱门。

斗机可与P-38相提并论。

经过测试评估，第1战斗机大队的飞行员认为P-38系列固然存在着种种问题，但瑕不掩瑜，这种新飞机前途不可估量。洛克希德全体员工的努力终于得到了军方的认可。

1942年6月，作为中途岛海战的一部分，日军攻占了阿拉斯加的阿图岛和基斯卡岛，第54战斗机中队被火速派遣到埃达克（Adak）基地，以进行西北边疆的防卫任务。他们装备有P-38D和P-38E两种型号，这也是当时美国唯一能够从埃达克飞抵日军基地执行战斗任务的机型。和P-38E一起，这批P-38D将是第一批经历战火的“闪电”战士。

一开始，洛克希德公司交付P-38-LO/P-38D的速度并没有令美国陆航满意，这是由多方面原因引起的：P-38系列的发动机是艾利森公司出产，涡轮增压器由通用电气公司制造，螺旋桨的供应商则是寇蒂斯公司。各种零件的交付环节只要有一个发生延误，就会影响到P-38的生产。洛克希德公司的自身问题主要是工厂扩建速度太快，工人培训速度难以跟上，以致起落架等零件的生产制造落后于项目进度。加上YP-38和XP-38的产量，到目前为止的P-38系列的生产数字刚好是80架——当初美国陆航估计的采购数量。

当第1驱逐机大队正在熟悉手中的新装备时，新的订单有如雪片一般飞往洛克希德公司。现在的P-38系列已经被正式冠以“闪电”的大名，国内新闻媒介的活跃宣传对此起了重要作用，威风凛凛的“闪电”战机形象在各种媒体上如日中天，也许这正是当年美国陆航高层所希望看到的一幕。

其他改型

最后出厂的1架P-38-LO被安装增压座舱进行试验，并获得了XP-38A的军方编号。负责XP-38A项目的是工程师卡尔·哈顿(Carl Haddon)。XP-38A制造完成后，在1942年5－12月由乔·陶尔 (Joe Towle) 驾驶，在莱特机场进行各种测试工作。

采用增压座舱的XP-38A试验表现相当出色，它可以给飞行员提供更舒适的工作环境。但由于种种原因，这个设计最终未能推广到P-38系列中。后果就是：当P-38飞行员在20000英尺以上高空飞行时，必须忍受与海平面高度截然不同的寒冷与不适。

测试完成后，XP-38A被送交美国陆航，在实验中获得的数据应用到后续的XP-49项目当中。

第一架P-38-LO (洛克希德公司序列号222-2245，美国陆航序列号40-744)，被改造成布局相当罕见的教练机。它左侧的涡轮增压器被拆除，在空出来的引擎罩空间内，工程师们安装了一套座椅和一个座舱盖，以搭载第二名成员。

以往的经验表明，当飞行员的座舱位置偏离飞机的中心轴线时，他的平衡感很有可能会被这个布局所干扰。40-744改型的目的就是为了测试不对称布局对飞行员的影响。也许未来北美公司P-82“双野马”的设计师从该改型中得到了参考。

40-744号P-38，注意左侧引擎罩位置的座舱。

投入战场的P-38E

P-38D获得了美国陆航的官方认可，但广大P-38飞行员坚持认为：P-38E才是整个“闪电”家族中第一名真正的战士。

1940年8月30日，在P-38-LO的合同签署11个月之后，美国陆航送给洛克希德公司一份大礼单：定购210架P-38E和99架F-4 (P-38的侦察型号)！300余架飞机的合同和第二次世界大战中数以十万计的美军战机总量相比，只是微不足道的一个零头，但对于初涉战斗机行业的洛克希德公司来说，已经意味着光明的前景了。

■ 1架P-38E机头照片，洛克希德的工人正在检查12.7毫米口径勃朗宁气冷机枪的闭锁机。从照片中可清楚了解到P-38机头集中的火力配备以及交错布置方式。

数量众多的零配件供应商也因此和洛克希德公司签订了相关合同，并借此机会扩大自身的生产规模，这在以前从未有过。到1941年底，洛克希德公司已有多条生产线在同时开工，P-38系列的生产和交付在有条不紊地进行。

P-38E是“闪电”家族第一个主要的生产型号，也是发展到完全成熟的P-38G中间的一个重要阶段，其改进主要有：

◆ 更改武器配备

虽然37毫米机炮威力强大，但工程师们很快意识到：如果采用20毫米机炮，在相同的空间内可携带更多弹药、发射频率更快而且可靠性更高。于是，37毫米加农炮被替换成了“西班牙－瑞士”公司专利，邦迪克斯(Bendix) 公司获权制造的M1型20毫米机炮，备弹150发。同时，从P-38E开始，所有后续改型的12.7毫米机枪均采用交错布置的方式。

◆ 起落架布局改变

P-38E以及后续的型号均配备了P-322前起落架采用的向后收起的牵引撑杆。起落架的零部件和舱门均减小了尺寸，大量机头空间被节省出来容纳机枪弹药，每挺12.7毫米机枪的载弹量从200发提升到500发之多。

◆ 优化机身结构

为使P-38E更适合大规模生产，洛克希德的工程师们一共对其进行了2000多处大大小

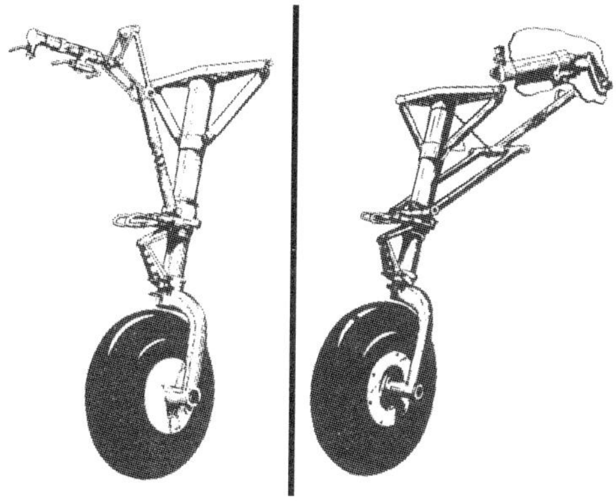

■ P-38系列早期（左）和后期(右)起落架结构对比图。

小的改动。P-38E也是第一种产自有计划、高效率生产线的P-38亚型。在以往的P-38系列制造中，1架飞机在出厂之前往往要在多个车间之间转移，从P-38E开始，所有的组装工作都在同一个地点完成，从而提高了效率。

◆ 其他改进

A. 更新了电气、供氧和液压系统，装备了性能更好的SCR-274N无线电通讯系统和飞行仪表。

B. P-38E左侧机翼下方安装了可收放的着

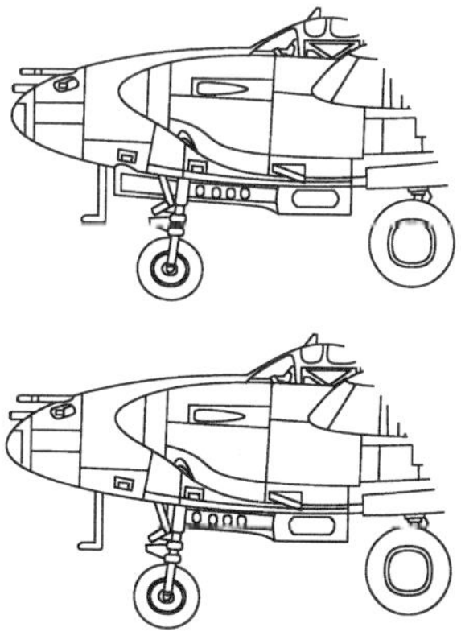

■ P-38系列早期（上）和后期(下)起落架舱门对比图。

陆灯，但在交付部队使用后，发现单个着陆灯无法满足使用需求。从后续型号开始，所有P-38的右侧机翼下方也加装了可收放的着陆灯。

C. P-38E的驾驶舱内，装备了更适合操纵的3/4扇形驾驶盘。

3/4扇形驾驶盘构造：

1. 无线电通讯按钮

2. 20毫米机关炮扳机

3. 12.7毫米机枪扳机 (在驾驶盘后)

4. 照相枪选择开关

5. 副翼配平调整片控制 (P-38J后续型号上，副翼操纵系统增加了液压助力器，配平调整片取消)

D. P-38E之前，引擎罩上方有一个大型的涡轮增压器冷却空气进气口。从P-38E开始，这个进气口被取消了，取而代之的是多个小型进气口 (包括涡轮增压器冷却空气进气口和座舱供热系统进气口) 的组合。

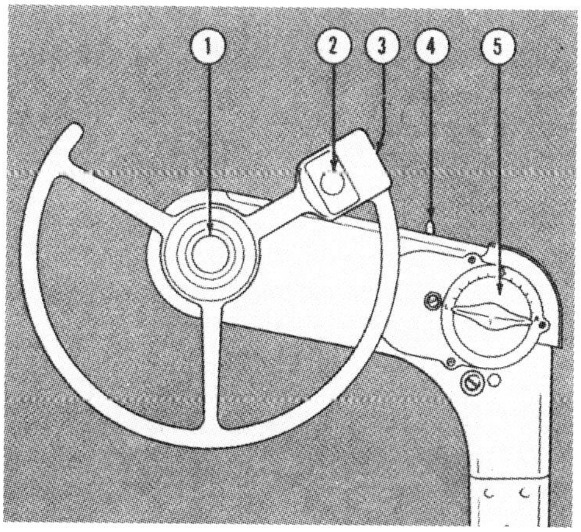

■ 3/4扇形驾驶盘构造对照图。

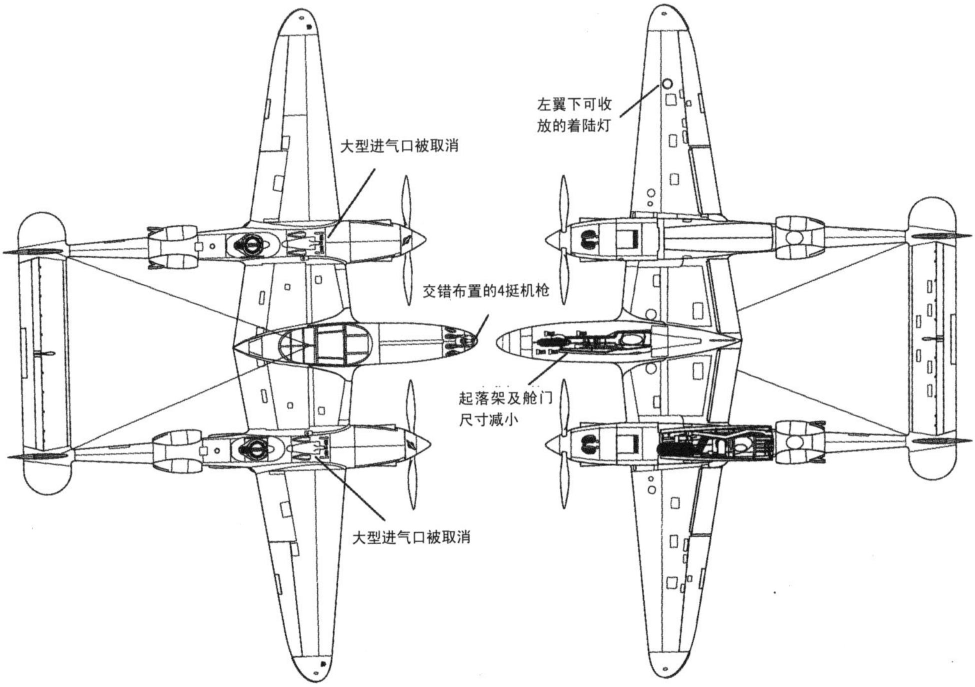

■ P-38E俯视图及仰视图。

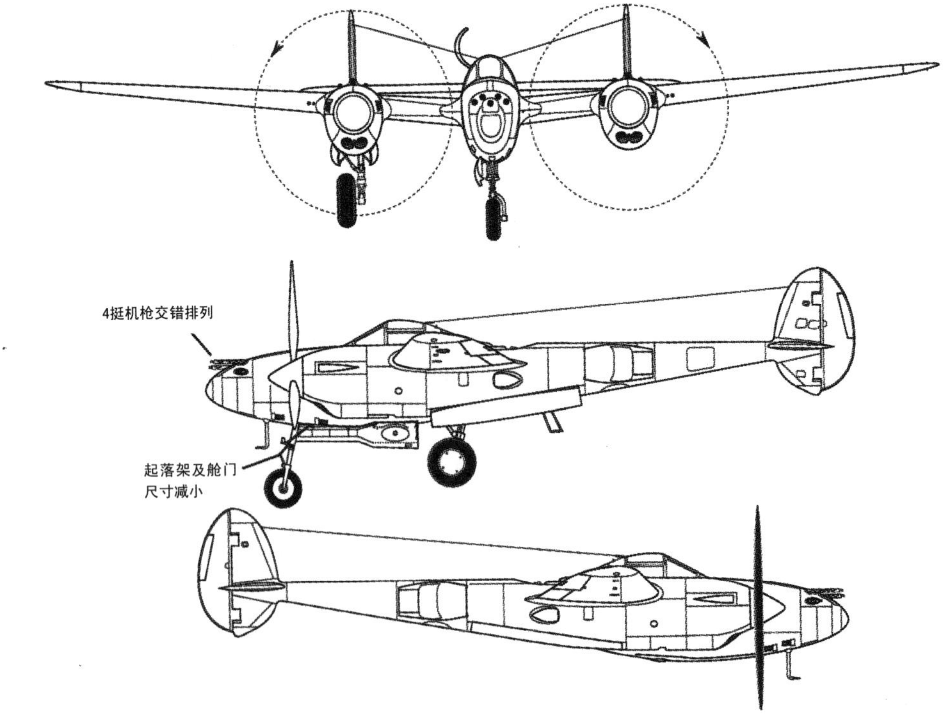

■ P-38E正视图及侧视图。

■ 从P-38E到P-38H均装备3/4扇形驾驶盘。

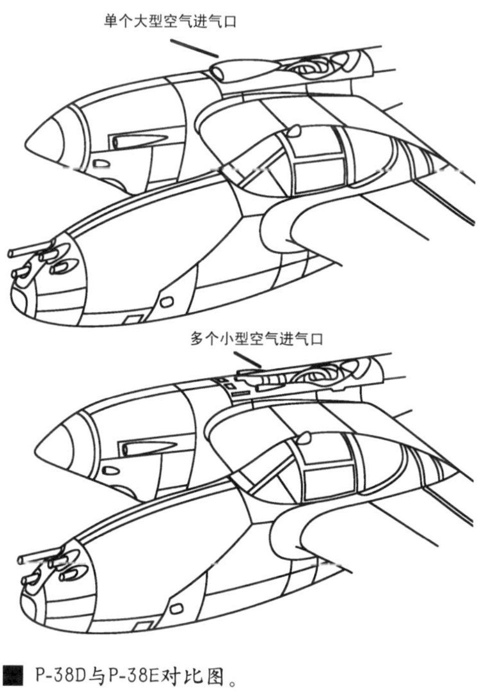

■ P-38D与P-38E对比图。

1941年11月，就在珍珠港事件前1个月，洛克希德公司交付了第一架P-38E。在未来的5个月里，洛克希德圆满完成了军方合同，共有210架P-38E交付美国陆航。除此之外，还有99架P-38E的侦察型——F-4-1-LO下线。

在P-38E开始生产的阶段，寇蒂斯公司无法按时提供足够的螺旋桨。以致出现了这样的现象：P-38E出场之后，飞到它所要服役的机场，再将螺旋桨卸下，由1架C-47运输机送回伯班克机场，供下一批P-38E使用！洛克希德公司在P-38的生产初期遇到的种种零部件供应问题可见一斑。

和以前的改型一样，P-38E有相当部分被美国陆航用于训练任务，也有部分数量用于各种用途的改装和测试。用于训练任务的P-38E多数被称作RP-38E，这个“R”的前

■ 工人正准备将寇蒂斯公司的三叶螺旋桨安装到P-38E的艾利森发动机上。由于缺少足够的厂房空间，螺旋桨的安装工作只得转移到室外进行。

P-38E性能表		
翼展	(米)	15.85
全长	(米)	11.53
机高	(米)	3.91
动力系统		艾利森V-1710-27/29，F-4
功率	(马力)	1150
机内燃油	(升)	1136
	(加仑)	306
最大燃油	(升)	1136
	(加仑)	306
最大平飞速度	(英里/小时)/英尺高度	395/20000
	(公里/小时)/米高度	636/6100
巡航速度	(英里/小时)	300
	(公里/小时)	483
爬升率	(英尺/分钟)	20000/8
	(米/分钟)	6100/8
升限	(英尺)	39000
	(米)	11895
航程	(英里)	975
	(公里)	1568
空重	(磅)	11880
	(公斤)	5393
总重	(磅)	14424
	(公斤)	6548
最大起飞重量	(磅)	15482
	(公斤)	7028
固定武装	毫米口径×数量(备弹量)	20×1(150)
		12.7×4(500)

缀同样代表着限制 (Restricted)，说明这部分P-38E不能用于真正的作战任务。

水上飞机

在太平洋战事吃紧的时节，对于P-38E，美国人曾经有过一个异想天开的方案：将其改装成水上飞机。设想中的水上飞机型P-38E依旧保留起落架，配备2个既能储备燃料、又可丢弃的浮筒，以具备长途跋涉支援位于太平洋中部美军基地的能力。水上飞机型P-38E到达前线基地后，将浮筒拆除，立即能够恢复高空高速战斗机的本来身份投入战斗。

军方序列号为41-1986的P-38E为此进行了试验改装，它的尾翼被抬高3英尺，以防止波浪影响；同时后座无线电被拆除，以留出位置给工程师观察尾翼在试验中的反应。

不过，美国海军的运送能力完全能够承担战斗机的运送任务，因此美国陆航对水上飞机型P-38E的需求也不是非常迫切。41-1986号P-38E的浮筒从来都没有装上去过，一直作为陆基飞机进行测试。

随着美军反击的展开，日本联合舰队在1942年6月的中途岛海战中一败涂地，日本人扩张的道路走到了尽头，P-38E的水上飞机改装计划也随之取消。

■ 设想中的水上飞机型P-38E。

■ 照片拍摄于1942年12月2日，这架用于试验的P-38E被安装了向上抬起的尾撑，以验证P-38加装浮筒运用于太平洋战场的可能性。随着美军在中途岛海战中的胜利，改装计划被取消了。

■ 飞行中的P-38E“剑鱼”，外翼段的扩大部分为新安装的层流翼型。

试验机

对于序列号为41-2048的P-38E，其改造值得一提。这就是所谓的“剑鱼”式改型，主要用于测试层流翼的气动特性，寻求减小阻力的方案。改装后的飞机机头被加长了30英寸，驾驶舱后延伸了76英寸。新增加的空间用来容纳第二名机组成员，他坐在驾驶员的后方，监控安装在左侧外段机翼上的各种测试大气数据的仪器。

1943年6月2日，托尼·李维尔(Tony LeVier) 驾驶着改装后的“剑鱼”进行首次飞行，发现“剑鱼”的速度超过了生产型的P-38。飞行员给这架P-38E起了一个再形象不过的外号——“大鼻子”。

其他

1942年，1架P-38E被用于测试拖曳Waco CG-4A“哈德里安”滑翔机。美国陆航在P-38上进行了多方面研究，甚至设想能让P-38E拖动多达3架的“哈德里安”。

体积娇小的战斗机也能如同运输机一样拖曳滑翔机？官至准将

的罗伯特·卡迪纳斯 (Robert L.Cardenas) 在战后是这样告诉我们的："…… (当年) 我对执行拖曳任务的飞机都不甚满意，无论是C-47、C-54、C-60运输机还是B-17、B-24轰炸机。最后我还是发现了有史以来最好的可执行拖曳任务的飞机：P-38。我曾经用P-38把2架滑翔机从位于大湖区的明尼苏达州拖曳到佛罗里达半岛的松木堡(Pine Castle)，上千里的路程一口气飞完，这足以说明一切！"

若干P-38E被送到洛克希德公司位于北爱尔兰朗佛小村 (Langford Lodge) 的改装厂进行升级，以达到后来的P-38G标准。

若干P-38E被用于测试新的可投掷副油箱。

序列号为41-1983的P-38E装上了用于后续改型P-38J的新设备，进行各种试验和探索。

虽然"闪电"家族中，P-38D第一个经历战火，但还是从E型开始，P-38系列才大规模地投入战争。

洛克希德公司建造了210架P-38E，部分和先前建造的P-38D一起运往阿拉斯加，划归第54战斗机中队使用。该中队原先隶属于第55战斗机大队，驻扎在华盛顿的佩恩机场。太平洋战争爆发后，第54中队被划归第11航空军下的第343战斗机大队，驻守美国西北边陲。

不过，最早在战争中出现的第一批"闪电"并非战斗机型号，而是驻扎在澳大利亚的第8照相侦察大队的F-4侦察机。1942年4月，日本人对新几内亚岛发起进攻，在防御作战中，第8照相侦察大队出色地完成了任务。

1942年8月4日，阿留申群岛荷兰港上空，第54战斗机中队的肯尼思·安布罗斯(Kenneth Ambrose)中尉和斯坦利·隆(Stanley Long)中尉击落了日本海军2架四引擎的川西97式大型水上飞机，为"闪电"家族首开记录。

在阿留申群岛极端恶劣的自然环境中，P-38E表现出了优良的性能，但也暴露出了座舱供热不足的问题，这将在后续型号发展中得到改善。

独特的P-38F

虽然P-38E已经成为一名合格的战士，但后继的P-38F比前辈又迈进了一大步。P-38F是"闪电"家族中第一个分为若干批次生产的型号，分为P-38F-LO、P-38F-1-LO、P-38F-5-LO、P-38F-13-LO和P-38F-15-LO等五个批次。P-38F的改进主要有：

◆ 提升发动机功率

P-38F的发动机升级为最大功率1325马力的艾利森V-1710-49/53，2台发动机加起来的总功率比P-38E提高了350马力。虽然飞机重量增至19000磅，但是依靠发动机功率的同步提升，P-38F的速度和爬升率基本没有损失。

◆ 加装副油箱

从P-38F-1-LO开始，内侧的机翼段结构得到了加强，机翼下方安装了2个可以挂载1000磅重量的挂架，主要用于挂载炸弹和副油箱。加装了一对165加仑副油箱以后，P-38F的燃油容量翻了足足一番，达到惊人的636加仑。副油箱的增加大幅度提升了P-38F的航程。

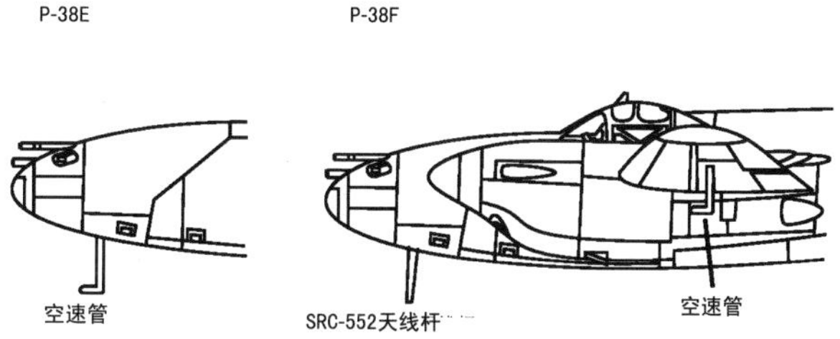

■ P-38E与P-38F侧面对比图。

◆ **优化机身结构**

A. 座舱盖打开的方式改变。较早批次的P-38F依旧采用向右开启的座舱盖，但后期型号则采用了向后端开启的座舱盖。从此以后，飞行员便可以从P-38的任意一侧登机，这个改进在前线机场的环境下尤其有用。

B. 天线安装改变。P-38F及其后续的型号在外观上有一个显著的特点可供识别，那就是原先P-38位于机头下方的空速管被移到了左侧机翼下方，原先空速管的位置装上了SRC-552天线杆。

C. 在P-38F的生产过程中，座舱盖侧面加上了“X”状支撑结构，顶部也得到加强，这成为后续型号的通用配置。

D. 从P-38F开始，以前飞行员们发明出来的一个有趣设计得到广泛运用：将引擎罩内侧的蒙皮打磨抛光呈近似镜面，这样，飞行员可以从驾驶舱的位置通过蒙皮的反射，间接观察到机头起落架的收放状况，正如汽车反光镜一样方便。

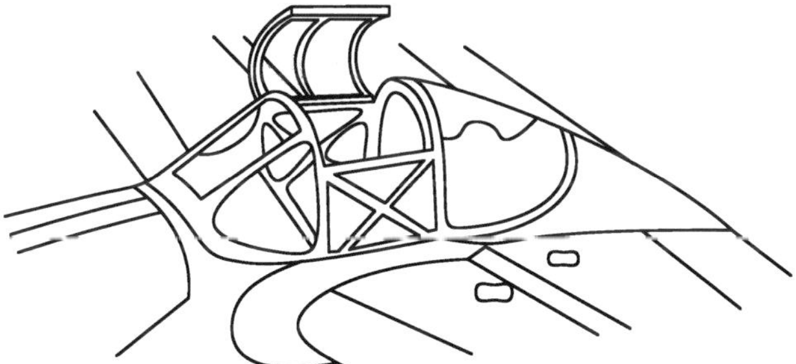

■ P-38F早期型（上）以及后期型（下）座舱盖对比图。

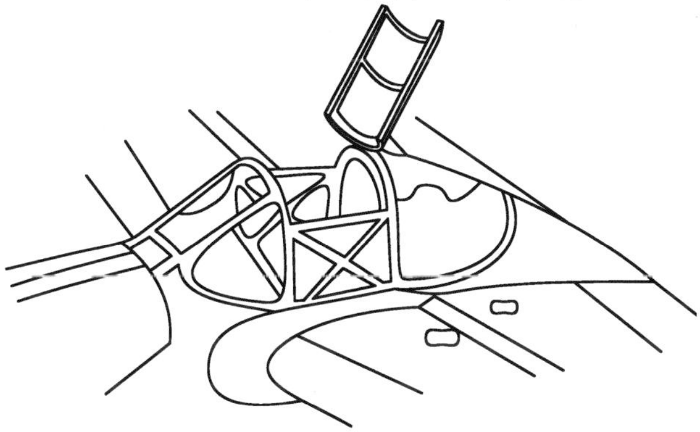

E. P-38F的机身外形一直延续到后续的P-38G和P-38H，基本没有改变。

◆ **按照批次改进**

A. P-38F-1-LO：机翼下方加装挂架；安装SCR-525以SCR-522无线电设备。

B. P-38F-5-LO：从这个批

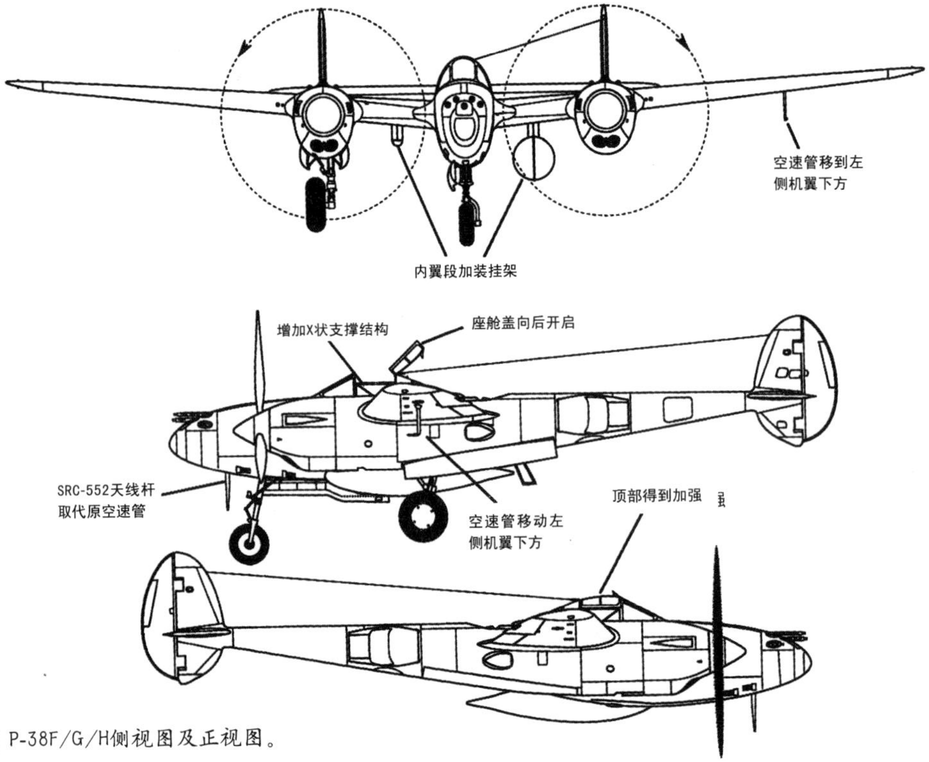

■ P-38F/G/H侧视图及正视图。

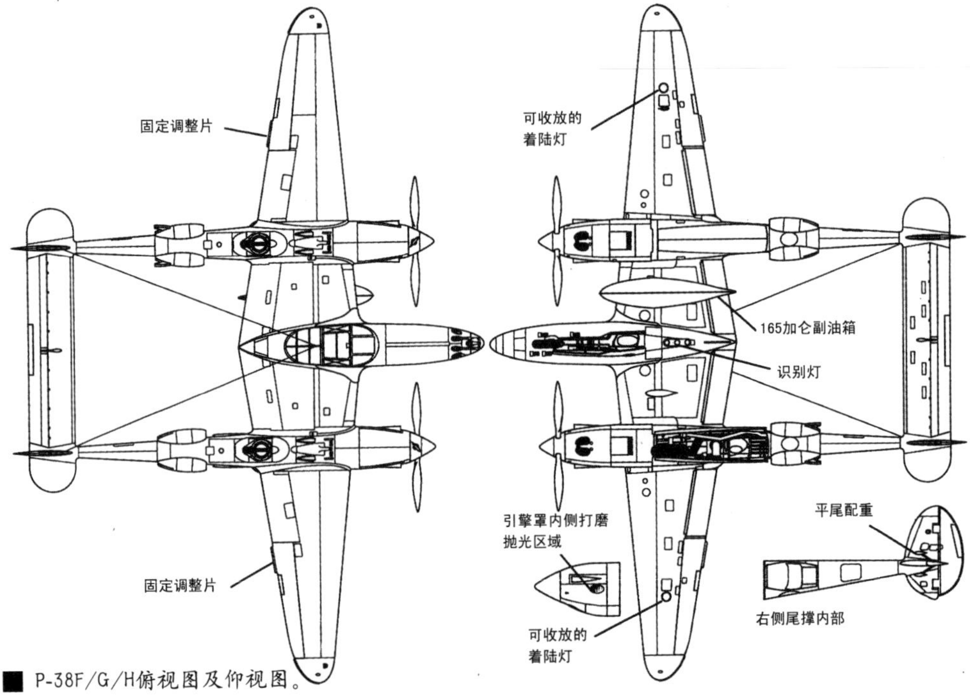

■ P-38F/G/H俯视图及仰视图。

次开始，洛克希德公司的工人可以在生产线上直接安装并调试P-38的副油箱。同时，左右机翼下方均安装有可收放的着陆灯，机身的后下方安装有一排3个识别灯，从前到后的颜色分别是红色、蓝绿色和琥珀色。

C. P-38F-13-LO：原为英国皇家空军定购的“闪电”Mk Ⅱ；仪表板按照英国皇家空军的No.2338规范进行布置。

D. P-38F-15-LO：原为英国皇家空军定购的“闪电”Mk Ⅱ；装备新型“战斗襟翼”(Combat Flap)，襟翼后侧加装固定调整片。襟翼动作筒经过改进，可以根据需要在战斗中使襟翼偏转最大8度。

战斗襟翼的运用，提升了P-38家族的机翼升力和机动性，使空战能力大为增强。1943年春天，佛罗里达州恩格林 (Eglin) 基地，美国陆军航空军试验场司令部下属试验部用1架安装了战斗襟翼的P-38G和1架早期型P-38F进行了模拟空战。P-38G表现出了极为优异的转弯性能，完成360度的转弯机动时，比P-38F领先接近180度！倚靠战斗襟翼，P-38G在25000英尺高度进行转弯动作时，速度下降到110英里/小时之后才会陷入失速状态。而没有战斗襟翼的P-38F，这个速度为145英里/小时。

P-38F性能表		
翼展	（米）	15.85
全长	（米）	11.53
机高	（米）	3.91
动力系统		艾利森V-1710-49/53，F-5
功率	（马力）	1325
机内燃油	（升）	1136
	（加仑）	306
最大燃油	（升）	2272
	（加仑）	636
最大平飞速度	（英里/小时）/英尺高度	395/20000
	（公里/小时）/米高度	636/6100
巡航速度	（英里/小时）	305
	（公里/小时）	491
爬升率	（英尺/分钟）	20000/8.8
	（米/分钟）	6100/8.8
升限	（英尺）	39000
	（米）	11895
航程	（英里）	1925
	（公里）	3097
空重	（磅）	12264
	（公斤）	5567
总重	（磅）	15900
	（公斤）	7218
最大起飞重量	（磅）	18000
	（公斤）	8172
固定武装	毫米口径×数量（备弹量）	20×1(150)
		12.7×4(500)
翼下载荷		炸弹：1000磅×2或副油箱：165加仑×2

■ 照片中这架P-38F（美国陆航序列号41-7498）属于第94战斗机中队，其绰号为“地狱蝙蝠”(Bat Out of Hell)。

副油箱的故事

XP-38最初的设计方案中，由于军方的反对，凯利·约翰逊被迫将挂载可投掷副油箱的功能去除，改用较厚的翼型以提供空间保证机内携带足够的燃油。P-38系列投入战场之后，战斗任务对战斗机航程的要求日益增加，同时机内空间由于加装设备不断缩减，从而影响到燃油容量。因此，P-38终于等到了获得外挂副油箱功能的机会。

洛克希德公司为此开发出铝外壳副油箱，出厂价为每副678美元。到1943年中，洛克希德的副油箱开发又有新的成果：可投掷的钢外壳副油箱。副油箱全长10英尺，直径27英寸，空重仅有90磅，装满165加仑的燃油后，重量达到1000磅。P-38挂上一对满载的副油箱后，飞行速度只有4%的略微下降，而航程却扩大足足一倍！值得一提的是，新型副油箱的出厂价为每副不到300美元，更具大规模装备部队的价值。副油箱投产后，每4分半钟就可以生产出一副，而整条生产线可以24小时连轴运转！

第二次世界大战早期，盟军战斗机群只能从英伦三岛起飞远赴欧洲大陆作战，因此战斗机的作战半径便成为军方高层关注的焦点。按照二战中的标准，美国陆航对作战半径的定义是：战机起飞、往返，并能保证在目标区域上空保持20分钟作战时间的最远距离。加一对装副油箱以后，2×165加仑的额外燃油使P-38F的作战半径提升到600英里。

600英里远非P-38航程的极限，1942年4月，洛克希德公司的试飞员迈罗·布齐汉姆进行了一次超长距离的试验飞行，他驾驶的P-38挂载了一对特制的300加仑副油箱。为了消磨时间，迈罗·布齐汉姆在座舱内吃完了7根棒棒糖和一个夹肉面包，一口气足足飞了3000英里，留空时间长达13个半小时。这意味着，依靠大容量副油箱的支持，P-38完全可以进行一次不着陆不加油横跨美国大陆的创纪录飞行!

副油箱固然能够大幅度增加P-38系列的航程，但其使用依然受到种种严格限制：

首先，P-38的驾驶舱内没有计量器显示副油箱的剩余容量。飞行员只能从起飞阶段就开始根据个人经验计算副油箱的燃油消耗，估计副油箱内燃油即将消耗殆尽时，将燃油供应切换到机内油箱，然后将副油箱抛弃。

其次，由于空的副油箱重量变轻密度减小，而所承受的空气阻力却维持不变，飞机在抛弃空的副油箱时必须把速度降低到每小时160英里以下，否则高速气流有可能吹动副油箱碰撞机身发生事故。与之相比，满载165加仑的副油箱则不会有这些限制，P-38可以在每小时400英里的速度下将其抛弃。

借助副油箱帮助，P-38F能够通过加拿大东北的拉布拉多区，格陵兰岛和冰岛飞到英国。这就是1942年夏天盟军的“波利乐舞曲”行动的内容，P-38也因此成为历史上第一种依靠自身动力飞跃大西洋的战斗机。

1942年3月，P-38F型开始交付。洛克希德公司总共生产了527架，其中包括126架P-38F-LO，151架P-38F-1-LO，100架P-38F-5-LO。还有两个批次是原先英国皇家空军定购的“闪电”Mk Ⅱ:29架P-38F-13-LO和121架P-38F-15-LO。除此之外，还有20架P-38F的侦察型——F-4A-1-LO交付美国陆航。

虽然具备直接飞越大西洋的能力，大多数P-38F还是用商船运送至英国利物浦的加斯顿码头，再用卡车装载，送往洛克希德公司位于斯佩克 (Speke) 机场的组装厂。这批运抵英国的P-38F大部分参加了盟军在北非的“火炬”登陆行动。

1942年8月7日－1943年1月26日，恩格林基地的美国陆军航空军试验场司令部下属试验部为当前美国陆航的现役战斗机进行了一次横向对比测试，参与测试的机种包括P-47、P-51、P-40F、P-39D-1，它们的对手是洛克希

■ 罕见的照片：P-38同时挂载165加仑和300加仑副油箱。从照片中可清晰分辨出两种副油箱在尺寸上的差异。

德公司的2架P-38F (美国陆航序列号为41-7536和41-7612)。测试结论相当直接：即便存在着林林总总的细小瑕疵，但“对爬升性能、航程、耐久、速度、高度和火力进行综合评价的结果，P-38F是到目前为止本试验场中生产型战斗机中的最优者”。

对P-38F，卡尔·斯帕兹(Carl Spaatz)将军有如下评论：“我宁可要1架毛病多些，但开得风驰电掣的飞机，也不要1架毛病少些的老爷车。”P-38F固然不是尽善尽美，但它确实把自身优势发挥得淋漓尽致！

“背驮式”改型

从P-38F开始，洛克希德公司把若干架出厂的“闪电”改装为双座型号。改进后的P-38F要在一个标准的座舱里挤下2名飞行员，这意味着座椅后的无线电设备要被拆除，以腾出乘员空间。即便如此，第二名飞行员必须保持弯腰弓背的姿势蜷缩在驾驶员后面，因此这些双座的P-38被称为“背驮式”型号。“背驮式”的P-38主要用来训练新手飞行员，但和正规的教练机不一样，它不提供第二套操纵设备和仪表盘，学员只能趴在驾驶员肩膀上，从后面观察教官的一举一动。此外，还有一些“背驮式”P-38作为通用飞机使用。

1943年4月，航空新闻记者保罗·皮尔斯(Paul Pierce) 前往洛克希德公司，和著名试飞员吉米·马特恩 (Jimmy Mattern) 一起乘坐P-38“背驮式”改型进行了一次体验飞行。以下是他对这次飞行的报道：“当你看到这架快

■ 洛克希德公司的1架“背驮式”(美国陆航序列号41-7485)，由1架P-38F-1-LO改装而成。注意尾撑上的“背驮式(Piggy Back)”被故意写成了“猪背式(Piggie Back)”。吉米·马特恩驾驶这架飞机进行了一系列不可思议的表演，包括在起飞过程中关闭一台发动机，以及在单发飞行条件下进行滚转！虽然这看起来就像西部牛仔一样狂野不羁，实际上所有的动作都进行了预先计划，这是对新飞行员的绝好示范课程。P-38和马丁B-26“掠夺者”轰炸机一样，缺乏合适的双座教练型，而且飞机翼载偏高，这给飞行员的训练造成一定的障碍。吉米·马特恩的示范飞行不但能起到很好的教学效果，而且也赢得了美国陆航官员对P-38的高度评价。

速、坚固、闪亮而致命的大飞机，千万不要认错了——这是一架P-38‘闪电’！这是一道横贯天空的闪电。对这架神秘的飞机，我可以向大家透露一些至今仍被军方严格保密的资料，我可以告诉你坐在飞行中的‘闪电’驾驶舱是怎样一番滋味，因为我刚刚作为一名乘客，和这架最快、最高、火力最猛、防御最强的战斗机一起遨游蓝天！

P-38每天都在我家上空呼啸而过，通过观察我只能对它进行不完全的估计和猜测。我的试飞员朋友马特恩谈吐相当谨慎，他的话很难满足我的好奇心。我得想办法飞一次‘闪电’，这样才能够将事实的真相挖掘出来。

马特恩是一名经验丰富的飞行员，在军队服役期间已经有过10000小时的飞行经验。他驾驶过邮政机、进行过跨越美国的巡回演出飞行——甚至驾机环绕地球的旅行。他是洛克希德公司的试飞员，驾驶‘闪电’的专家。他对P-38有着深刻的了解，也乐意向所有人展示它的优异性能。正因为如此，马特恩被赋予驾驶‘背驮式’P-38的工作，向陆军航空军的指挥官展示这架单座双引擎战斗机的操纵特性。指挥官从马特恩那里学到驾驶技巧，再传授给他手下的空中勇士。这种新颖的教学方式非常有效。在其得到推广之后，不到2个月时间里，美国陆航的训练事故率从6.5%下降到1.5%。

■ 吉米·马特恩穿着洛克希德公司的飞行制服在P-38前留影。巴尼·吉尔斯(Barney M.Giles)将军对吉米·马特恩的工作给予了极高的评价，并依据吉米·马特恩对军方的飞行员训练做出了突出贡献、减少了飞行员和飞机损失的事实，为吉米·马特恩争取优良公民勋章 (Civil Medal of Merit)的荣誉。

当我抵达洛克希德公司时，马特恩站在跑道上等我。此时伯班克上空被厚重的云层完全遮盖，云层高度大概在3000－4000英尺之间，薄薄的雾气正在机场周围聚集。

马特恩到机场塔台去了解今天的天气情况，我正好趁着这个机会把P-38仔细端详了一番。以前曾经有人说它的造型就是‘一把黄油刀上插着3颗子弹头，当P-38收起起落架，在天空中飞行时，这个比喻还是蛮贴切的。

‘子弹头’是飞机短小的机身和左右两套修长的引擎罩-尾撑结合体；‘黄油刀’就是赋予P-38超凡操作性能的中单翼。尾撑后方的鼓包是普瑞斯通冷却器，再往后就是椭圆形的垂直尾翼了。两副垂直尾翼通过中间又长又薄的内段水平尾翼连接。

■ 在进行“背驮式”的飞行之前，工程师为吉米·马特恩检查飞机上的仪器。注意“背驮式”后座的狭小空间几乎无法容纳下一个成年人。

这架P-38通过前三点式起落架稳稳地伫立在跑道尽头，机头高高仰起，有如一匹桀骜不驯的赛马，随时准备脱缰奔跑。和跑道上另一架机头伸出密集机枪的P-38不同，我们这架‘背驮式’P-38的武器已经被拆掉，这样可以平衡增加第二个成员所带来的重量提升。马特恩回来了，说了一句：‘走吧！’我们就一起爬进座舱里面。我的位置看起来甚是简陋，这原先是驾驶员座椅后面放置无线电设备的空间，现在设备被拆除了，留出的空间提供给第二个乘员。我穿上飞行服，系好降落伞，费力地挤了进去。能让我坐下的地方是横贯机身的主翼梁，上面涂了一层油漆作为装饰。我发现：即便脑袋已经顶到座舱盖，我还是坐不下来。在整个飞行过程中，我只能一直保持弯腰的姿势。相比之下，马特恩的位置就要舒服多了，起码他的脑袋和座舱盖之间还有1英寸以上的距离。毕竟洛克希德当时设计P-38时，没有必要为搭载乘客预先留出空间。

从我的角度往驾驶舱外头看，视野相当广阔。我从马特恩的肩膀上看着他驾驶P-38滑向跑道。前三点式起落架使P-38在地面上的操作变得简单许多，马特恩的动作就跟开汽车一样轻松自如。艾利森V-1710的引擎在轰鸣，我听到马特恩的耳机里传来了塔台的一个短促命令。‘收到！’马特恩做出回复之后，我们就准备起飞了。座舱盖被关闭起来，马特恩牢牢地刹住起落架轮，并提高发动机转速。马特恩一松开刹车，我就感到背后像是被人猛推一把。P-38在跑道上飞驰，我把手腕上的跑表按下，双眼紧紧盯着马特恩前面的仪表盘读数。我们的速度很快上升到

■ 吉米·马特恩驾驶“背驮式”在飞行中。注意后座成员吃力的坐姿。

每小时90英里，我感到驾驶舱外面的气流在猛烈地掠过机身表面。当速度达到每小时100英里之后，马特恩把驾驶盘向后拉动了1英寸左右，P-38轻快地滑入空中。起落架发出低沉的声音，收入机身下的空间中。P-38的阻力减小，速度骤然上升。1架DC-3在我们前下方，横向穿越P-38的航迹，我拍了拍马特恩的肩膀，让他注意那架飞机。但我话刚说完，DC-3已经被我们抛下足有1000英尺远了。P-38在跑道上空盘旋爬升，钻进了3500英尺高度的云层当中。

我们想找出云层的空隙飞上更高的空域，于是马特恩把机头压低，在云层下方来回盘旋。我们两人几乎同时发现云层中有一条缝隙，从那里可以看见顶上湛蓝的天幕。马特恩对准它向后拉动驾驶盘，P-38有如闪电一般穿越云层。我的胃顿时感到了重力加速度的作用，一个劲地往下坠。转眼之间，我们冲到了棉花世界一般的云层顶端，沐浴着明媚的阳光。

不过，这次的旅程才刚刚开始。艾利森V-1710发出轰鸣，P-38的机头以60度的仰角指向天空，我们以每分钟5000英尺的惊人速度向上爬升！马特恩半转过身来，冲我嚷道：‘1分钟1英里！’对此我表示完全相信，因为我现在的姿势已经是几乎躺到在机舱中了，肩膀被降落伞包牢牢顶住，背后有2300马力的惊人动力在推动。在爬升过程中，P-38的速度并没有降低的迹象，相反，它越飞越高、越飞越快！每过几秒钟，马特恩就要把节流阀向后收小一点点，他向我解释说：‘我们飞得越高，涡轮增压器就驱动发动机输出更多动力。’

在10000英尺高度，马特恩推动驾驶盘，把P-38调整为水平飞行。我往外张望，大致估计出我们飞离机场已经有20英里了，大约在圣莫尼卡 (Santa Monica) 上空2英里的某处飞行。我看了一下跑表：4分50秒。现在，艾利森V-1710的输出功率被降低了下来，驾驶舱中感觉安静了许多，我们能够用正常语调自由交谈了。这个状况没有维持多久，马特恩调整了螺旋桨螺距，压低机头，开始给我演示一段心惊肉跳的俯冲！

高度表在发了疯一般旋转，速度表也一样——我只能大致认出速度已经超过每小时400英里了！马特恩轻柔地将驾驶盘向后拉动，开始把飞机从俯冲中改平。弯腰弓背的我在这个时候备受折磨：头怎么也抬不起来；下巴被拉开，完全合不拢；膝盖要承担的重量比平时多5倍……马特恩在5000英尺高度开始拉起机头，随后我们又一直飞到了12000英尺的高空中，这才把整个俯冲动作完成。

接下来是另一个演示，马特恩把飞机右侧的发动机关闭，螺旋桨调整为顺桨——P-38现在依靠一个发动机在飞行。我们进行了爬升动作和几个转弯机动，忽然之间发现在我们前下方3英里远，云层的顶端有1架中型轰炸机在飞行。马特恩说那架轰炸机飞得很快，对此我表示赞同。‘看我们的’马特恩说着加大了发动机功率。

我们要模拟一下空战，P-38很快追上了轰炸机，和它并排飞行了一会之后，以一个非常陡峭的角度侧滑脱离了接触。

通过云层中的空隙，长滩市宽阔的塞普尔韦达大道在机翼下一闪而过，我连忙把飞机现在的位置大声告诉马特恩。不用说，出自对P-38性能的了解和这片空域的熟悉，马特恩对我们所处何方一定了如指掌。旅程就要结束了，机翼往下倾斜，我们开始沿着一条螺旋型轨迹降低高度。P-38掠过一片积雨云，我正遐想云下的道路交通会是如何，这时我看到飞机投射在云端的阴影外包围着一圈美丽的彩虹。P-38飞进净空中，随之又飞到一片积雨云下方，开始在机场上空盘旋，准备下降。

我建议把关闭的右侧发动机重新启动，没想到马特恩说：‘老兄，何必呢？它用一个发动机飞得也很好。’我只好闭上嘴巴，让马特恩专心操作。飞机一路下滑，飞完了整个山谷，速度下降到每小时175英里，这时马特恩放下了起落架。引擎罩内侧的铝制蒙皮被打磨得发亮，就像一面镜子一样，我们通过它的反射很方便地观察到起落架的状况。为了保证我的安全，马特恩最终还是启动了右侧发动机，这才开始降落。

起落架平稳地和跑道接近，襟翼被放下以增加刹车阻力。主起落架轮一着地，机头马上跟着降了下来，飞机在跑道上径直向前滑行减速。马特恩的动作还是和起飞时一样收放随意，不过据他说，任何一个驾驶P-38的飞行员都可以这么轻松地降落。我们着陆时的速度是每小时100英里，但实际上这还不是P-38的极限——它能够以每小时80英里的速度安全降落。

飞机停下来后，我最后一次看跑表：整个飞行持续了20分06秒，在这段时间里我们几乎飞遍了整个旧金山地区。尽管这只是一次普通的体验飞行，但它却大大激起了我对P-38的狂热爱好……”

P-38F战术适配性试验，最终总结报告

1943年3月6日

佛罗里达州恩格林（Eglin）基地，美国陆军航空军试验场司令部下属试验部

一、研究目标

检验P-38F型战斗机对于军事任务的相关战术价值。

二、导言

该试验根据美国陆军航空军司令部军需主管1942年4月9日从华盛顿特区发送至佛罗里达州恩格林基地航空军试验场司令部指挥官的信函要求而展开。试验自1942年8月7日开始，于1943年1月26日结束。

进行试验的2架P-38F为标准的生产型，美国陆航序列号为41-7536以及41-7612。（P-38F简介，略）。

三、结论

试验结论如下

a.对爬升性能、航程、耐久、速度、高度和火力进行综合评价的结果，P-38F是到目前为止本试验场中生产型战斗机中的最优者。在试验中进行评测的飞机还包括P-47、P-51、P-40F和P-39D-1。

b.允许的最大俯冲速度没有优秀到满足空战任务的需求。

c.以超出允许的速度俯冲，尤其在20000英尺之上，能感受到强烈的尾部震颤。

d.维护中体现出来的难度超过任何标准型的美军战斗机。

e.该型号易于飞行。但是，要使一名飞行员熟悉飞机以及发挥其最大性能，需要花费比普通的单引擎战斗机更长的时间。

f.座舱设计拥挤，没有按照设定规格进行安排。

g.虽然爬升率高于其他所有参加测试的型号，仍没有优秀到满足战斗需求，尤其在20000英尺以下的空域中。因此，如有可能，所有对作战任务并非至关紧要的结构以及设备都应进行简化或者去除。

h.冷却器性能不足，无法允许发动机在各高度输出最大马力。

i.以3.5G以上加速度进行机动、拉起之后，机枪供弹不正常。

四、建议

建议的改进措施如下：

a.采取阶段性步骤消除垂尾震颤；在问题得到解决之前，对飞机操纵进行限制。

b.安装增加座舱舒适度的设备。（P-39采用的座舱供暖系统是到目前为止性能最好的

一种)

c.继续采取措施，提升爬升率以及平飞速度。

d.为冷却器以及滑油冷却器安装自动风门。

e.应该为所有武器安装一个枪械开关。

f.电机和电池开关合并为一个总开关；同时增压泵开关和单独的发动机开关合并。

g.增加副翼的操纵率。

h.弹壳抛弃管道控制从座舱内移除。

i.升降舵配平副片操纵向后移动，以接近驾驶员方便使用。

j.如有可能，用操纵杆将座舱正中的驾驶盘取代。如无法实现，可考虑将驾驶盘的尺寸减至最小，以节约座舱空间，增加飞行员对仪表板的可视范围。

k.在增压器自动控制设备安装之前，仪表板上需增设增压器流速计。该设施应运用于配备有性能足够、可使发动机输出最大功率的冷却器的未来型号之上。

l.将启动器开关安置在发动机开关附近。同时，将其他只在启动发动机或起飞时使用的开关集中至一处。这些开关应水平排列，向下为关闭，向上为打开。在这些开关之下，应设置一根平行的拨动杆，当拨动杆向上运动之后，所有的开关便被同时打开，随后拨动杆可以回落到起始位置。

m.采取措施提供足够的冷却效果，以使发动机能从起飞到实用升限之间输出最大功率。

n.驾驶盘前侧安置一个扳机，用以同时击发20毫米机关炮和机枪，移除机枪扳机，只保留一个保险开关。

o.应安装按钮式启动器，以减小执行拦截任务时的工作量，加快速度。

p.执行拦截任务时该种启动器可同时发动两台发动机。

q.座舱盖顶部的玻璃需要重新设计，使其能够向下延伸4英寸。这样，这块玻璃和座舱盖连接的金属框架便能降低到飞行员的正前方视线之下，而不是处在当前位置。

r.只有左侧机翼前方安装固定的着陆灯。

s.当前型号所使用的瞄准镜应增设100迈的标尺，飞行中应能为低空轰炸调整瞄准镜的刻度以及反射角设置。

t.纠正在3.5G以上过载12.7毫米机枪供弹系统的症结之后，在座舱内的机枪装弹器可以移除。

u.风挡前方安装防弹玻璃。

v.安装宽弦螺旋桨以进一步提升爬升能力。

w.为高偏转角射击，瞄准镜增设161迈的标尺。

五、测试记录

六、讨论

a.性能

i.速度（略）

ii.爬升率（略）

iii.航程（略）

iv.机动性

该型号与以下飞机进行了模拟空战：P-39D、P-40F、P-47C-1和P-51，结果如下所示。

1.该型号在测试中爬升性能胜过其他所有型号。

2.P-47C-1在所有高度上的平飞速度均全面胜出，P-40F和P-51在15000英尺以下速度较快。P-39D的速度劣势明显。

3.和P-39D、P-51和P-40F对抗时，P-38F在12000英尺以下拥有较大的转弯半径。从12000英尺到15000英尺，转弯半径大体上相当。在15000英尺以上，P-38拥有相等或者更小的转弯半径。在转弯开始时，由于P-38F的副翼转动较慢，其他型号可以在P-38F达到最大转弯速度之前进行速度更快、半径更小的转弯动作。P-38需要一段时间来克服最初的这点劣势。对抗其他战机，P-38F的最佳战术是迅速爬升至对手的射程之外，然后转弯、凭借高度优势攻击。一旦获取了高度优势，飞行员应尽力保持这个高度、通过攻击、再迅速爬升获取高度。当前阶段敌军战斗机的性能情报将指示P-38F在相关战区中的战术运用。对于该型号会不会在战斗中遭遇以近身战斗为最佳进攻方式的战斗机，这点值得怀疑。

v.实用升限

执行任务时，升限为接近30000英尺，飞机实用升限为38000英尺。由于冷却器功率不足，化油器空气温度偏高。

b.飞行品质

该型飞机易于操作，飞行感觉愉悦。但仪表以及控制开关的数量会使新手飞行员感觉他在飞一架复杂的飞机。座舱内的相关教学应该得到加强，经验不足的飞行员应当花费相当于两倍的正常时间在熟悉仪表和控制开关上。如有可能，新手飞行员应花费最少30小时在单引擎战斗机的驾驶上，以培养自己的信心；然后以副驾驶的身份参加几次双引擎飞机的体验飞行，以帮助理解双引擎的操纵技术。这些（双引擎飞机的）体验飞行应该包括单引擎条件的滑行、节流阀的使用等等。一个富有经验的驾驶员应该对P-38F的驾驶没有任何困难。然而，对于他，需要一个更长的阶段来学会将这个型号的最大性能发挥出来。这架飞机在低空飞行相当平稳，但在高空会显露出一定的横向不稳定性。如果在高空以高速度飞行，尾翼震颤将开始出现。如果执行急转弯动作，震颤将加剧到令飞行员抗拒的程度，但这只在急转弯动作中发生。

i.由于尾翼震颤的问题，飞机在海平面允许执行的最大俯冲速度为400英里/小时的表速，这并非期待中那么优秀。俯冲速度限制随着高度增加而降低，飞行员应当熟记这些数据。在保持动力的前提下，飞机很难进入失速，而且在失速前会进入一个近似垂直的飞行状态。如果在无动力时失速，飞机会向前压低机头，而且可以很容易地改出。作为限制，不许进入尾旋动作。

ii.在变化速度以及从俯冲中改平拉起时，极少有扭矩效应出现。滑油以及普瑞斯通冷却器的温度在俯冲以及爬升时改变激烈，需要经常拨动相应的控制开关。（推荐安装自动控制设备）

iii.飞机无法以最大持续输出功率爬升到35000英尺而保持化油器温度不超标。持续高温工作将导致发动机爆震甚至有可能停车。

iv.降落滑行性能良好，这架飞机的着陆相当简单。不过，归咎于它的重量，这架飞机降落速度偏高。

c.座舱布置

座舱较为拥挤，各种开关和控制按钮以杂乱的风格安排。这主要体现在大型驾驶盘妨碍了座舱右侧空间被用以安置任何操纵开关。这个驾驶盘同样挡住了开关面板以及仪表板底部。飞行员很难摸到滑油冷却器开关，而这些开关在飞行中需要多次调整，它们需要飞行员在扳动开关的同时把头钻到座舱内部（推荐安装自动控制器）。配平副片控制被分散在座舱当中（P-51座舱内的相关布置便极为理想）。

d.飞行员舒适性

在温和的气候飞行，座舱在低空高度相当暖和。但开始爬升后，座舱将变得非常寒冷，并将持续保持下去。这将要求在热带战区的飞行员执行一般需要高空飞行的任务之前，穿上厚重保温的飞行服。

e.火力配置

i.飞机的武器由自由射击（无需穿过螺旋桨、需要射击协调器配合）的4挺12.7毫米机枪和1门20毫米机炮组成。整体而言，P-38F具备令人相当满意的火力配置，但仍存在以下瑕疵：

1.左侧下方的点50机枪送风管仍需改进；

2.在进行3.5G以上加速度的机动时，机枪供弹不正常。

3.这使得在空中需要多次为机枪上膛装弹。

4.武器系统的射击开关回路过于复杂。

5.由于瞄准镜以及防弹玻璃的安装，前方视野不佳。

6.瞄准镜十字画线需要改进。

7.20毫米机炮送风管盖板需要改进。

8.夜间射击时，枪口（影响飞行员视力）的火花需要改进。

ii.安装在机头、自由射击武器安排相当集中，其位置是如此靠近飞行员视线，以致这被认为是所有的生产型美国战斗机中最优秀的一种布置。远程的射击将（比其他型号）更加准确，这4挺12.7毫米机枪在射程之内将始终保持击中的杀伤力。

f.防护（略）

g.致命弱点

在本次试验中，没有测试P-38F的致命弱点。

h.武器系统

除非发生尾翼震颤，该型号提供了在所有角度以及速度射击的一个平稳的武器系统。在开火射击时，会有少量烟雾进入座舱，除此之外很少注意到其他异常状况。

i.其可视范围

在进行高偏转角射击时，机头前方的视角相当令人满意，但防弹玻璃和瞄准镜对前方视野有一定的影响。

i.对于侧面，向下的视野被飞机的机翼和引擎所遮挡，飞行员向下方搜索时必须通过滚转飞机进行配合。同时，两侧的视野被座舱盖和座舱连接的金属框架所遮挡，后方的视野被尾翼和后侧防弹装甲所限制。

ii.由于发动机的位置，进行编队飞行时要求飞机的位置稍低。同时由于尺寸和涡轮增压器超速的影响，要求相比单引擎战斗机更松散的队形。

j.夜间飞行

i.该型号夜间飞行的表现令人满意。归功于机头前方的视野以及地面滑行时的姿势，飞机的起飞和着陆都相当简单。

ii.射击时，枪口的火花会导致飞行员的简短失明。如P-38F被用于夜间任务，要求在枪口增加消焰装置。

iii.当涡轮增压器变热时，能在空中从接近2000码以外看到。

k.仪表飞行

该型号的仪表飞行表现令人满意。当飞行姿态调整完毕之后，飞行员可以依靠仪表进行长时间的盲目飞行。

l.补给

地勤人员包括4名枪械维护员、1名地勤主管和1名助手的编制，配备有高压油泵时，可以在10分钟内完成飞机的弹药油料补给。在前线机场，依靠手工油泵，同时需要不同的弹药补给时，全部工作大约需要30分钟完成。

m.维护

i.有报告指出化油器工作温度过高。由于猛然加速时发动机产生回火现象，中央冷却器会受到冲击引发移位。

ii.冷却器排气管道在维护中遇到很多困难，需要改进。据信，原因为管道的材料强度不足以承受强烈的压力，容易导致它们分解碎裂。

iii.打开飞机的检修舱门时花费了相当长的时间。大部分的此类舱门应当配有便于移除的结构，以便可以在几秒而并非几小时之内便可打开。当前所有的舱门螺钉很容易发生冻结现象，以致不借助特殊工具无法拧开。

iv.推荐飞机的电压调节器和电池开关都安置在容易检测到和容易修理的位置。如果可以重新布置电压调节器和电池开关的位置，推荐新设一个小型舱门配套。

v.推荐在机身枪械舱门上安装安全挂钩，以消除发动机启动时，舱门震动所可能引发的危险。

vi.推荐在左侧尾撑内的电池舱上方安装一个检修舱门，以使地勤人员可以直接检修电池，而无需移除整个尾撑。

vii.飞行员座椅的安装和移除相当不方便。地勤人员发现他们需要许多小时来卸下座椅。另外，飞机的座椅安装方式可以参考P-36战斗机，它的座椅可以在几分钟之内卸下。

viii.后方设备舱需要安装检修舱门。在当前，要检修或者更换设备需要拧下96枚螺钉。

ix.需要为P-38的燃料系统寻求解决方案，以杜绝飞机从高空下降时由于气压的改变而导致的汽油虹吸现象。这被认为容易导致危险，同时造成相当程度的燃料浪费。

x.在引擎罩之内，滑油和冷却液的管道安装不够安全。推荐增设更多的夹具，以将管道震动降至最低。

xi.飞行员反映，对座舱的加热系统表示不满。对加热系统的检测表明了热空气导管过小，无法提供为座舱加热所需的足够流量。推荐采用更大直径的导管，以增加更多热空气流量，同时采用密封的座舱系统。

产量过千的P-38F

随着美国卷入第二次世界大战，所有军用飞机的需求量被大幅度提升了。P-38G也成了“闪电”家族中第一个产量超过1000架的型号。P-38G的生产分为P-38G-1-LO、P-38G-3-LO、P-38G-5-LO、P-38G-10-LO、P-38G-13-LO和P-38G-15-LO共6个批次。P-38G的改进主要有：

◆ 提升发动机功率

动力系统升级为艾利森V-1710-51/55，控制性得到增强；发动机的操控品质得到提升，更适合远程护航任务。

◆ 加强挂架

A．P-38G翼下挂架得到增强，既可挂载P-38F的165加仑副油箱，又能使用新型的300加仑油箱甚至2000磅炸弹。依靠充足的燃油供应，P-38G在挂载武器的条件下，最大航程达到了2050英里，转场航程为2400英里。

B．300加仑副油箱是165加仑型号的放大改型，因此也存在后者的诸多缺点——例如抛弃副油箱时的事故隐患，飞行员们被告知，除非遇到紧急情况，否则尽量不要扔掉副油箱！因此，300加仑副油箱多数情况下用于转场任务。

◆ 改善低压供氧系统

“闪电”家族自从装备副油箱之后，留空时间也随之加长。为此，P-38G的A-9低压供氧系统的氧气容量得到扩充，在尾撑内安

P-38G性能表

翼展	（米）	15.85
全长	（米）	11.53
机高	（米）	3.91
动力系统		艾利森V-1710-51/55，F-10
功率	（马力）	1325
机内燃油	（升）	1136
	（加仑）	306
最大燃油	（升）	3407
	（加仑）	906
最大平飞速度	（英里/小时）/英尺高度	400/20000
	（公里/小时）/米高度	644/6100
巡航速度	（英里/小时）	340
	（公里/小时）	547
爬升率	（英尺/分钟）	20000/8.5
	（米/分钟）	6100/8.5
升限	（英尺）	39000
	（米）	11895
航程	（英里）	2400
	（公里）	3861
空重	（磅）	12200
	（公斤）	5538
总重	（磅）	15800
	（公斤）	7173
最大起飞重量	（磅）	19800
	（公斤）	8989
固定武装	毫米口径×数量（备弹量）	20×1(150)
		12.7×4(500)
翼下载荷		炸弹：2000磅×2或副油箱：300加仑×2

装了3个300PSI (磅/平方英尺压强) 的氧气罐，这将为飞行员提供更长时间的氧气供应。

◆ **改进无线电系统**

机载无线电通讯系统升级为SCR-274N 。

◆ **改善座舱加热系统**

改善的座舱加热系统，在高寒环境下为飞行员提供更舒适的环境。

◆ **按照批次改进**

A. P-38G-1-LO：基于P-38F-15-LO发展，换装艾利森V-1710-51/55发动机、SCR-274N无线电系统和A-9低压供氧系统；

B. P-38G-3-LO：装备新型B-13涡轮增压器；

C. P-38G-5-LO：变更仪表板布局；

D. P-38G-10-LO：改善座舱加热系统，加强挂架，具备挂载2000磅炸弹的能力。

E. P-38G-13-LO：原为英国皇家空军定购的“闪电”Mk Ⅱ，基本同P-38G-3-LO；

F. P-38G-15-LO：原为英国皇家空军定购的“闪电”Mk Ⅱ，基本同P-38G-5-LO。

1942年8月，P-38G开始交付。在随后的半年时间里，洛克希德公司一共生产了80架P-38G-1-LO、20架P-38G-3-LO、68架P-38G-5-LO、538架P-38G-10-LO、174架P-38G-13-LO和200架P-38G-15-LO。除此之外，还有180架P-38G的侦察型——F-5A系列交付美国陆航。

除了正常的列装之外，1架P-38G-5-LO (美国陆航序列号42-12866)被用于测试XP-49的武器系统，装上了2门20毫米机炮和4挺12.7毫米机枪进行试验。

■ 1942年秋天，洛克希德公司开始交付P-38G。

为数不多的P-38H

P-38H按照两个批次进行生产：P-38H-1-LO和P-38H-5-LO。P-38H的改进主要有：

◆ **提升发动机功率**

动力系统升级为1425马力的艾利森V-1710-89/91。但由于安装在机翼前端的中间冷却器流量不足，使其功率输出被限制在1240马力以下。但这足以使P-38H背负起几乎和B-17一样多的炸弹了！

◆ **改进武器系统**

早期的M1型20毫米机炮被性能更好的AN-M2C20毫米机炮代替。

◆ **改善散热系统**

P-38H的引擎罩内安装了自动滑油冷却器风门，在一定程度上改善了发动机散热问题。

◆ **按照批次改进**

A．P-38H-1-LO：基于P-38G-10-LO发展，装备艾利森V-1710-89/91发动机、安装AN-M2C20毫米机炮；

B．P-38H-5-LO：换装了B-33涡轮增压器，进一步增强高空性能。

1943年3月，P-38H开始交付。洛克希德公司一共生产了226架P-38H-1-LO以及75架P-38H-5-LO。1架P-38H-5-LO (美国陆航序列号42-67086) 被加装了一个木质的加长机头，用以验证P-38J改型“塌鼻子”的气动特性。

■ P-38H在飞行中。

里程碑式的P-38J

时间进入1943年，从XP-38原型机发展到P-38H的“闪电”家族经受了战火的考验。然而，有几个顽疾一直附着在P-38身上挥之不去：发动机缺乏足够的冷却、驾驶舱供热不足以及风挡视野不良等缺点一直受到飞行员的诟病。

是时候对P-38进行一次脱胎换骨的升级了。洛克希德公司以P-38H为基础，开始了新的Model 422-81-14设计，美国陆航赋予其P-38J的编号。

在正式设计P-38J之前，洛克希德公司改装了一架P-38E (美国陆航序列号41-1983) 进行P-38J的技术验证。它被装上了更大的冷却器以及中间冷却器空气进气口，这不可避免地影响了飞机的流线型布局，但却能够大幅度提升发动机性能。

尾撑后的冷却器空间加大后，装入了新型普瑞斯通冷却器，发动机的运转更具效率。洛克希德公司对试验结果非常满意，随即在当时正在运行的P-38H生产线上运用了试验的部分成果。

洛克希德公司随后建造了10架P-38J-1-LO作为原型机。P-38J的生产包括6个批次，分别是P-38J-1-LO、

P-38J-5-LO、P-38J-10-LO、P-38J-15-LO、P-38J-20-LO和P-38J-25-LO。P-38J的改进主要有：

◆ 更改中间冷却器

以往的P-38系列的中间冷却器安装在外侧机翼前沿。涡轮增压器吸入新鲜空气后，叶轮将其压缩，通过导管引导至位于外侧机翼前沿的冷却器。压缩过的新鲜空气在得到冷却后，再导入发动机的汽化器工作。这样的布局可以最大程度地降低空气阻力，实现冷却效率和气动效率的最佳平衡——当发动机功率在1200马力以下时确实如此。凯利·约翰逊没有预计到发动机的性能

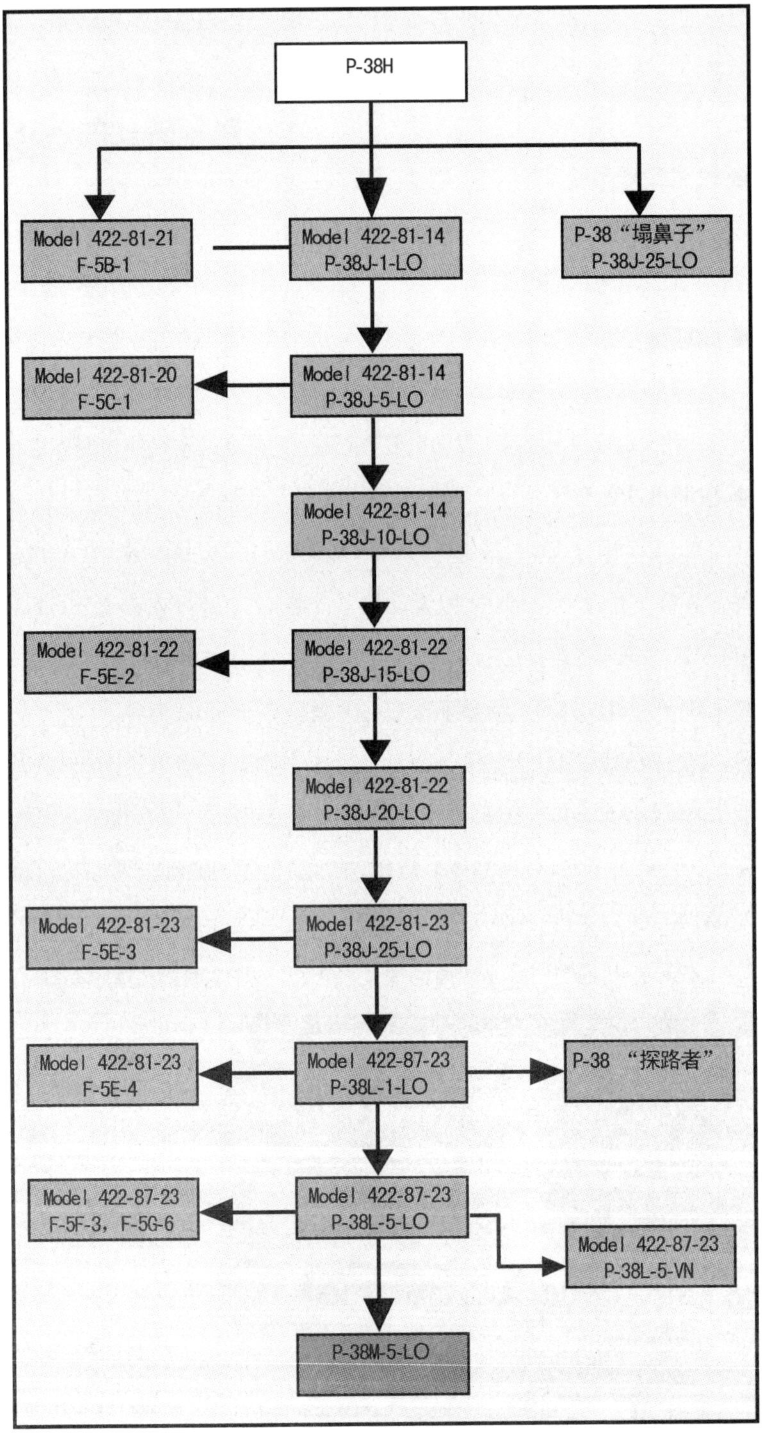

■ P-38后期型号发展图。

提升得如此之快，随着P-38的改进，艾利森V-1710的功率越来越强，原先设计的布局已经不能提供足够的冷却了。以P-38H为例，虽然V-1710-89/91能够发出1425马力的功率，但由于冷却器散热能力的限制，发动机的功率输出一直控制在1240马力以下。

为彻底解决这个问题，P-38J采用了效率更高的核心式冷却器，并安置在螺旋桨正下方的下颚状开口内。与之相对应，引擎罩内的部件安装和管线配置也进行了调整。压缩过的新鲜空气被引导至核心冷却器进行冷却，再导入发动机的汽化器工作。新型核心冷却器的安装使得涡轮增压器更具备操纵性。P-38J的发动机和P-38H一样，同为V-1710-89/91，但运转愈加可靠，得以发挥出全部实力——在26000英尺高空输出1425马力的澎湃动力！

◆ 改变气动外形

A. 中间冷却器的更改意味着引擎罩的下半部分要重新设计，以容纳冷却器及冷却空气进气口。更动的结果是螺旋桨正下方增设了一个大型下颚状开口，开口分为3个部分：中间容纳核心式冷却器，旁边的2个开口则是滑油冷却器的进气口，安装位置和以往型号基本相同。这样，P-38J的引擎罩前端看起来就和寇蒂斯公司的P-40一样，像一条凶猛的鲨鱼张开了血盆大口。这也成为晚期P-38J/L和早期型之间在外观上最大的区别。

B. P-38J安装在尾撑上的涡轮增压器进气口得到了扩大，但是外形更加流线，空气阻力反而下降。后部的普瑞斯通冷却器进气口也进行了相应扩大。

◆ 加装液压助力系统

在P-38J上，副翼操纵系统增加了液压助力器，这使P-38J的滚转率相比以前型号得到了极大提升。相比以往型号，飞行员只需要17%的拉杆力就能够扳动操纵杆，对P-38J的操纵更加得心应手。有液压助力器和“战斗襟翼”配合使用，即便和第二次世界大战中性能最好的单引擎战斗机进行缠斗对决，P-38J也可以作到平分秋色，旗鼓相当！副翼操纵特性得到改善后，副翼上的配平调整片

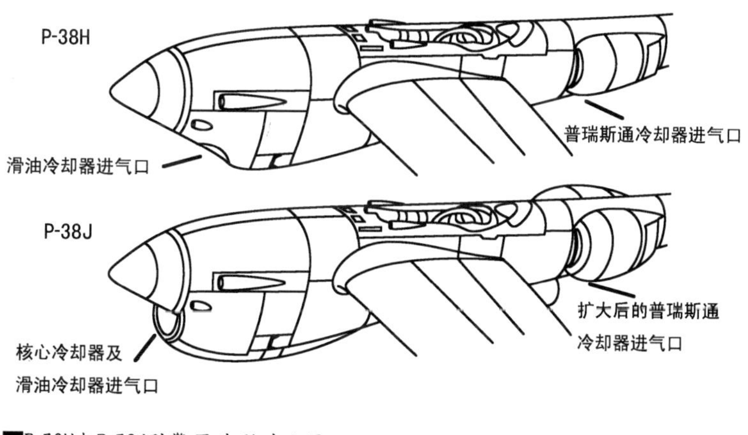

■P-38H与P-38J引擎罩外形对比图。

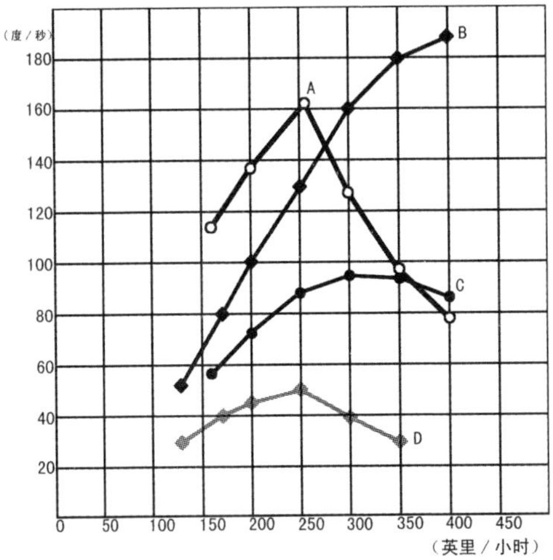

■(左)滚转率对比:A.Fw 109A-4;B.P-38J,副翼系统配备液压助力;C.P-51B-5-NA;D.P-38J,副翼系统无液压助力。

如果想知道配备了液压助力的副翼系统具备多大的威力,我们可以看一看这张滚转率的对比图,图中曲线代表:A.Fw 190A-4;B.副翼系统配备液压助力的P-38J;C.P-51B-5-NA;D.没有液压助力的早期型P-38J,滚转率是Fw 190的强项,在300英里/小时以下堪称无可匹敌,最高滚转率可达162度/秒。速度提升到300英里/小时以上后,Fw 190的滚转性能就大幅度下跌。与此同时,配备了液压助力副翼系统的P-38J开始发威,越转越快,将Fw 190和P-51甩在了后头,最终滚转率超过了惊人的180度/秒。

■(右)作为双引擎战斗机,P-38笨重吗?一点也不!看看这架P-38J的侦察型F-5E的表演。侦察任务胜利完成,即将在基地降落,兴奋的飞行员驾驶它来了个超低空滚转——在这个几近疯狂的高度。

也因此可以取消了。

◆ 加装俯冲襟翼

从XP-38时期开始,压缩效应这个恶魔就一直使所有的飞行员头痛不已:在进行高速俯冲的情况下,P-38系列会引发高速条件的失速现象,机翼失去升力,操纵性也大幅度下降。这样,飞行员会发现难以将飞机拉起来,P-38将越冲越快,直到像一枚呼啸的火箭一样一头栽到地上!在P-38系列的发展历程中,有多名试飞员就因为压缩效应而献出宝贵的生命。为防范事故的一再发生,美国陆航只得对P-38的俯冲速度进行严格的限制,“闪电”的性能被重重束缚,无法一展身手。

更糟糕的是,德国空军飞行员在实战中很快觉察到P-38的这个弱点,并为此制定出一套战术来对付美国陆航的“闪电”飞行员。当他们在和P-38的对抗中处在下风时,德国人就会转入俯冲脱离战场,等着P-38跟上来。如果美国飞行员中计,德国人就会一直加速俯冲,直到追击的P-38速度足以引发压缩效应,再轻松地从俯冲中拉起,反咬P-38。此时纵使“闪电”飞行员使出浑身解数,也很难从压缩效应中拉起摆脱,反而成为德国

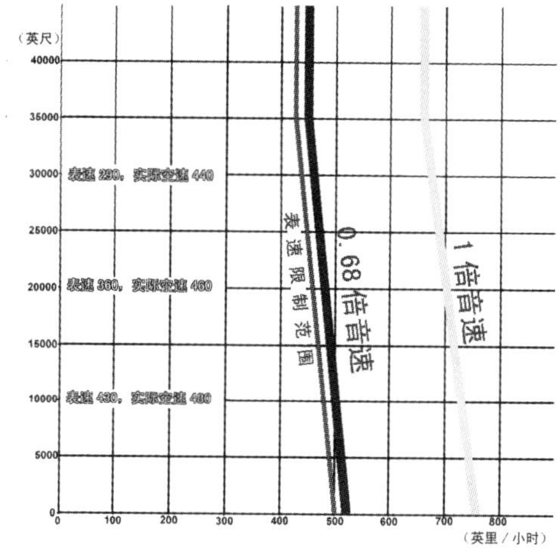

■ P-38俯冲速度的限制。

人的猎物。

从YP-38时代开始，洛克希德公司的工程师们就在竭力找出压缩效应的起因和解决方案。理论上，如果工程师可以跟随P-38以0.67马赫的速度俯冲，他们就能清晰地看到压缩效应在机翼上形成的激波，从而得到一份清晰准确的第一手资料以处理问题。实际上这个方法过于危险，很难付诸现实。

美国陆航和航空咨询委员会在很长一段时间里，坚持把俯冲失控的原因归结于“尾翼震颤”，并要求在P-38系列的内段平尾上安装配重，凯利·约翰逊对此表示反对，认为配重并不能解决压缩效应问题。

经过反复试验，凯利·约翰逊摸清了压缩效应的前因后果：流经飞机前沿后，空气的速度增加了40%之多，这意味着，当P-38在0.67马赫俯冲时，流经机翼的空气速度会接近音速，引发的激波将导致飞机无法控制。

实际上，提升P-38的俯冲速度限制有很多种方法。采用较薄的“喷火”翼型可以大大改善压缩效应问题，加固机身也会有所帮助。但到了1942年末，随着P-38G的产量达到了每个月150架，美国陆航便就不再顾忌更多。一旦P-38的设计需要大改，生产线需要重新设计，飞机的测试评估工作也要重新开始，在其中要投入的时间完全是个未知数，这在战争期间是绝对不被允许的——生产力就意味着战斗力，战斗力就意味着胜利！

在前线，P-38H的飞行员通过摸索，发明了一套克服压缩效应进行垂直俯冲的方法：

1. 关闭发动机；

■ 洛克希德公司内，迈罗·布齐汉姆和美国陆航头号王牌理查德·邦一起讨论装备P-38J-25-LO及后续改型上的俯冲襟翼。照片拍摄时，大批俯冲襟翼已经被送往前线，供地勤人员安装在P-38J早期型号上。

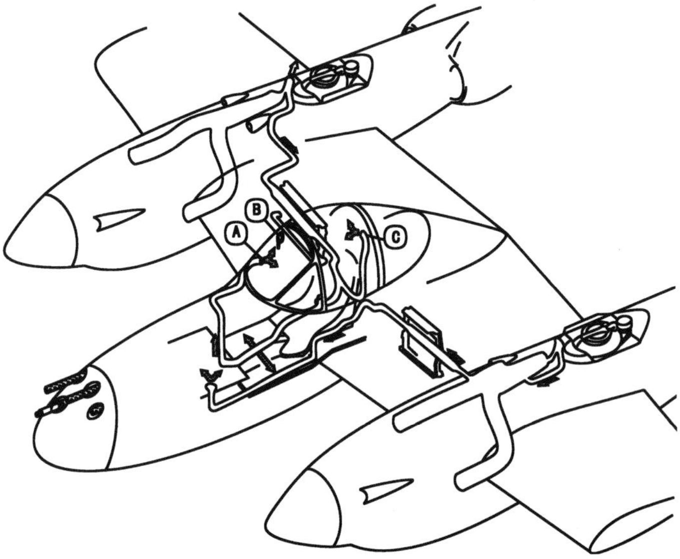

■ P-38J供热系统图片。A.风挡除霜供热导管；B.座舱供热控制；C.可弯曲的风挡除霜供热导管。

2. 螺旋桨调整为小螺距；

3. 通过机动来减缓速度；

4. 在15000英尺以下，可安全启动发动机。

不过，这一整套流程需要较高的驾驶技巧，因此没有得到推广。

最后，凯利·约翰逊设计了一套简单的方案来消除压缩效应影响：在P-38J紧靠引擎罩的外翼段安装一套他称之为"压缩效应襟翼"的设备，但飞行员更乐意将其叫作"俯冲襟翼"。和其他的襟翼/副翼不同，"俯冲襟翼"只有两个位置：完全收起和完全展开。

在即将进行俯冲之前，或是俯冲刚刚开始之后，飞行员将安置在驾驶盘左侧的"俯冲襟翼"按钮按下，一个电动马达就会在2秒钟之内将两小片"俯冲襟翼"从机翼下展开。和起刹车作用的减速板不一样，"俯冲襟翼"实际上提供的是增加机翼升力的效用。因此，飞行员可以轻易将飞机改平拉起，压缩效应的作用被消除了，P-38在俯冲时的操纵性得到了彻底改善。

"俯冲襟翼"的研究和生产自然需要相应的人力、时间以及资金作为后盾，美国陆航内部有少数官员对此颇有看法，认为不应该在这上面花费太多精力。凯尔西一开始也对凯利·约翰逊的新发明半信半疑，他来到伯班克工厂，想作为一名飞行员亲身体验一下"俯冲襟翼"的效用。

凯尔西驾机飞到高空，随后开始进行俯冲。也许是疏忽，他没有在俯冲开始阶段按下"俯冲襟翼"按钮。高速冲往地面的P-38很快引发了压缩效应，机身开始激烈震颤。这次震颤甚至比当年首飞的XP-38还要强烈——驾驶舱内晃成一团，凯尔西根本无法触及展开"俯冲襟翼"的按钮！随着震颤程度越发严重，P-38的垂尾承受不了应力作用而折断，飞机失控下坠。命运女神的光辉再一次笼罩在凯尔西肩膀上，他设法爬出座舱跳伞逃生，摔断了一条腿，扭伤了一只手腕。大难不死的凯尔西从此坚信“俯冲襟翼”的安装是绝对必要的了。

“俯冲襟翼”还可以在前线机场由地勤人员方便地为早期P-38改装，这使P-38系列彻底摆脱了压缩效应的困扰，意义非同小可。“俯冲襟翼”的发明并没有被“闪电”家族所独享：在共和公司的P-47“雷电”(Thunderbolt)、以及格鲁曼公司的“熊猫”(Bearcat) 和“虎猫”(Tigercat) 战斗机上，同样也引发了压缩效应。加装“俯冲襟翼”后，这些机种的压缩效应问题均得到了妥善解决。

改进防弹玻璃安装以往的P-38系列，防弹玻璃安装在正面风挡玻璃之后，飞行员的视线要透过两层玻璃，受到了一定程度的削弱。到P-38J，这个问题有了一个简洁明了的解决：一块宽广的防弹玻璃直接安装到风挡的位置上，身兼风挡和防弹两重任务，再也不会给飞行员造成视觉影响了。这个改动简化了座舱结构，改善了飞行员视野，一举两得。

◆ 座舱供暖/除霜系统改善

P-38J的供暖/除霜系统得到了进一步改善。现在，P-38的2个引擎罩顶部均安装有驾驶舱及枪械的加热系统进气口。通过进气口吸入的空气被发动机的废气加热后，通过管道输送到驾驶舱内，由飞行员根据需要调节加热。一直被飞行员责难的座舱供热不足问题就此解决。除此之外，驾驶舱内为飞行员安装了一个电热暖足器，由驾驶舱右侧地板上的开关所控制，进一步改善了P-38系列在高空的工作环境。由于得到2台发动机所输送的热量，除霜系统的工作效率比以前大为提高。这样，在高空飞行时，P-38的风挡可以保证良好的透光度，飞行员的视线再也不会受到霜冻的影响。

◆ 安装机翼油箱

机翼前沿的冷却器被撤换后，P-38J空出了相当多的机翼空间。从P-38J-5-LO开始，洛克希德公司逐渐在这个空间安装了总容量为110加仑的机翼油箱。从P-38J-15开始，新机翼油箱成为所有后续型号的标准配备。

机翼油箱在提升P-38J航程的同时，也加重了机翼结构的负担。P-38J进行高机动的条件下，额外的燃油重量经常会损伤机翼蒙皮。为此，后续批次的P-38L的机翼油箱段结构均得到了加强。

◆ 装备涡轮增压器调节器

在P-38H和P-38J早期型，涡轮增压器超速状态通过驾驶舱内的警告灯指示。涡轮增压器的正常工作转速为24000转/分钟 (RPM)，而超速状态的转速为26400转/分钟 (RPM)，在

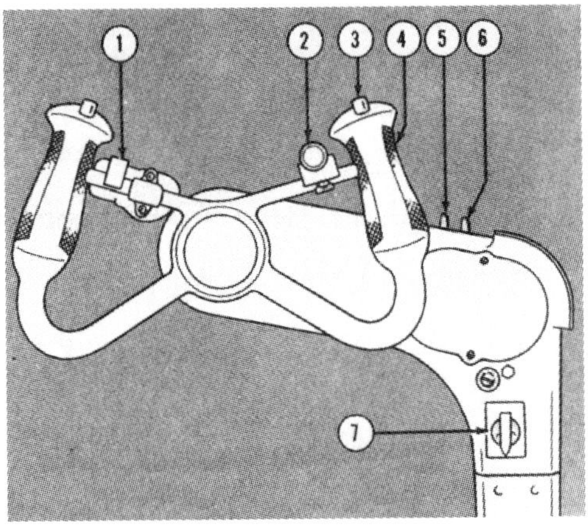

■（上）新型驾驶盘构造

1.“俯冲襟翼”按钮；2.无线电通讯按钮；3.炸弹/火箭投放按钮；4.20毫米机炮/12.7毫米机枪按钮（在驾驶盘后）；5.炸弹/火箭弹选择开关；6.照相枪选择开关；7.瞄准器明暗调节。

■（左）从P-38J开始安装的新型驾驶盘。

这个状态下，涡轮增压器可维持5分钟运转。涡轮增压器达到25600转/分钟时，警告灯开始闪烁；达到26400转/分钟时，警告灯急速闪动以提醒P-38驾驶员当前处在超速状态。只有P-38处于交战中的紧急状态时，才允许涡轮增压器处于警告灯闪烁的条件下运作；一旦警告灯急速闪动，飞行员就必须将转速降低。

发动机超负荷运转，往往意味着空战进入了紧急关头。这时候飞行员要一面观察座舱外的敌我双方的位置，一面手脚并用操纵飞机。如果在这个时候让飞行员一心二用，在操纵P-38作战的同时调节涡轮增压器转速，无疑会加重飞行员的负担，影响在战斗中的发挥。从P-38J-25-LO开始，所有后继改型的P-38均安装了自动控制转速的涡轮增压器调节器，飞行员再也不需要通过警告灯提示进行操作了。

◆ 其他改进

A. 在P-38中期型号的驾驶舱内，驾驶盘与汽车类似，为3/4个扇面造型。在P-38J上，驾驶盘改为两个1/4扇面造型，左右安装有两个类似手枪柄的把手，使飞行员操纵起来更轻松方便，执行长时间任务不容易引发疲劳。

B. 着陆灯从外翼段下方移到了外翼段边缘。

C. 左翼下安装有一个圆形、可收放的着陆/滑行灯。

D. 采用了新的电气系统，断路开关代替了保险。

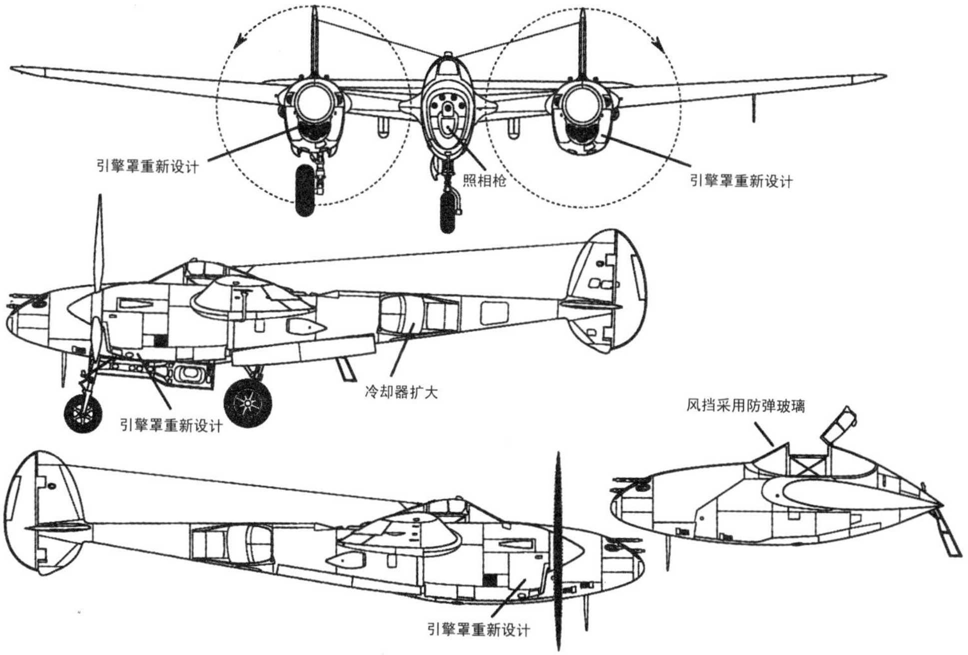

■ P-38J侧视图及正视图。

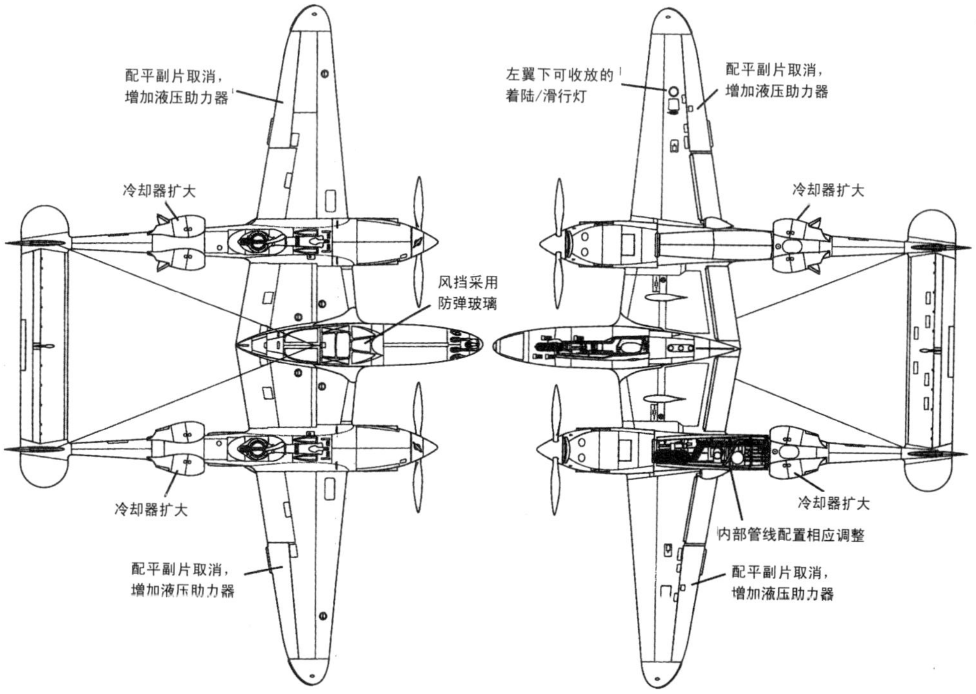

■ P-38J俯视图及仰视图。

E. 座舱盖后侧的玻璃可以使用快速工具方便地打开，这为地勤人员更换维护座舱后部的无线电设备提供了方便。

F. 机头20毫米机炮正下方安装了照相枪。

◆ 按照批次改进

A. P-38J-1-LO：用于测试的原型机，共建造10架。

B. P-38J-5-LO：生产过程中开始加入机翼油箱。

C. P-38J-10-LO：风挡直接使用防弹玻璃。

D. P-38J-15-LO：采用新的电气系统，断路开关代替了保险丝。

E. P-38J-20-LO：采用了新型的涡轮增压器调节器，改善了涡轮增压器操纵性。

F. P-38J-25-LO：加装俯冲襟翼，采用液压助力的副翼系统。

P-38J性能表

翼展	（米）	15.85
全长	（米）	15.85
机高	（米）	3.91
动力系统		艾利森V-1710-89/91，F-17
功率	（马力）	1425
机内燃油	（升）	1552
	（加仑）	416
最大燃油	（升）	3823
	（加仑）	1016
最大平飞速度	（英里/小时）/英尺高度	414/250000
	（公里/小时）/米高度	666/7625
巡航速度	（英里/小时）	290
	（公里/小时）	467
爬升率	（英尺/分钟）	20000/7
	（米/分钟）	6100/7
升限	（英尺）	44000
	（米）	13420
航程	（英里）	2600
	（公里）	4183
空重	（磅）	12780
	（公斤）	5802
总重	（磅）	17500
	（公斤）	7945
最大起飞重量	（磅）	21600
	（公斤）	9806
固定武装	毫米口径×数量（备弹量）	20×1(150)
		12.7×4(500)
翼下载荷		炸弹：2000磅×2或副油箱：300加仑×2

通过大刀阔斧的改进，美国陆航对“闪电”家族的殷切期望最终在P-38J身上变为现实：强大的动力，优异的速度、升限、操纵性和可靠性，铸就了P-38系列发展道路上的一座里程碑！

1943年3月，P-38J开始交付。洛克希德公司一共生产了10架进行验证的P-38J-1-LO、

210架P-83J-5-LO、790架P-38J-10-LO、1400架P-38J-15-LO、350架P-38J-20-LO和210架P-38J-25-LO。除此之外，还有大批侦察型F-5B-LO。

1944年5月，洛克希德公司交付了第5000架“闪电”——1架P-38J-20-LO。相比成立前11年生产277架飞机的历史，洛克希德公司仅用短短4年时间就达到了5000这个惊人的数字，正可谓天翻地覆的变化。公司的成绩让每一名工心潮澎湃，围绕着第5000架P-38，他们展开了一系列纪念活动。这架P-38全身被涂为鲜红，机头和机翼下涂有“咿嘻”(YIPPEE)！字样——只有这个感叹词才能代表所有人喜悦的心情。5月17日，迈罗·布齐汉姆驾驶“YIPPEE”进行了展示飞行。摄影师拍摄了一系列精美的照片，尽情展示P-38J的魅力。

P-38J一旦投放部队使用，立即受到飞行员的广泛好评。但在欧洲战场，由于第8航空队司令杜立特将军不看好“闪电”家族，P-38J没能等到大规模服役的机会，它的位置被北美P-51“野马”所占据了。

亚瑟·海登 (Arthur Heiden) ——服役于第20战斗机大队第79战斗机中队，2次获得优异飞行十字勋章、5次获得飞行勋章、驾驶P-38取得2个空战胜利记录、后担任P-51D飞行教官、拥有25000小时飞行时间的老飞行员——对此有如下评述：

“……最后，第8航空队被P-51和受过良好训练的飞行员占满了。P-51飞起来赏心悦目，维护起来简单，造价和培训飞行员的费用都相当低廉，而且航程特别远。在这些方面，你完全可以说它是一架更好的战斗机。除此之外，它没有哪一点能够做得比P-38J-25或者后续的L型更好。”

◆ 其他改型

少数P-38J被改装成TP-38J-LO双座训练

■ 停留在地面上的“YIPPEE”。

机，驾驶员身后加装座椅，在右翼下安装AN/APS-4雷达，用于训练后来的P-38M夜间战斗机飞行员。

最少有1架P-38J-1-LO (美国陆航序列号42-13565) 加装了可收放的滑橇，用以实验在冰面上起降的可能性。

■（左）云层上空，“YIPPEE”鲜红动感的造型异常醒目。

■（下）加装了滑橇的P-38J-1-LO。

P-38J试飞报告

从1944年4月6日到1944年6月24日，莱特机场的试飞工程部对美国陆航序列号为43-28392的P-38J-15进行了一系列测试。以下为试飞报告的飞行品质部分。

一、飞行品质

a.滑行以及地面操纵性

在滑行时，飞机对节流阀和刹车的反应非常灵敏，不过操纵刹车需要施加相当的压力。在粗糙或光滑的地面上，机头起落架轮的表现均令人满意。滑行动作的品质受横风的影响极小。

b.起飞以及初始爬升

凭借前三点起落架，起飞动作相当正常。飞机不会自行升空，需要向后施加杆力。由于对转螺旋桨消除了扭矩效应，无需使用副片操纵。无需使用襟翼，除非需要从极短的距离之内起飞。飞机爬升角度陡峭，爬升率优秀。

c.稳定性

对飞机只进行了定性的稳定性测试。纵向稳定性良好，为动态平衡；横向为静态平衡。在湍流空气中，飞机有自动纵向稳定的趋势。

d.配平和平衡

对放下起落架和襟翼动作，随着高度的变化副翼和方向舵的载荷变化不大；在高速条件下，会出现机头下沉的现象，不过这可以很容易地调节正常。滑油冷却器风门的打开和关闭会持续地造成飞机偏航。

e.操纵性

总体而言，操纵品质优良。在所有的速度条件下，副翼操纵有效，直到进入失速，但在高速飞行时，副翼的控制杆力沉重。在所有的速度条件下，方向舵操纵有效。升降舵得到很好的平衡，在中速条件下性能正常，但在高速时失去效率。

f.机动性

飞机的机动性优良，虽然执行转弯动作时的控制杆力沉重。在不使用战斗襟翼时，转弯半径一般；使用战斗襟翼后，转弯半径表现良好。滚转率一般。对于侧滑、筋斗和滚转动作，飞机的反应积极而且极具效率。

g.失速特性

发动机停车时，飞机的失速为向前下坠；发动机正常运行时，飞机的失速为机翼下沉。飞机没有进入尾旋的倾向。

h.尾旋特性

没有进行尾旋测试。

i.俯冲特性

该型号的俯冲受限甚多，需要在速度超过俯冲限制时多加防范，此时的机头会变得沉重，尾翼震颤开始发生。在以普通速度俯冲时，飞机操纵良好，所有控制面反应正常。

j.单引擎操纵性

该型号的单引擎操纵性相当优秀。以一台发动机以正常功率运行的前提下保持飞机可操纵的最低速度为115英里/小时。最佳的爬升表速为145到150英里/小时。

k.高空性能

总体而言，高空性能令人满意。在高速飞行时，座舱内开始震动，尾翼震颤现象随之出现。在各高度，操纵面控制均保持效果，但配平副片开始变得僵硬，增加操纵难度。

l.下降和着陆

前三点起落架给予飞机杰出的降落性能。强烈横风条件下的着陆能够轻松和安全地达成。放下襟翼和起落架后，机头开始下沉。在全部襟翼向后展开到18度、发动机停车的情况下，飞机操纵性良好。通常飞机着陆时的表速为125到130英里/小时。

m.夜间飞行

由于驾驶盘的位置，着陆灯开关极难被看到以及触及。在着陆灯展开之后，会导致飞机震动，但能给予足够的光照。仪表板的照明令人满意，但座舱内的灯光过亮。通过可变电阻器，可对亮度进行控制。

n.地面工作台震动及噪音级别

飞机的噪音比较低，不会引起人员反感。在发动机以2600转/分钟以上速度运行时，会产生震动。

o.视野及座舱布置

在地面滑行、起飞、爬升以及着陆阶段，视野相当优良，尽管引擎罩挡住了侧面的相当部分视野。通过座舱盖顶部的后视镜观察，后方视野相当良好，但飞行员座位必须降低到足够高度，以便提供足够的向上观察的空间。前方的防弹玻璃相当清晰，任何方向上没有明显的视觉失真。

识别灯控制盒、炸弹及油箱投掷控制盒干扰了手动液压泵的工作。以正常的方式无法使刹车制动工作。当飞行员身穿冬季厚重保温的飞行服时，驾驶盘以下容纳膝盖的空间狭小。驾驶盘前端的开关应当重新设计，使其可被轻易看到以及触及。发动机启动器的位置相当难被飞行员触及。燃料选择开关的位置颠倒。为体形偏小的飞行员着想，肩部背带不应锁定，否则他们无法接触到紧急操纵系统的附加开关。

“曲高和寡”的P-38K

在P-38的众多发展型中，有一个鲜为人知的型号，那就是P-38K-1-LO。这个型号保存下来的资料甚是稀少，以致只有寥寥无几的照片存世。在美国陆航的历史中，它被当成二战中名目繁多的试验机的一种，P-38系列中因故夭折的发展型之一。实际上并非如此，这个型号的性能远远超过当时美国陆航的任何一种战机，代表了“闪电”家族最高的技术水准！

太平洋战争爆发后，洛克希德公司一直在寻求提升P-38性能的方案。使用罗尔斯-罗依斯公司的“灰背隼”发动机来替代艾利森V-1710就是方案之一。洛克希德的工程师为此进行了大量工作，甚至已经开始动手重新设计引擎罩内部结构。

“灰背隼”发动机会带来一部分性能损失，在30000英尺以上高空，它的性能比艾利森V-1710稍微逊色。如果P-38采用“灰背隼”发动机，爬升率将比原来减少400英尺/分钟。

相比之下，“灰背隼”在30000英尺以下空域的优势更为突出。和“灰背隼”发动机配套的是简单紧凑的机械增压器，一旦换装发动机，便可将通用电气公司结构复杂的涡轮增压器替换掉。这样一来，引擎罩的轮廓能够修改得更加流线——就像XP-38那样采用线条优美的低阻力引擎罩。此外，工程师们也考虑过将普瑞斯通冷却器安装到引擎罩前端，螺旋桨的下方。这个布局在P-40上通过了实践的检验，证明可以有效缩短冷却系统管道的长度，而且还能降低战斗中发动机被炮火击伤的几率。不管采用哪种方案，“灰背隼”发动机都能给P-38带来减轻重量和降低阻力的额外成效。

战时生产部 (War Production Board) 这次给洛克希德公司泼了盆冷水：美军不愿为了更换发动机而将P-38的生产线关闭几个月以等待工程师重新安排飞机的组装流程。因而，P-38改装“灰背隼”发动机的计划最终不了了

采用艾利森V-1710和“灰背隼”发动机的P-38性能对比

	艾利森V-1710-F2	“灰背隼”XX
增压器类型	涡轮	机械
制动马力（作战功率）	20000英尺高度1150马力	21000英尺高度1170马力
每分钟转速	3000转	3000转
制动马力（正常功率）	20000英尺高度1000马力	20000英尺高度875马力
每分钟转速（正常功率）	2600转	2650转
最大平飞速度（安装发动机后）	425英里/小时	431英里/小时
爬升时间（至15000英尺）	—	5分钟
爬升时间（至20000英尺）	5.94分钟	—
起飞功率	1150马力	1280马力
起飞至50英尺高度所需跑道	2200英尺	2010英尺

■ 停留在跑道上的P-38K-1-LO，注意其螺旋桨造型。

之。

洛克希德公司毫不灰心，继续为提升P-38的性能进行多方面探索。在1942年夏天，共和公司的P-47C“雷电”采用了新型的汉密尔顿标准宽弦螺旋桨。这副螺旋桨极大改善了P-47系列的爬升和加速性能，并在1943年得到推广，在前线机场为早期P-47进行改装。洛克希德的工程师们注意到新螺旋桨的出色表现，决定把它安装到P-38上进行试验。

在洛克希德公司，有相当一部分早期生产的P-38E被留在工厂改装，为各种新设备进行测试，它们被叫作“骡子”。有1架“骡子”被拉出来进行试验，寇蒂斯公司的三叶螺旋桨被拆下来，装上了汉密尔顿标准宽弦螺旋桨。试验结果令人振奋，洛克希德公司因此使用1架全新的P-38G (美国陆航序列号42-13558) 进行彻底改装，并从美国陆航得到了P-38K-1-LO的军方编号。

新飞机采用输出功率达1445马力的艾利森V-1710-75/77，F-15型大马力引擎，驱动直径达12英尺6英寸的汉密尔顿标准宽弦螺旋桨，中间冷却器按照P-38J的规格重新布置。为配合新螺旋桨的安装，螺旋桨毂盖和引擎罩前端的造型均进行了相应修改。

P-38K-1-LO的测试从1943年的2月底一直持续到4月。在高性能发动机和螺旋桨的配合作用下，新飞机的表现远远超出了工程师们的预期。

使用作战功率，P-38K-1-LO在30000英尺高空可以飞出432英里/小时的最大平飞速度，相比新出厂的P-38J要快出18英里/小时。在40000英尺高度，P-38K-1-LO相比P-38J的速度优势进一步扩大到40英里/小时！在测试中，P-38K-1-LO一直以V-1710-75/77的作战功率来进行飞行。工程师们估算，如果将V-1710-75/77开到战斗紧急输出功率，它将输出1875马力的强劲动力，推动P-38K-1-LO飞出450英里/小时的最大平飞速度。

在P-38K-1-LO进行爬升极限测试的那天，天气极端闷热和潮湿，但新飞机还是爬升到了45000英尺的高空。以此为依据，工程师们推算：在正常条件下，P-38K-1-LO的升限应该为48000英尺以上。

除此之外，得益于艾利森V-1710-75/77发动机和汉密尔顿螺旋桨的高效率，P-38K-1-LO的航程相比“闪电”家族的其他型号提升了10%－15%。

从试验结果来看，洛克希德公司手中有了一件足以称雄天下的终极兵器。美国陆航随即将其调配至埃尔金 (Elgin) 机场，进行全方位测试。以P-51B和P-47D为对手，P-38K-1-LO进行了一系列模拟空战对抗，并取得了压倒性的胜利，所有性能全面超出。令美国陆航的测试小组最为吃惊的是P-38K-1-LO无与伦比的爬升性能：从跑道上滑行开始，到爬升至20000英尺高空，全部过程仅仅需要5分钟！在满负荷挂载弹药和燃油，使用作战功率的条件下，P-38K-1-LO的爬升率为4800英尺/分钟；如果使用战斗紧急输出功率，爬升率将突破5000英尺/分钟。

按照常规，如此优秀的战斗机应当尽快投入生产装备部队，但战时生产部另有一番想法。生产P-38K-1-LO需要新的厂房，洛克希德公司在伯班克的工厂已经挤得满满当当，重新购置地皮开设厂房需要大量时间和费用。如果改造现有生产线，同样会造成数个星期的延误。洛克希德公司保证改造生产线的工作能够在2－3个星期内完成，但战时生产部对此依然顾虑重重。此外，对于艾利森公司能否按时定量地提供足够的V-1710-75/77发动机，军方高层同样持有谨慎的态度。

最后，多种不确定因素综合在一起，决定了P-38K-1-LO下马的命运。不过，在研发P-38K-1-LO过程中，洛克希德公司将所取得的若干技术革新运用到了后续的P-38L上。

量产最多的P-38L

P-38L是“闪电”家族的最后一个发展型，同时也是所有改型中产量最多的一个型号。

P-38L和P-38J后期型号基本相同，按照两个批次进行生产：P-38L-1-LO和P-38L-5-LO。P-38L的主要改动是：

◆ 提升发动机功率

P-38L的动力系统升级为艾利森V-1710-111/113，F-30系列引擎。在30000英尺高度巡航时，输出功率为1100马力；标准军用输出功率为1425马力；但在作战条件下，紧急输出功率可以达到惊人的1600马力！同时涡轮增压器的性能得到改进，从而提升了发动机的工作质量。

◆ 加装火箭弹挂架

第二次世界大战末期，机载火箭弹的运用使美国陆航的空中打击力量如虎添翼，军方希望只要有可能，所有的战机都挂载起火箭弹执行对地攻击任务。

在实战过程中，少数早期型号的P-38曾

经进行过在机身左右挂载一副3管4.5英寸口径“巴祖卡”火箭弹的尝试，以提升对地攻击能力。改装是成功的，但P-38的潜力还有待发掘。

洛克希德的工程师们在1架P-38L-1-LO的两端外侧机翼下各安装了7副挂架，总共可以携带14枚火箭。为了给位于左侧机翼下方的空速管让出位置，从引擎罩往外数第3和第4副火箭挂架相隔距离比较远。为了与左侧机翼的火箭安排平衡，右侧的7副挂架也采用了和左侧完全对称的布置方式——尽管右侧机翼下方并没有空速管。

在试验中，工程师们发现这种设计并不实用——每副挂架需要在机翼上占用一段单独的结构，而且需要一套独立的击发电路。这就是说，安装14副挂架就需要14套击发电路！

到战争末期，工程师们拿出了一种真正成功的设计：“圣诞树”火箭弹挂架。之所以起这个名字，是因为挂架的造型从正面看很像一棵倒放的圣诞树。每个“圣诞树”挂架可以挂5枚4.5英寸HVAR (high velocity aircraft rocket) 机载高速火箭弹。相对以前的14副单独挂架，“圣诞树”挂架只需要在机翼下加装2个挂载点，装2套击发电路即可。

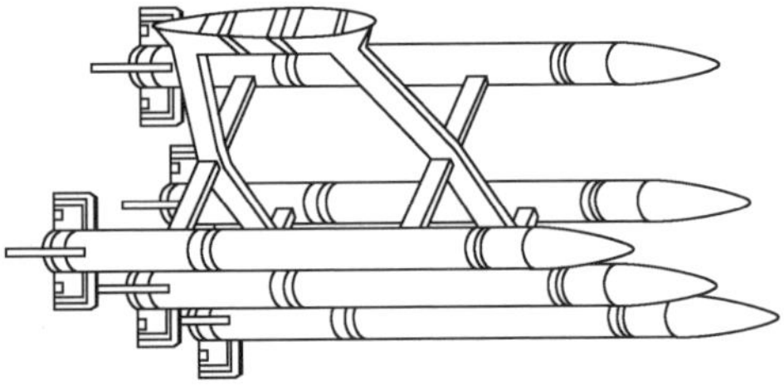

■（上）挂载14枚火箭试验的P-38。注意从内往外第3和第4枚火箭之间稍大的距离。
■（中）另外一种少见的配置，P-38机翼下挂载四组3管4.5英寸口径“巴祖卡”火箭弹。
■（下）“圣诞树”火箭弹挂架造型。

■ 3管4.5英寸口径“巴祖卡”火箭弹在P-38机身的悬挂位置。

从P-38L-5-LO开始，“圣诞树”挂架成为标准配备。有不少早期型号的“闪电”——包括P-38J同样进行了相应改装。

◆ 加装尾部告警雷达

P-38J在右侧垂直尾翼的下方加装了AN/APS-13尾部告警雷达天线。当有飞机从尾部接近P-38J时，驾驶舱内的一个警告灯就会急速闪动提醒飞行员。从P-38L-5-LO开始，AN/APS-13尾部告警雷达天线成为标准配备。同时，飞机的尾撑下方加装了SCR-695A天线杆。

◆ 重新设计燃料管道

从P-38L-5-LO开始，机内油箱增装了燃油泵。这些燃油泵安装在机翼下方的流线结构中。

◆ 其他改动

A. 照相枪从机头移到了左侧内翼段的副油箱/炸弹挂架前沿。

B. P-38J左侧机翼下方有一个圆形可收放的着陆/滑行灯；而P-38L型将这个着陆/滑行灯固定在左侧机翼前沿。要从外观上将P-38L和P-38J识别开来，这是一个简单的办法。

■ 车间内运转中的3条生产线，这些P-38L正在进入最后的组装阶段。注意机翼上用于保护的蒙布。

1944年6月，第一架P-38L交付美国陆航。到第二次世界大战结束，“闪电”家族的生产被中止之前，洛克希德公司一共交付了3810架P-38L，其中包括1290架P-38L-1-LO以及2520架P-38L-5-LO 。大部分P-38L被送往太平洋战场。除此之外，还有大批侦察型F-5系列交付美国陆航。

亚瑟·海登是这样评价P-38L的：“我会一次又一次地重复这些话，这是我能够表露的最强烈语气，这是我传达的福音：P-38L，是无与伦比的战斗机。对于那些在1943－1944年寒冬中饱受煎熬的飞行员来说，没有什么事情能比驾驶一架P-38L跟在德国战斗机尾巴后面更加美妙了。无论德国人做什么机动——转弯、垂直俯

P-38L性能表		
翼展	(米)	15.85
全长	(米)	11.53
机高	(米)	3.91
动力系统		艾利森V-1710-111/113，F-30
功率	(马力)	1425
机内燃油	(升)	1552
	(加仑)	416
最大燃油	(升)	3823
	(加仑)	1016
最大平飞速度	(英里/小时) /英尺高度	414/250000
	(公里/小时) /米高度	666/7625
巡航速度	(英里/小时)	290
	(公里/小时)	467
爬升率	(英尺/分钟)	20000/7
	(米/分钟)	6100/7
升限	(英尺)	44000
	(米)	13420
航程	(英里)	2600
	(公里)	4183
空重	(磅)	12780
	(公斤)	5802
总重	(磅)	17500
	(公斤)	7945
最大起飞重量	(磅)	21600
	(公斤)	9806
固定武装	毫米口径×数量 (备弹量)	20×1(150)
		12.7×4(500)
翼下载荷		炸弹:2000磅×2或 副油箱:300加仑×25英寸高速火箭×10

冲、滚转、半滚倒转，他只能越来越恐惧，他明白自己一定会被干掉。任何人都绝对逃不出P-38L的手心！无论德国人怎么飞，驾驶P-38L的美国小伙子一定飞得比他们更好。”

位于田纳西州纳什维尔市的联合伏尔提(Consolidated Vultee) 公司被美国陆航选中作为P-38L的第二家生产厂商，并签订了生产2000架的合同。与洛克希德公司的P-38L-LO系列对应，联合伏尔提公司生产的飞机编号为P-38L-VN。但在交付了113架P-38L-5-VN之后，战争已经接近落幕，其余的飞机合同被取消了。同时，洛克希德公司本身也取消了1380架P-38L-5-LO的生产。

其他改型

有若干P-38L被美国陆航改装成TP-38L-1-LO双座教练机。

1架P-38L-1-LO (美国陆航序列号44-24649) 被改造为对地攻击机进行试验，机头装备8挺12.7毫米机枪，机翼左右各有一个挂架携带2挺12.7毫米机枪。

1架P-38L-5-LO (美国陆航序列号44-25605)，在印度服役时，被印度斯坦航空公司改装成斯特拉特迈耶 (Stratemeyer) 将军专用的要员运输机。机头延长的空间内安装了一

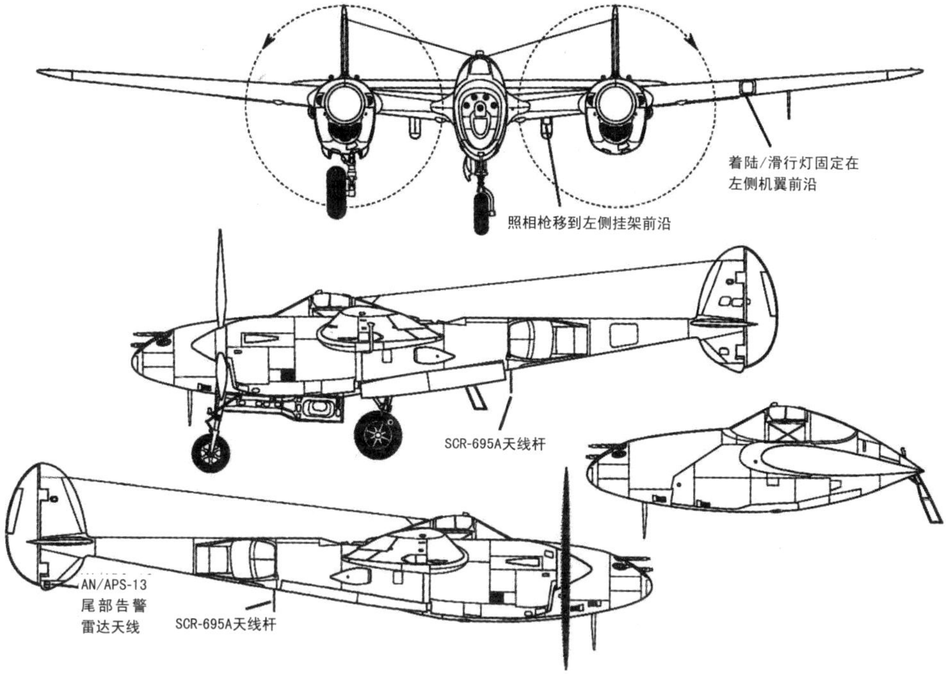

■ P-38L侧视图及正视图。

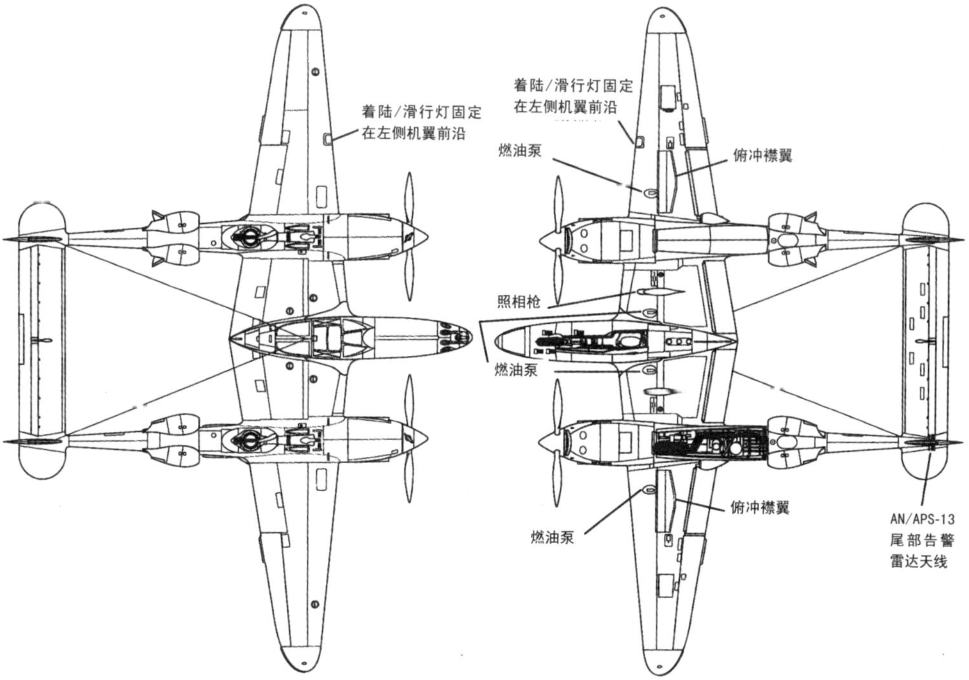

■ P-38L俯视图及仰视图。

把舒服的座椅，周围装饰有皮革。

夜战型P-38M

作为“闪电”家族的夜间战斗机改型，P-38M实际上不是一个正式的生产型号，而代表着若干架发展自P-38L-5的原型机和75架全新改装过的P-38L-5。

美国海军一直在尝试将各种不同的舰载战斗机改装成夜间型号，结果证明夜间战斗机的作战效能性能并不逊色于昼间型号。美国海军为改造后的F-6F“地狱猫”和F-4U“海盗”夜间型制订了一整套作战计划，并获得了相当的成功。

与海军不同，美国陆航发展夜间战斗机的着眼点主要放在双座双引擎飞机上，并一直在寻求与英国的布里斯托尔“英俊战士”或者德哈维兰“蚊”改型相当的夜间截击机。不过，二战初期陆航能获得的夜间战斗机只有部署在太平洋战区的道格拉斯P-70，该型号从A-20“浩劫”(Havoc)攻击机改装而成，在作战中的表现并不理想。随后，诺斯罗普公司专门设计了一款夜间战斗机——P-61“黑寡妇”，但其缓慢的飞行速度妨碍了性能的发挥。

不过，有不少太平洋战区的“闪电”中队自行对P-38进行了卓有成效的改装，使其能够执行夜间截击任务。1943年早期，第5航空队将2架P-38F改装成单座夜间战斗机。装备SCR540 雷达，机身左右两侧安装有八木天线。为此，2挺12.7毫米机枪的位置向前挪动，以腾出安装天线的空间。

最成功的P-38夜间战斗机改装之一，是由驻扎在新几内亚岛的第6夜间战斗机中队的小伙子们完成的。他们从P-70上拆下SCR-540机载截击雷达，安装到P-38G的副油箱上，并给飞机进行了“背驮式”改装，以容纳雷达操纵员。第6中队一共改装了2架P-38G。

1944年秋天，第547夜间战斗机中队则把他们的2架P-38J-20-LO (美国陆航序列号44-23544及 44-23549)交付西方电气 (Western Electric) 公司改装，机翼下安上了美国海军的AN/APS-4机载截击雷达吊舱。他们的尝试得到了实战的验证，其中1架P-38J后来和同中队的P-61 “黑寡妇”夜间战斗机合作，分享了一个击落战果。

还有1架P-38J-5-LO (美国陆航序列号42-67104)在美国本土的莱特机场等地进行改装测试。AN/APS-4雷达吊舱最早安装在机身下，前起落架之后的位置。在试验中发现，在起飞以及降落阶段，雷达吊舱会被前起落架轮卷起的石块打坏。雷达随即被移至机翼右侧的内段挂架上。在这个位置，雷达吊舱远离起落架，不容易受到损坏，但飞行中AN/APS-4雷达的正常工作却被前方转动的螺旋桨所干扰。通过不断地探索，最后人们才

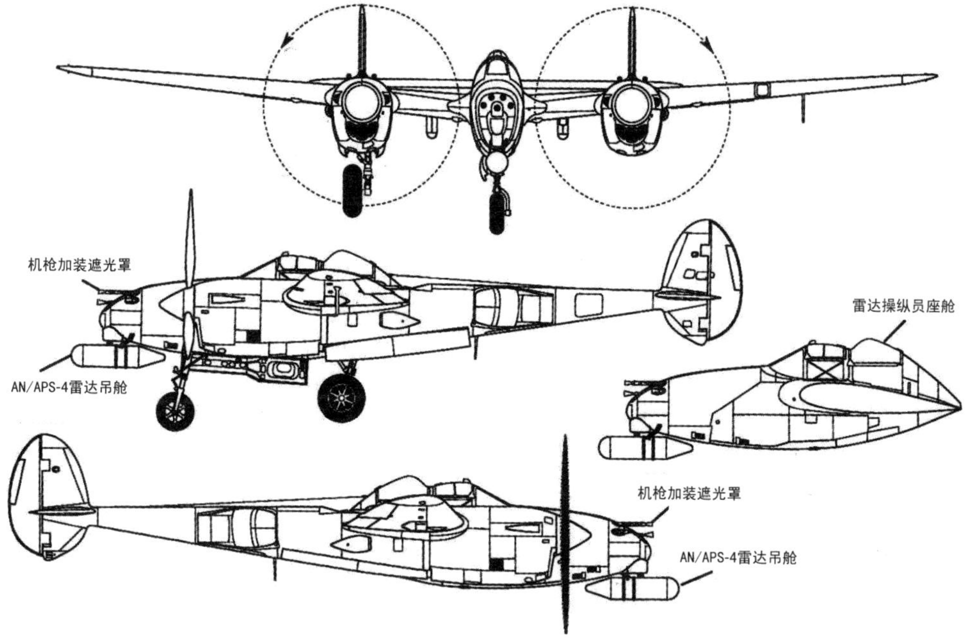

■ P-38M侧视图及正视图。

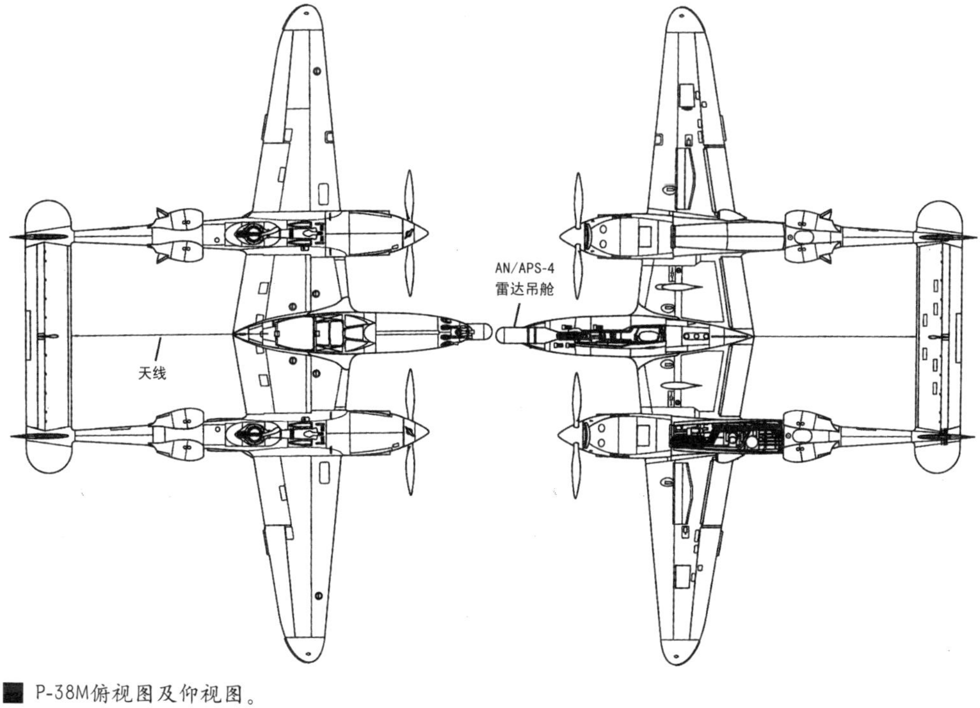

■ P-38M俯视图及仰视图。

■ 机头安装八木天线的P-38F，注意左右两侧12.7毫米机枪伸出机头的长度与一般P-38有明显的区别。

发现，雷达吊舱的最佳安装位置是在机头下方，前起落架之前。

以上这些改装大部分是单座型号，通过试验发现：1个飞行员无法同时处理好驾驶飞机以及操作雷达这两项工作，夜间战斗机采用双座布局是相当必要的。

由于P-38系列有充足的双座改型经验，以及足够大的体积、载重能力以及双引擎特性，洛克希德公司在美国陆航的授意下发展P-38的夜间截击型。1架P-38L-5-LO（美国陆航序列号44-25237）被选中进行夜间战斗机改装试验。

改装工作在莱特机场的军用航空研究中心展开，机头下的挂架安装上一个AN/APS-4机载截击雷达吊舱。随后又有若干架P-38L被改装，通过在美国本土进行的测试后，送交到太平洋战场上的夜间战斗机中队试用，结果非常理想。

1944年10月，美国陆航和洛克希德的达拉斯改装中心签署合同，建造生产型的P-38夜间截击机，并赋予其P-38M的编号。总共有75架新出厂的P-38L被直接送到达拉斯进行改装工作。

P-38M的更动主要包括：

◆ 机头下安装一个挂架，以挂载AN/APS-4机载截击雷达吊舱；

◆ 为了给雷达吊舱腾出空间，原先位于机头下的无线电天线被移到尾撑后下方；

◆ 机身被重新设计，在驾驶员座椅后方增加雷达操纵员的座椅及其座舱盖；

◆ 机头的机枪上加装遮光罩，以防止夜间射击时火光影响驾驶员视力。

虽然P-38M的主要任务是夜间截击，但

对比不同条件下P-38的最大飞行速度，我们可以看出P-38M加装雷达吊舱和第二个成员座舱盖的改动对气动外形的影响是微乎其微的：

条件	速度（英里/小时）
起落架打开	175
襟翼100%展开	150
襟翼50%展开	250
挂载300加仑副油箱	250

源自P-38L的“圣诞树”火箭挂架依旧保留了下来，这就是说，如果战事需要，P-38M仍可担任对地攻击任务！

改装的结果相当成功：在加装了所有设备之后，P-38M的总重量仅仅比P-38L增加了500磅，其中甚至包括了200磅重的雷达吊舱。

P-38M的性能和P-38战斗机相比毫不逊色：在8分40秒之内，可以爬升到20000英尺高度，在 15000 英尺高度的最大平飞速度为406英里/小时！相比之下，P-61在20000英尺高度最大平飞速度只有369 英里/小时。

虽然P-38M的后座空间狭窄，雷达操纵员仍可自如地操作仪器，驾驶员的操纵/射击也没有影响。

■ P-38M在飞行中。注意机翼下方的“圣诞树”挂架。

鉴于涡轮增压器排气口的火光在夜间对驾驶员视力存在略微影响，精益求精的工程师们曾经考虑过给涡轮增压器排气口加装挡板。通过试验证明，由于工作温度极高，整个涡轮增压器在夜间飞行的时候会微微地发光，而不仅仅局限于排气口，这项改装计划也只好中途停止。

1945年1月5日，第一架P-38M进行了处女航。加上早期的试验型，改装成P-38M的飞机一共有80架，大部分涂成黑色，它们的美国陆航序列号是：44-26831，26863，26865，26892，26951，26997，26999，27000，27108，27233，27234，27236，27237，27238，27245，27249，27250，27251，27252，27254，27256，27257，27258，53011，53012，53013，53014，53015，53016，53017，53019，53020，53022，53023，53025，53029，53030，53031，

■ P-38M座舱特写。注意后座雷达操纵员的显示屏造型。

53032，53034，53035，53042，53050，53052，53056，53062，53063，53066，53067，53068，53069，53073，53074，53076，53077，53079，53080，53082，53083，53084，53085，53086，53087，53088，53089，53090，53092，53093，53094，53095，53096，53097，53098，53100，53101，53106，53107，53109，53110，53112。

P-38M的训练在加利福尼亚州的汉默(Hammer)机场进行，同时在这里接受训练的还有P-61的飞行员。到1945年夏天训练结束，所有的P-38M机组成员随时可以转入部队服役。但是，欧洲战火已经平息，日本帝国也摇摇欲坠，再也无力顽抗，对夜间截击机的迫切需求随之成为过去时。

日本投降后，1946年春天，作为美国陆航占领部队驻扎在厚木市的第418夜间战斗机中队接收了4架P-38M和机组人员。到1946年3月，418中队转移到冲绳，P-38M随后在这个西太平洋的小岛上退出现役。“闪电”家族中，可能最具前卫特性的一个成员从此在历史的舞台上谢幕。

“闪电”的侦察型

它的外形和P-38系列如此相像，只有专业人士才能够轻易将其辨认出来——实际上，在战争中，洛克希德公司每生产8架P-38，就有1架P-38的侦察型同时下线。这是二战中美国陆航最有效率的侦察工具之一，相比之下，P-51的侦察型F-6只生产了不到500架。

■ 照片角度展现了飞行中P-38侦察型的动感流线外观。机头部分已经被延长以容纳照相机，机身下方，在3个识别灯前方的圆环是自动导航仪天线(automatic direction finder (ADF) Loop)。

照相侦察的概念始于第一次世界大战。战场上，嗡嗡作响的老式双翼机在交战双方对峙的战壕上方来回飞行，飞行员手动操纵巨大的照相机对地面进行拍照。经历了多年时间，航空侦察任务没有赶上时代的发展。各国军方均深切感受到，需要一套有效的航空拍照手段，更重要的是创造一套收集情报、分析情报并将情报内容及时送达相关部门的系统。在这场军事情报的变革中，处在最危险的前缘地带的，就是勇敢的侦察机飞行员。

到20世纪30年代的现代战争中。航空侦察的地位丝毫不亚于轰炸和制空任务。指挥官在发布命令之前，必须对整个战场的目标方位、火力配备有一个清晰明确的了解。攻击开始后，更是有必要知道目标是否已经被摧毁，以重新安排下一轮攻击。

第二次世界大战爆发，美国被一步步地拖入战争的泥潭。英国和法国政府从德国人的闪电战中认识到，对现代的快速战争而言，及时、有效的情报来源是至关重要的。最有效、最快速的情报收集方式，当然是空中照相侦察。当时，无论在英国、法国还是美国，军队中装备的侦察机——或者按照当时的作战思想，称之为“观察机”——均为飞行速度缓慢、反应迟钝的机型。低速度特性可以给飞行员提供一个稳定的照相平台，但除此之外便一无是处。把这样的侦察机派遣到快速、凶狠的梅塞施密特战斗机统治的敌方空域，无疑意味着自杀行为。但是，指挥官别无他法，只能指望侦察机能够借助云层的掩护躲过敌人的猎杀，再想办法带着上级需要的情报安全返回基地。

■ 这位P-38飞行员身穿与地面炎热天气很不相称的厚重飞行服，正在观察地勤人员将照相器材装入机头空间中。

不用说，在险恶的战场环境中，很少有侦察机能够返航。而侥幸返回基地的侦察机，不是由于地面密集的防空炮火没能收集到需要的情报，就是被敌军的战斗机驱赶早早返航。

毫无疑问，专门用于照相侦察任务的侦察机的重要性日益突出。尤其是在经历了法国的溃败和敦刻尔克撤退之后，盟国力量只剩下了英伦三岛一个支撑点，面对被德国人

■ P-38的照相枪细节。

占领封锁的欧洲。在这样的形势下，更需要大量的侦察机来了解英吉利海峡对岸的局势发展。英国皇家空军在各种战斗机和轰炸机的机身上安装了照相机，并把它们派到德国占领区执行侦察任务，而这些任务通常是单机进行，没有护航机陪伴。有时候，这些临时侦察机能够带回一些有用的情报，更多的情况下则是一无所获。

另一方面，航空侦察的任务大多数要深入敌方防线，因此这就要求侦察机具备足够的航程。但在二战初期，盟军手中没有堪用的远程侦察机，能从英伦三岛飞抵欧洲大陆执行任务再原路返回的机型只有轰炸机。因此，不少B-17和B-24轰炸机被改装成侦察机来执行远程照相侦察任务。但是B-17和B-24的缺点过于突出：体积过大、速度过慢，单机飞行容易成为敌军飞行员捕杀的猎物。美国陆航需要的是一种根据照相侦察任务需求制造，高速而且远程的侦察机，在1941年春天，P-38是唯一能够满足以上需求的机种。

经过数据推算，美国陆航和凯利·约翰逊得出一致结论：在现有条件下，将火力设备更换为侦察仪器的P-38将是最优秀的侦察机！他们是对的，事实将证明：虽然在整个第二次世界大战过程中，交战双方不断把各种机型改装成侦察机使用，但出自“闪电”家族的侦察机将是所有型号中屈指可数的经典！

1940年8月30日，YP-38验证机还停留在厂房中组装的时候，洛克希德公司获得了为美国陆航生产210架P-38的合同，此外还包括P-38的侦察机改型：F-4。

这是一个相当重要的合同，从此，P-38家族中衍生出同样杰出的侦察机分支。

第一批P-38侦察型只在机头部分作了最基本的改动，以容纳照相机，在外形轮廓上很难和P-38区分开来。随后发展的侦察型，则根据照相侦察任务的需求对机头的气动外形和结构进行了专门设计和改装。无论造型如何，所有P-38侦察型均具备两个共同特点：出

■ 1架由P-38改装而成的F-4机头特写，图中可以看到2台垂直照相机。F-4一共可以携带4台照相机，飞行员通过开关盒控制照相机的运作。

色的性能和在各战场受到热切欢迎。

洛克希德公司和美国陆航达成一致意见，照相侦察机不需要自卫武器，而依靠高空性能和高速飞行保证自身安全。这个思路是可行的，但另一方面，敌人的空中力量也在持续发展，新型战斗机不断投入战场，这意味着无武装的照相侦察机所要面对的危险要日益增加。

大多数的照相侦察机在出厂阶段进行改装，它们和其他的P-38一起，装上武器设备后作为战斗机从伯班克的工厂下线，再飞到洛克希德公司位于达拉斯城的改装中心进行改装工作——拆除武器，安装照相侦察设备。这个步骤看似多此一举，实际上伯班克工厂的大规模P-38生产线不会因此而受到影响，总体而言，效率相当高。

“闪电”家族的侦察机成员分多个批次问世，其中包括：

F-4-1-LO

1941年整个秋天，凯利·约翰逊和洛克希德公司的工程师一起将1架P-38E上的武装拆除，腾出来的空间装上了2台24英寸焦距的K-17照相机。太平洋战争爆发后，对侦察机的要求骤然高涨。洛克希德公司再投入1架P-38E进行改装测试。这2架最初经过改装的P-38E被赋予F-4-1-LO的编号，并在1941年12月交付使用。

1942年1月，洛克希德公司开始批量生产F-4-1-LO。P-38E出厂后，飞到位于得克萨斯州达拉斯城的洛克希德改装中心，再改装成为F-4-1-LO。

侦察型的主要更动为：拆除机头的4挺机枪和1门机炮，安装上2台24英寸焦距的K-17照相机；原先机头的开口被简单地用金属蒙皮封闭。在“闪电”家族中，F-4-1-LO也是第一个装备副油箱的型号。除此之外，所有照相侦察型号的“闪电”均具备和P-38战斗机一样的气动外形。

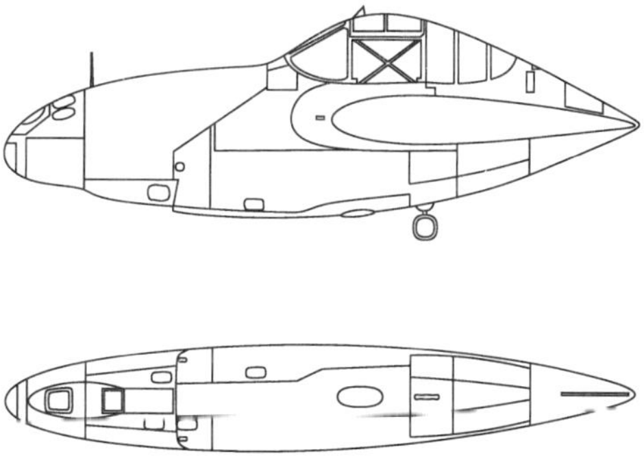

■ F-4-1-LO机头侧视图及仰视图。

■ 在洛克希德航空集散站跑道上的F-4，注意涡轮增压器部分为了防止太阳照射而覆盖的蒙布。

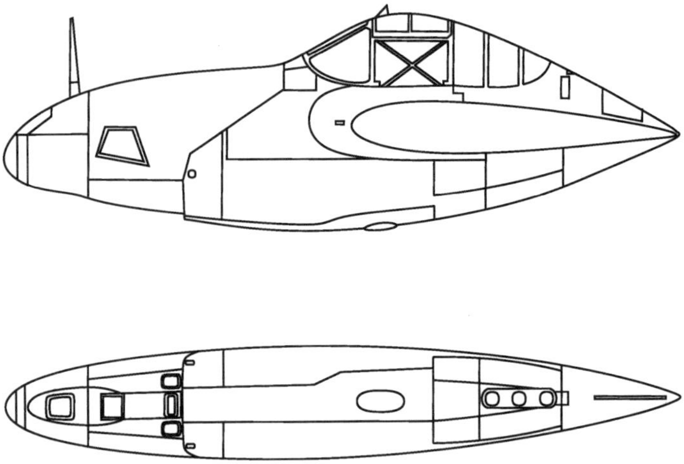

■ F-4A-1-LO机头侧视图及仰视图。

在整个1941年里，洛克希德一共制造了205架P-38，与之形成鲜明对比的是，交付使用的侦察机只有年底那2架。但侦察机一旦投产，它的优先级就被提到了战斗机前面：1942年1月，洛克希德公司制造了84架F-4系列，而P-38的数量是32架，不到侦察机的一半！最后，洛克希德根据合同交付了99架侦察型。

1942年4月，F-4-1-LO执行了第一次侦察任务。驻扎在澳大利亚的第8照相侦察大队的卡尔·波利夫卡(Karl Polifka)驾驶着侦察机对蓄谋进攻莫尔兹比港的日军进行了侦察，这次成功的任务给盟军带来了非常有价值的情报，为使日军在南太平洋战场上再尝败绩提供了有力的支持。

在美国陆航之外，澳大利亚皇家海军航空兵也装备了3架F-4-1-LO。

F-4A-1-LO

美国陆航在与洛克希德公司签订P-38F合同的同时，也定购了20架F-4A-1-LO。F-4A-1-LO由P-38F改装而来，和F-4-1的不同之处主要是改用了6英寸焦距的三镜宽角照相机，并为其在机头下方左右增开一对照相窗口。机头下的SRC-552-A天线杆被移到机头上方，以免影响照相机工作，这也是F-4A-1-LO的一个重要识别特征。

虽然F-4系列侦察机的标准配备没有武器，但有相当数量的F-4-1-LO和F-4A-1-LO还是保留了2挺12.7毫米机枪。

F-5A

基于P-38G，F-5A有着比F-4系列更充沛的动力系统，更好的照相机，F-5A的倾斜照相机安装在垂直照相机前方，这点和F-4A刚好相反。1942年8月，洛克希德交付第一架F-5A，随后一共使用P-38G改装了180架F-5A。

这180架F-5A则分成了3个批次，从生产

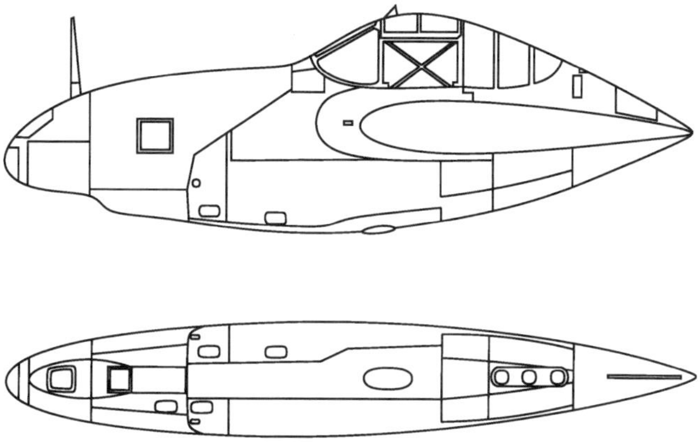

■ F-5A机头侧视图及仰视图。

■ 这位F-5A飞行员身穿轻便飞行服，正在帮助地勤人员将胶片盒装入机头空间中。宽大的照相机舱门给维护和安装带来了很大的便利。无论是在敌方地域进行高空侦察还是掠地飞行，一旦开足马力，F-5都可以来去自如，因为速度就是它最好的防护。

线上直接建造，而不是出厂后再进行改装。包括20架F-5A-1-LO、20架F-5A-3-LO和140架F-5A-10-LO，它们之间的区别在于分别采用P-38G-1-LO、P-38G-3-LO和P-38G-10-LO的机体建造。

值得一提的是，F-5A-1-LO和F-5A-3-LO之间确实存在着F-5A-2-LO的型号。这个型号仅有1架，由P-38E(美国陆航序列号41-2157)改装，装备V-1719-21/29引擎。

其中1架F-5A-10-LO (美国陆航序列号42-12975) 在莱特机场被改装成试验型侦察机，并得到XF-5D的军方编号。其尾撑内装有2台K-17照相机，机头被延长，并安装了一个树脂玻璃整流罩。整流罩内安装有1架K-17垂直照相机和一个照相导航仪，并腾出空间容纳第二名执行导航/操作照相机任务的机组成员。除此之外，XF-5D居然还保留有2挺12.7毫米机枪！很难想象XF-5D如果在空战中开火，位于机枪正下方的导航员会是如何一番感受。不过事

■ XF-5D。

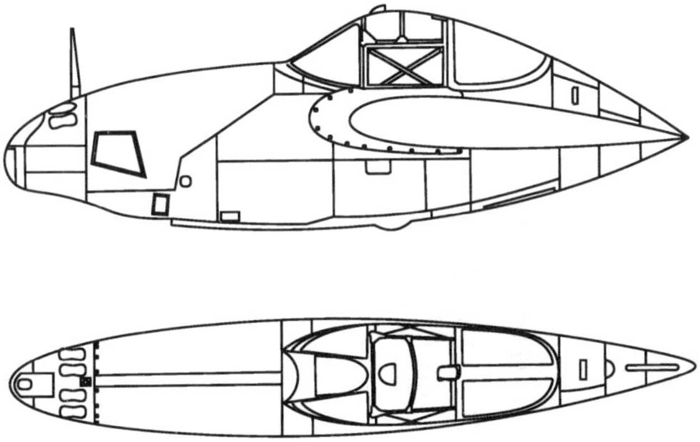

■ F-5B-1-LO机头侧视图及俯视图。

实上这个情况并不会发生，因为XF-5D没有正式投产，唯一的1架试验型也没有投入实战。

F-5B

P-38J-1-LO的照相机改型为F-5B-1-LO，使用和F-5A相同的照相器材，区别在于基于P-38J-1-LO的机体改装，以及安装了斯佩雷(Sperry) 自动驾驶仪——这成为所有后续侦察型的标准配备。美国陆航同时定购了200架F-5B-1-LO照相侦察机，这成为洛克希德公司最后一批用流水线生产的侦察型号，随后的侦察型作为P-38战斗机下线，出厂后交付部队或者改装厂进行改装。

其他型号

同时，有相当数量的P-38J机体被改装成F-5其他型号照相侦察机。和F-5B相比，它们的区别主要在于机头两侧更大的照相机窗口，窗口由一个水滴形整流罩包裹。这些侦察机包括：

F-5C-1-LO：在达拉斯改装中心用P-38J-5-LO改装，升级了照相机，其他基本同F-5B-1-LO。改装数量为123架。

F-5E-2-LO：在达拉斯改装中心由P-38J-15-LO改装，其他基本同F-5C-1-LO，改装数量为250架。

F-5E-3-LO：在达拉斯改装中心由P-38J-25-LO改装，其他基本同F-5E-2-LO，改装数量为205架。

F-5F-LO：由1架F-5B-1-LO(美国陆航序列号42-68220)改装，照相机进行了升级。

生产进入到P-38L阶段，洛克希德公司发展出F-5E-4-LO，F-5F-3-LO和F-5G-LO一系列侦察机。

F-5E-4-LO：使用P-38L-1-LO机体改装，配备4台照相机，其他同F-5E-2-LO和F-5E-3-LO。改装了508架。

F-5F-3-LO：使用P-38L-5-LO的机体改

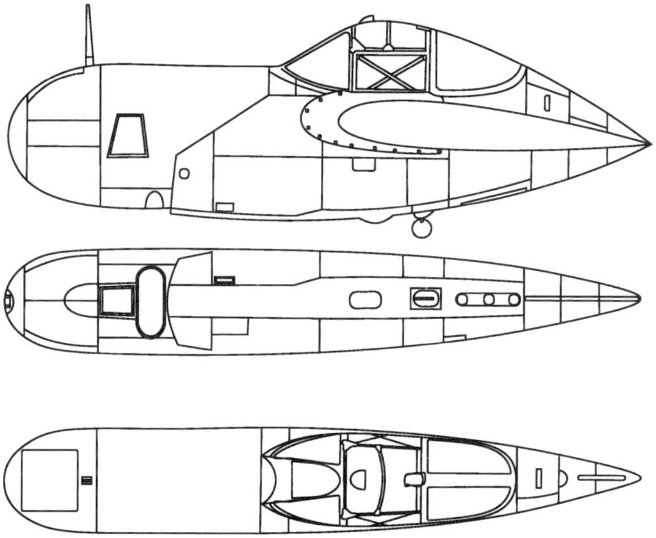

■ F-5E-4-LO机头三视图。

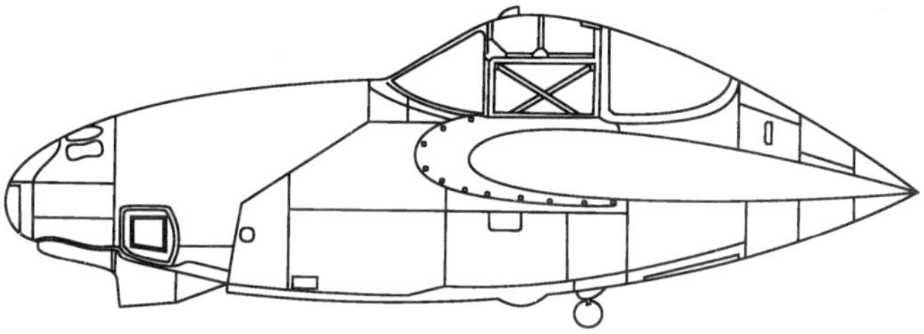

■ F-5F-3-LO机头侧视图。

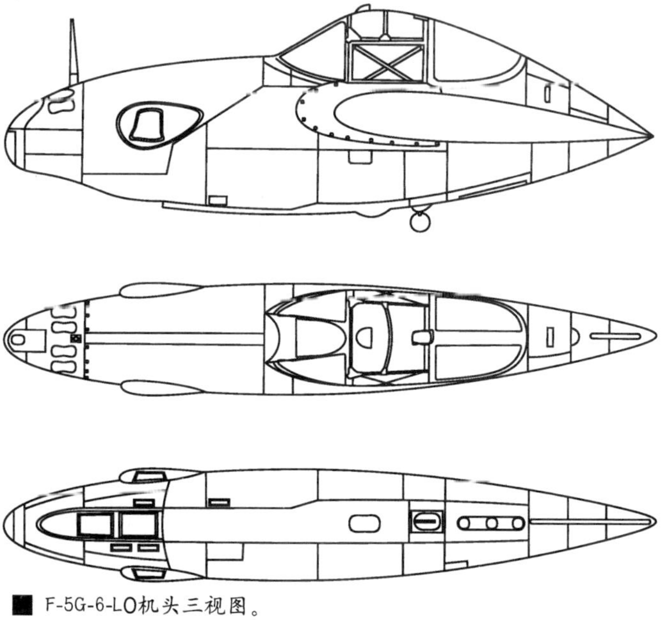

■ F-5G-6-LO机头三视图。

装，配备5台照相机，其他同F-5E-4-LO。

F-5G-6-LO：使用P-38L-5-LO的机体改装，机头被加长，重新设计了机头内部空间以提供更多空间，可同时安装4个垂直照相机和1个倾斜照相机，可选用的照相机种类增多。F-5G-6-LO改装数量为63架。

交付使用

第一批出场的F-4侦察机被用于训练新手飞行员，并被赋予了RF-4-1-LO的军方编号。这里R代表着限定使用(Restricted)。

在北非战场的侦察任务主要由第5和第12照相侦察中队执行。1942年11月，这2个中队最早装备了F-4。虽然忍受着非洲前线的恶劣环境和老辣凶狠的德国战斗机的威胁，他们还是圆满地完成了任务。随后这两个中队换装了F-5，并得到了来自第3照相侦察大队的2个中队支持。

在所有战场中，对照相侦察机的需求是如此迫切，以致不少前线单位自行将他们的P-38战斗机改装成侦察机使用。经过改装的P-38往往会在机头保留2－3门12.7毫米机枪以进行自卫。在战斗中，敌人的战斗机发现执行侦察任务的P-38改型，往往以为这只是1架无武装的F-4/F-5而麻痹大意地进行攻击，这时候美国飞行员的还击就会让他们大跌眼镜了。

第154照相侦察中队就是这样的一个单位，他们成功地使用改装过的P-38F在北非战场进行了多次照相侦察任务。

F-4和F-5侦察机的活动地域还包括更恶劣的环境。1942年中途岛战役开始，阿留申群岛的阿图岛成为整场战争当中唯一被敌军占领的美国领土，日军的二式水上战斗机试图控制这片人迹罕至的天空，装备F-4的第28混成大队驻守阿拉斯加，以防备日军进一步侵略。

第8照相侦察中队驻扎在新几内亚，凭借F-4的高速性能，将敌人战斗机的拦截一次次化为无形。侦察机一旦把有价值的情报带回机场，过不多久轰炸机群就会轰鸣而起，将日本人在丛林中的基地炸为碎片。

■ 这架绰号为“温和的安妮”(Gentle Annie) 的P-38J-15-LO（美国陆航序列号43-104308）按照侦察机的样式绘制机头涂装，以吸引无经验的德军飞行员将其误认为无武装的F-5侦察机并前来攻击。

回到欧洲战场，第9航空队属下有4个装备“闪电”侦察机的中队——第30、31、33和34照相侦察中队，它们每天都穿越德国人建立起的严密壁垒，为轰炸任务带回了宝贵情报——尤其是诺曼底登陆期间。

从诺曼底登陆的D-7日到D+14日，“闪电”侦察机在诺曼底上空以及附近地域进行了无数的照相侦察任务，为盟军带回了超过300万张照片！盟军总司令艾森豪威尔将军曾高度评价F-5侦察机，因为它在诺曼底登陆期间给盟军指挥部带回了最珍贵的情报。阿诺德将军也曾说过：“我们的侦察机飞行员用实际行动证明：战斗机打赢空战，而侦察机则打赢了整场战争！”

诺曼底登陆成功之后，这些单位移师法国，从简陋的前线跑道上起飞，对垂死挣扎的纳粹德国进行最后的照相侦察。

美国还向盟国输出相当数量的照相侦察机。例如澳大利亚皇家空军就使用过P-38侦察型执行过一些任务。在地中海战场，自由法国空军和美国第12航空队的第3照相侦察大队一起驾驶F-5。他们中间最著名的一位飞行员是著名童话《小王子》的作者安东尼·德·圣埃克苏佩里 (Antoine de Saint Exupery)。可惜的是，他在一次侦察任务中失去了生命。

随着经验的积累，美国陆航制定了一套侦察战术，使没有武装配备的F-5侦察机在敌人战斗机和地面防空火力的包围圈中能够最有效地完成任务并安全返航。战术核心是：进入—拍照—快速撤退。战术流程为：1. 在即将到达目标区以前，F-5从高空朝目标俯

照片摄于1942年6月，卡尔·波利夫卡刚刚在日军的拉包尔基地上空逃脱了2架零式战斗机的追逐，驾驶着受伤的F-4侦察机返回澳大利亚基地。照片中的波利夫卡上尉心情相当舒畅，到战争结束时，他成为美国陆航最富有经验的侦察机飞行员。

冲，以积累尽可能高的速度；2．到达拍照的规定高度后，飞机改平，并保持此高度以最大速度通过目标区上空进行拍照；3．以最大速度飞离目标区返航，因为速度是赤手空拳的F-5唯一的武器。

在使用了这套战术以后，F-5系列的损失率降低到二战中所有照相侦察机中的最低点。

照相侦察型在二战中的广泛运用，给洛克希德公司的设计师们留下深刻的印象——其中也包括凯利·约翰逊。二战之后，最有影响力的2种侦察机——也许是航空史上最著名的2种侦察机：U-2和SR-71——将在凯利·约翰逊的手下诞生。

“塌鼻子”和“探路者”

“塌鼻子”(Droop Snoot)

P-38系列强大的引擎使其可以挂载重磅炸弹，执行战斗轰炸机的任务。尤其是P-38J和P-38L等后期型号，载弹能力达到了4000磅——几乎相当于1架B-17“空中堡垒”！

不过，这两种机型之间不存在可比性。作为专业轰炸机，B-17可以选择各种炸弹挂载配置，例如大量小型炸弹。标准的P-38系列只有2个翼下挂架，也就是说只能挂载2枚炸弹，4000磅的载弹能力通过挂载2枚2000磅的炸弹来实现。如果轰炸任务不需要2000磅的重磅炸弹，取而代之的也只能是2枚更小的炸弹，或者1枚炸弹加1个副油箱的组合。

挂架的数量在一定程度上限制了P-38的对地攻击能力，但这已经难能可贵，毕竟当初P-38是作为截击机进行开发的。此外，有少数P-38在前线得到了特殊改装，机翼下的挂架两侧加装上了2个短挂架。这样，当任务需要时，P-38就可以倒“品”字形的方式，在每侧机翼下挂载3枚小型炸弹。该方法使P-38的战斗适应性大为提高，但没有得到推广。

第8航空队司令部的卡斯·霍夫(Cass Hough)上校和唐·奥斯坦德(Don Ostrand)上校由此想到，将P-38改装成“领航”轰炸机，执行精确水平轰炸任务，应该会收到很好的效果，理由如下：

1. P-38战斗机速度远远超出轰炸机，能在更短的时间内进入目标上空攻击并返航；

2. P-38战斗机体积远比标准轰炸机小，被拦截的机会大为减少，无需护航战斗机提供支援；

3. 如需要执行轰炸导航任务，P-38改型的机组人员数量仅为标准轰炸机的一个零头，执行任务所要承担的人员生命风险大为降低；

4. P-38拥有足够的航程以及载重能力执行轰炸任务。

如要实现这个想法，所需要进行的改装不会太多，只需要在机头装上诺顿轰炸瞄准仪便可，这就是P-38“塌鼻子”改型诞生的缘由。

“塌鼻子”项目在洛克希德公司位于北爱尔兰朗佛小村的改装厂中进行。工程师把1架P-38H（美国陆航序列号42-67086）上的机枪和机炮连同机头整流罩全数拆除，换上了一个按照轰炸机标准设计的木质机头整流罩。这架P-38H随后加载了相当的负重进行了多次试验，以验证其气动外形及其他设计是否存在缺陷。试验相当成功，洛克希德公司因此决定以此为参照，采用更强劲的P-38J作为改装机型，进行“塌鼻子”项目的原型机设计工作。

■ 这架“塌鼻子”的照片拍摄于北爱尔兰朗佛小村的改装厂，改造正处在原型机阶段，随后将向美国陆航人员进行展示。作为大规模地毯轰炸的领航机，“塌鼻子”具有相当高的效率，以及担负的风险要小得多——相比之下，如果任务由庞大而笨重的B-17和B-24来执行，那就意味着要以10位乘员的生死为赌注。

“塌鼻子”取消了试验型P-38H的木质整流罩，采用树脂玻璃制作的轰炸机透明头锥，以容纳投弹手。投弹手根据诺顿轰炸瞄准仪和导航定位系统进行操作。为防备敌军防空炮火以及截击机的射击，“塌鼻子”机头的下方和侧面均增加了装甲防护。除此之外，“塌鼻子”的供氧系统也为投弹手增加了一套。

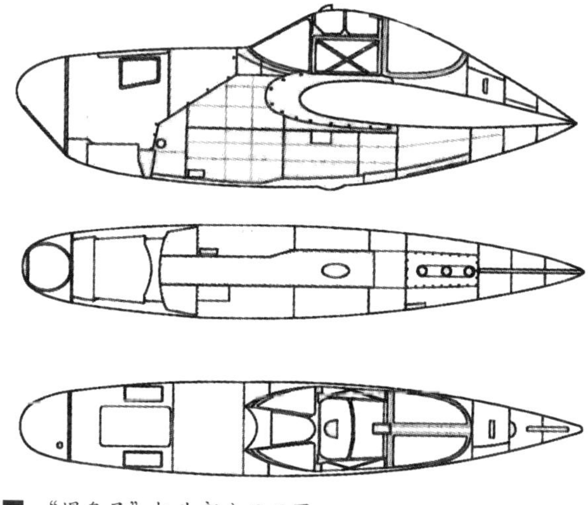

■ “塌鼻子”机头部分三面图。

改装并没有给飞机性能带来多少影响，在增加了一套乘员系统的条件下，P-38“塌鼻子”仍然可以携带1枚2000磅炸弹和1个300加仑副油箱！

1944年2月，第一架P-38“塌鼻子”驶出了北爱尔兰改装厂的厂房大门。这样的改型相当成功，第8航空队随即定购了3架，随后又追加定购了15架。洛克希德公司为此一共定购并收到了100套改装套件，以便其他改型使用。到战争结束，北爱尔兰改装厂改装的P-38J数量是23架。

■ 第82战斗机大队的地勤人员为P-38J设计的短挂架，从图中可以看出，在每侧机翼挂载3枚小型炸弹的方案之外，中间的挂架还可以和以往一样挂载副油箱，不受两侧炸弹的影响。

“塌鼻子”作为领航轰炸机在轰炸机群的前方带路，并测量与目标之间的距离。当“塌鼻子”的投弹手投下炸弹时，后面跟随的轰炸机也随之动作。这种战术相当有效：“塌鼻子”比B-17要快得多，生存率也更高，更重要的是——无需任何护航机伴随。

1944年4月10日，P-38“塌鼻子”执行了第一次战斗任务。第20战斗机中队的42架

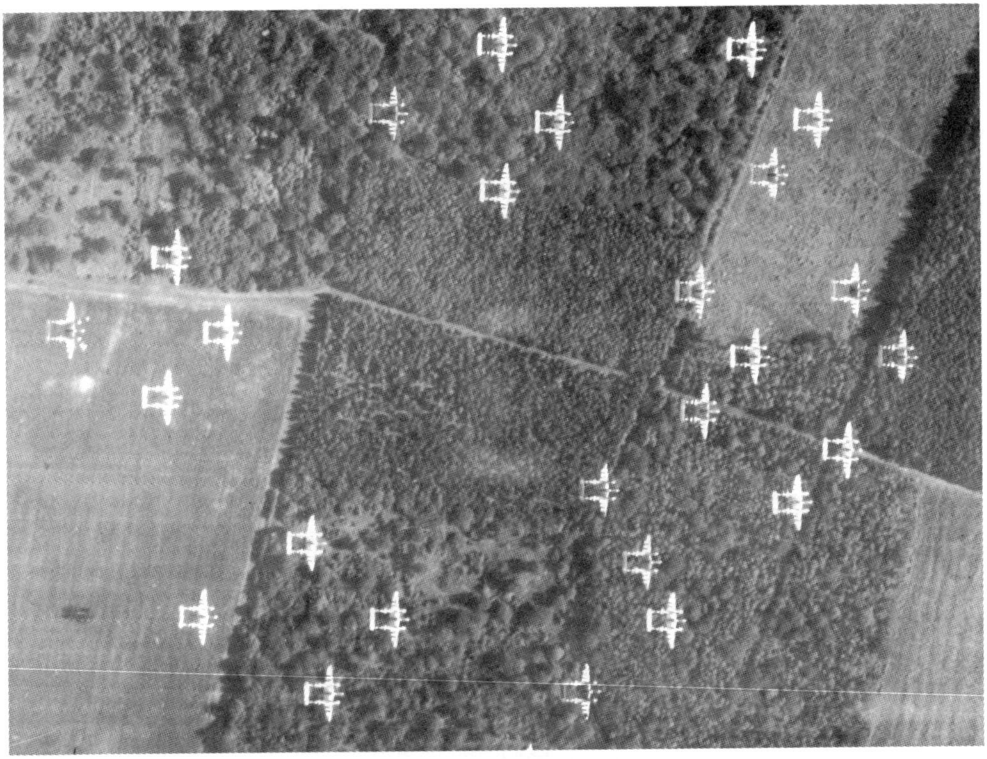

■ 照片摄于1944年6月，第20战斗机大队正在执行一次轰炸任务。

P-38J在1架“塌鼻子”的带领下，轰炸了古特斯劳(Gutersloh)的德国空军基地。通过“塌鼻子”的引导，P-38J机群在狭小的目标区域内投下了26000磅炸弹，轰炸效果相当出色。

“塌鼻子”不仅仅为“闪电”家族服务。第8航空队中著名的第56战斗机大队指挥官哈勃·齐姆克 (Hub Zemke) 上校就不止一次地使用“塌鼻子”给他们的P-47领航。

有趣的是，由于具备了第二个机组成员的位置，有1架以上的“塌鼻子”被拆除了轰炸瞄准设备，改装成要员专机使用。

“探路者”

和“塌鼻子”同步发展的，是P-38J和P-38L的另外一种改型“探路者”。洛克希德的工程师们提出了这个计划，在1944年夏天，他们把1架P-38J-15-LO (美国陆航序列号44-23139) 的机头整流罩卸下，换上了加长的球根状整流罩。整流罩前半部分是和P-61一样的树脂玻璃头锥，内装绰号“米老鼠”的AN/APS-15穿云轰炸雷达；后半部分是雷达操纵员的位置，除了把诺顿轰炸瞄准仪换成了AN/APS-15的控制台之外，基本和

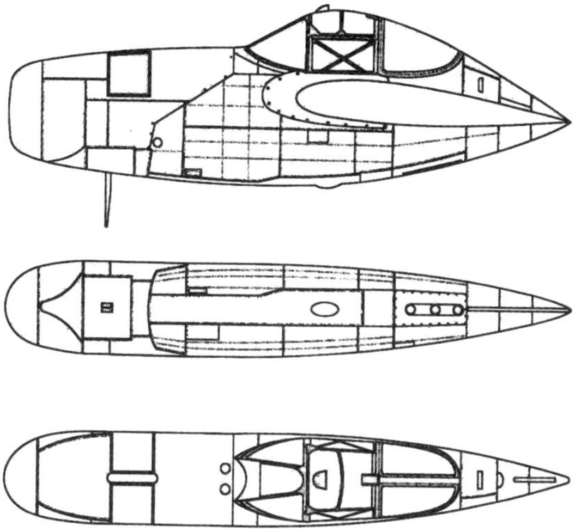

■ “探路者”机头部分三面图。

■ 这架P-38J 15-LO（美国陆航序列号44-23139）在伯班克被成功改装为“探路者”。雷达操作员的位置在机头的雷达之后。

■ 洛克希德公司自行改装的“探路者”。

“塌鼻子”内部布置相同。

试验成功以后，正式投产的“探路者”则改用P-38L的机体，在洛克希德公司的达拉斯改装厂进行改装。有数架“探路者”投入欧洲和地中海前线，担任雷达轰炸和雷达导航任务。

失败的XP-49

在20世纪30年代，由于技术水平相对简单，飞机的设计周期比现在要短很多。一个新的想法从设计师的脑海中浮现，到变成真正的飞机升空飞行，其中所消耗的时间不会太长。这个事实让美国陆航感到担忧，他们认为，有必要在一架新飞机进入现役之前，就做好下一个更新换代型号的设计工作。

美国陆航担心的对象就是P-38系列——既先进又昂贵的战斗机。在P-38的研制过程中，设计团队克服了一个又一个问题，使其日趋完美，但美国陆航更希望看到一架价廉物美的新飞机——即便在国会山内的孤立主义势力日趋势微的日子里，美国陆航手头的资金仍然相当紧张。

为了保证拥有足够的实力，1939年3月11日，美国陆航发布了39-775号规范书，以寻求一种比P-38更先进，但又更便宜的战斗机。实际上，美国陆航在苦苦追寻的还是高性能、大航程的双引擎战斗机——在这方面，没有哪个公司能够比洛克希德的P-38更有竞争力，但它已经在1个多月前就坠毁了！这次失事让美国陆航对P-38的前途——以及美国陆航未来的实力产生了怀疑。

对洛克希德公司来说，光彩照人的XP-38在穿越美洲大陆的创纪录飞行中坠毁，公司内部士气从顶峰降到了谷底，而此时美国陆航的下一阶段YP-38合同又没有批下来。洛克希德公司高层心急如焚地想尽办法摆脱笼罩在头顶的阴影，他们很自然地参加了美国陆

■ XP-49后部细节，水平尾翼和垂直尾翼的尺寸都有所加大。手工制造的引擎罩具有相当出色的流线外形，这是XP-49一个引以为傲的优点。

航竞标，手中的牌还是那一张——P-38。

P-38本身即为双引擎飞机，理论上稍加改动即可符合39-775号建议书的要求。洛克希德的工程师们对P-38进行了一些修改，新的项目编号为Model 522。这个新设计看起来和XP-38几乎就是一个模子铸出来的，实际上，洛克希德也确实把XP-38开发过程中所获得的经验大量运用到Model 522上。

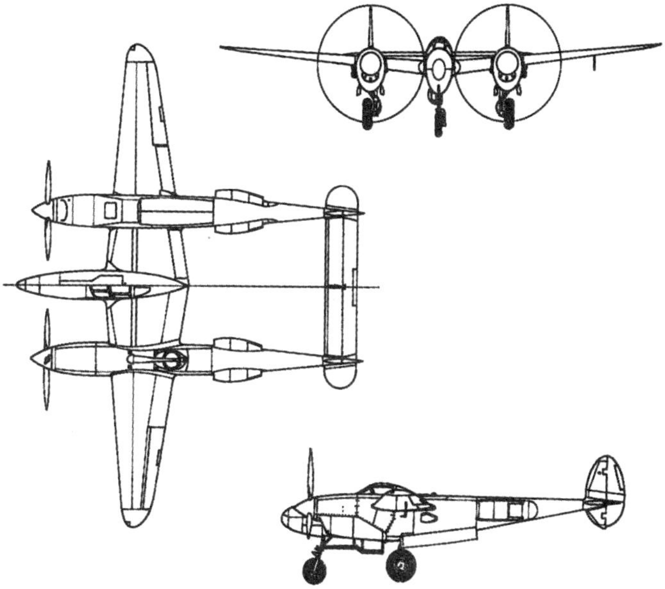

■ XP-49三视图。

Model 522的规格为：

动力设备：采用2台普拉特-惠特尼公司的XH-2600或者莱特R-2160液冷发动机，在涡轮增压器的驱动下，可分别提供惊人的2000马力功率！

武器系统：在机头安装4挺12.7毫米机枪以及2门20毫米机炮，这足以摧毁当时任何一种飞行器！

除此之外，为了承载体积更大质量更重的发动机，Model 522的引擎罩经过了重新设计，三点式起落架的结构也得到了加强。为了远程护航任务的需要，工程师们计划在Model 522上安装增压座舱，并加大了垂直尾翼的尺寸。

■ XP-49和P-38系列很难从外观上分辨，不过可以在机翼和机身上找出些许不同点，注意风挡已经被涂成黑色。

从纸面上计算的飞行性能来看，Model 522的性能是非凡的：在20000英尺高空，凭借XH-2600发动机输出的总共4000马力能量，它可以飞出473英里/小时的最大平飞速度！

既然XP-38在1150

马力发动机的驱动下就能超过400英里/小时，Model 522的这些理论数据看起来也是合乎情理的了。

和所有人的料想一样，参与竞标的全部4家公司中，最终的胜利者还是洛克希德公司。1939年11月30日，美国陆航和洛克希德公司签订了W535-AC-13476号合同，授权建造1架原型机，并赋予其XP-49的军方编号。但直到1940年1月，合同才开始履行。

作为项目的备份，竞标的第二名格鲁曼公司也获得了合同，制造1架XP-50“天空火箭”原型机。在一次测试飞行中，XP-50的涡轮增压器爆炸，飞机燃起大火，飞行员罗伯特·霍尔紧急跳伞逃生，XP-50原型机坠毁在长岛。

当P-38系列的生产开始转入正轨时，XP-49的发展却放慢了脚步。美国陆航和洛克希德公司双方都认为，Model 522设计书中的普-惠XH-2600发动机或者莱特R-2160发动机功率过强，装在XP-49上完全没有必要。1940年3月，双方经过协商做出决定，将XP-49的发动机更换为大陆公司的12缸液冷型XⅣ-1430-9/11发动机。按照推算，该型发动机在XP-49起飞时将可提供1540马力的功率，这比XH-2600发动机和R-2160的2300－2500马力功率更切合实际，技术风险也更小。由于XⅣ-1430-9/11性能平平，XP-49的最大平飞速度将从原计划的473英里/小时骤降到400英里/小时——仅勉强相当于P-38系列的水平。

发动机的问题暂时告一段落了，但XP-49的步伐还是相当慢。在原先的设计中，Model 522装备有增压座舱——技术来自于XP-38A的验证——以及2门20毫米机炮和4挺12.7毫米机枪的武器。项目开始时，为了加快XP-49的进度，洛克希德公司曾经决定放弃增压座舱的配置，但随后又恢复到原先的设计。根据估算，武器系统的安装和调试可能会遇到麻烦，于是设计小组便暂时在机头安装配重，在飞机主要部分完成之后再加装真正的武器系统。到1940年年底，洛克希德公司终于准备好所有的资源，开始XP-49的制造了。1941年8

XP-49性能表

翼展	（米）	15.85
全长	（米）	12.22
机高	（米）	3.91
动力系统		XⅣ-1430
功率	（马力）	1600
最大平飞速度	（英里/小时）/英尺高度	406/15000
	（公里/小时）/米高度	653/4575
爬升率	（英尺/分钟）	20000/8.7
	（米/分钟）	6100/8.7
升限	（英尺）	37500
	（米）	11437
航程	（英里）	1800
	（公里）	2896
空重	（磅）	15464
	（公斤）	7020
总重	（磅）	19950
	（公斤）	9057
最大起飞重量	（磅）	22000
	（公斤）	9988

月28日，XP-49的全尺寸模型在伯班克的厂房中完工，并接受了美国陆航的检查和评估。

洛克希德公司计划把XP-49的20毫米机炮弹药数量从60发增加到90发，但美国陆航坚持原先的设计。在双方达成协议之后，XP-49的原型机开始制造。直到这个阶段，XP-49项目的真正瓶颈才暴露出来——动力装置，大陆公司无法按照XⅣ-1430-9/11的设计标准按时生产出具备相应性能的发动机。进度一拖再拖，洛克希德公司要一直等到1942年4月22日才收到2台XⅣ-1430-9/11，但它们的性能距离纸面数字还是存在相当大的缺口。

当年秋天，XP-49原型机终于制造完成了。1942年11月11日，试飞员乔·陶尔 (Jow Towle) 驾驶着XP-49在伯班克上空进行了35分钟的首飞。根据乔·陶尔的报告，这架新飞机的操纵性相当优异。XP-49的设计基于P-38，因此它继承了前辈的许多优点——尤其在气动外形方面，但动力方面的不足限制了XP-49的性能。

11月底，大陆公司送来了新的XⅣ-1430-13/15发动机，在XP-49起飞时或者25000英尺高空中，均可提供1600马力的功率输出。XP-49随即返回伯班克工厂，进行安装新发动机的改造。趁着这个机会，XP-49装上了P-38D的自封闭油箱；驾驶员座椅的后方挤进了第二名乘员的位置，工程师们可以随飞行员一起升空，实时观察XP-49在飞行中的性能表现。

1942年年底，XP-49改装完毕，测试飞行重新开始，但液压系统开始显露出不正常的迹象。1943年1月1日，在加利福尼亚州的慕洛克机场，乔·陶尔驾驶XP-49进行例行试飞工作，在驾驶舱内随同飞行的是工程师约翰·玛格沃斯(John Margwarth)。在飞行中，1台发动机空中停车，测试随即紧急中止。祸不单行的是，降落过程中左侧起落架由于液压系统故障，无法完全放下！乔·陶尔根据自己的经验沉着应对，终于使XP-49迫降成功。XP-49受到损伤，后座更是扭曲变形，所幸的是2名乘员均没有受伤。

洛克希德公司随即对XP-49原型机进行了修复工作。根据飞行中的性能表现，工程师将XP-49的垂直尾翼增高了8英寸。

1943年6月26日，历经磨难的XP-49走出厂房，正式交付美国陆航——这比当初计划的时间表落后了整整2年时间！XP-49被送交到莱特机场，只有一些飞行员对其进行了次数有限的测试。在测试中，XP-49的性能表现要比洛克希德公司新近交付的P-38J战斗机逊色，看来这个项目再也没有继续进行的必要了。

此时，大陆公司的XⅣ-1430发动机计划再也无法支撑，只得宣布终止。随后，XP-49在一次测试中损坏了1台XⅣ-1430，由于大陆公司无法提供备用发动机，XP-49只能静静地栖息在莱特机场的机库中等待命运的终结。

在XP-49生命中的最后阶段，它还是为航空工业做出了一点贡献，尽管是以相当难堪的一种方式进行的：用于飞机的结构强度试验。XP-49被液压起重机水平吊升到一定高度，随即以自由落体的形式重重地摔到水泥地面上。试验中获得的数据用来计算：在快速下落的条件下，机体结构未发生损坏之前，起落架能够承受多少倍的重力加速度作用。和人们的预料一样，经过几次试验之后，XP-49的垂尾部分便率先出现结构损坏的征兆。

XP-49最后坚持到了结构强度试验的结束，看到了日本投降、第二次世界大战结束的那一天。莱特机场为了庆祝胜利，举办了一个大型的展览会，向公众展出了大量陆航所装备的飞机。XP-49也有幸作为美国陆航的一分子——尽管不起眼——接受了人民大众的检阅。这也许是XP-49生命中最光彩的一段经历吧。

展览会结束后不到几个星期，莱特机场的地勤人员奉命将XP-49机体上的有用设备拆除，随后将其拆解成废铝。XP-49悲惨的一生就这样静悄悄地结束了。

朝三暮四的XP-58

第二次世界大战的爆发，对美洲大陆上的航空工业起到强烈的刺激作用，许多中小企业如雨后春笋般成长起来。

在二战期间出自美国厂商的新型战机中，有P-38、P-47、P-51这样的经典之作，也不乏空有勇武造型、作战性能乏善可陈的次品。更有甚者，有的型号是如此无用，以致到头来它的设计者也搞不清楚：当初为什么要开发这么一种飞机！很不幸的是，“闪

■ 1945年10月13日，正在进行结构强度试验的XP-49。从照片中可以看出，XP-49的起落架结构粗壮，这也许是它为什么被选中进行试验的原因。注意垂直尾翼下端已经损坏。

电”家族的另一名成员——XP-58“连环闪电”就属于这最后一种类型。它成为了美国陆航历史上毛病最多，项目完成得最糟糕的一个型号。这一切都是缘何而起呢？

1939年到1940年之间，英国皇家空军的武器采购团人员如走马灯一般，不断到美国寻求一切可用的优秀战机。他们认定P-38是一种理想的远程战斗机，其改型Model 322的能力足以使其深入德国境内战斗——而这正是短航程的“喷火”所不能做到的。与此同时，远程战斗机也是美国陆航一直在设法获得的产品。洛克希德公司高层认识到，如果他们和英国方面签订了生产Model 322的合同，那么为自己人——美国陆航生产的计划很有可能就要受到干扰。

考虑到三方的需求，美国陆航做出了一个有趣的决定：洛克希德公司可以为英国方面大规模生产他们需要的战斗机；作为交换，洛克希德必须为美国陆航制造1架新型护航战斗机的原型机，飞机的设计基于P-38，性能要有大幅度提升，费用由美国陆航承担。

这看起来是个皆大欢喜的答案：英国人买到了急需的战斗机、洛克希德公司收到了大笔订单、美国陆航则得到了一直追求的高性能战斗机。但很快，英国方面就会沮丧地发现，洛克希德按照他们要求所生产的P-322系列战斗机，性能远比美国陆航的P-38要差。

基于P-38，强于P-38——美国陆航的这种护航战斗机的概念要追溯到20世纪30年代。整个美国刚刚从1920年代末的经济大萧条中恢复过来，美国人的空战思维还停留在第一次世界大战的条条框框里：敌人的巨型轰炸机保持着紧密的队形，遮天蔽日，轰鸣着飞向美洲；美国驱逐机奋起抵抗，但无法冲破轰炸机防御武器所织成的严密火网，敌机飞临大城市上空，炸弹倾泻而下，地面上一片火海——在各种漫画书、街头杂志、报纸的周日版中，下一次战争就是这样通过文字或者漫画的形式被想象出来的。

基于以上观念，要拥有比敌人更强大

■ 1944年6月6日，转场飞行中的XP-58，由乔·陶尔驾驶。从这个角度看，它确实是一架巨大笨重的飞机，造型无任何美感。注意为容纳下艾利森V-3420发动机而扩大的引擎罩尺寸。

的空中力量，轰炸机载弹能力必须更大，防御火力也必须更强。重型护航战斗机就是这个战略思想的一个重要组成部分。一种厚装甲、重火力、远航程、能伴随轰炸机出击的重型护航战斗机，凭借自身装甲与火力将敌方截击机逐一歼灭——这就是陆航一直在苦苦追寻的目标。

1940年4月12日，美国陆航和洛克希德公司签订协议，开发双座双引擎的远程护航战斗机，并赋予XP-58的军方编号。洛克希德公司为军方制造1架试验型飞机以供测试评估。按照美国陆航的要求，新飞机只在P-38机体基础上进行少许更动而成。

XP-58的规格是：

机组乘员：2人，第二名乘员的位置在驾驶员后方。

动力设备：采用大陆公司的Ⅳ-1430引擎，额定功率为1600马力。

武器系统：在机头部分，武器配备为2门20毫米机炮和4挺12.7毫米机枪——与XP-49相同；在机身尾部，武器配备为1个电动12.7毫米机枪塔，由第二名乘员操纵，以防御来自后方的敌机。最大平飞速度：450英里/小时。

为使得新型战斗机适应高空作业环境，美国陆航要求其装备在XP-38A上得到验证的增压座舱。这样，相比P-38系列，XP-58要搭载额外的武器、弹药、炮塔、增压座舱设备，总重量的大幅度攀升完全不可避免。事实上，为了满足军方的要求，XP-58的翼展扩展到21.35米，机长15.08米，尺寸和1架B-25中型轰炸机相当！让如此庞大的战斗机飞出450英里/小时的速度，实在不是20世纪40年代的航空技术能够实现的。

开发过程中遇到的第一个问题是：原定使用的大陆公司Ⅳ-1430引擎进度缓慢，取而代之的是普-惠公司仍在试验中的XH-2600-3/5。但没过多久，XH-2600-3/5发动机的研制因故中断，新飞机也陷入了和XP-49一样无发动机可用的尴尬境地。

洛克希德的工程师们开始一个型号接一个型号地寻找合适的发动机，但所收获的只是一次又一次的挫折。普-惠公司最新的R-2800也列入了考虑的名单中，但后来发现这种发动机的外形不适合P-38系列的引擎罩，而且预估中的发动机功率也达不到预想的要求。大陆公司的XH-2860和莱康明 (Lycoming) 公司的XH-2470同样也不能满足新飞机的性能要求。

经过一番周折，XP-58选中了莱特公司的R-2160，这是一种42缸星形活塞发动机，性能优秀，前景良好。1941年夏天，莱特公司送来了刚刚出厂的R-2160发动机，他们已经尽了最大的努力将这台巨大引擎的潜力发挥出来。装上2台R-2160之后，XP-58的空重达到了空前的36000磅！

麻烦才刚刚开始，美国陆航也加入了添

■ 除下左侧引擎罩的XP-58在伯班克进行地面滑行试验。

乱的队伍：新飞机的规格中途发生变更。这次，机身后的电动炮塔根据要求增加到2个，均采用流线造型，分别位于机身的上下侧，再加上增压座舱的配备，XP-58已经变成了一头巨大笨重的金属巨兽了。

也许是为了安抚一下洛克希德公司，美国陆航对新飞机重新定义了性能规范之后，又在1942年3月向洛克希德公司定购了第二架原型机。

第一架原型机终于开铆制造，而军方定购的第二架原型机则暂时搁置下来，以便工程师们集中精力为护航战斗机安装额外的机身油箱——按照美国陆航的要求，XP-58依靠机内燃油，要达到3000英里之多的航程！

不久之后，美国陆航开始考虑在XP-58的机头安装1门75毫米机关炮，改装成拦截轰炸机专用的重型截击机。但当时XP-58已经完成1/4的工作量，在这样的条件下对结构进行大改动只会引出更大的麻烦。同时，到1942年，对新成立的美国陆军航空兵来说，局势已经相当明朗：轴心国再也没有能力发起大规模的轰炸机入侵。事实上，对具备4台发动机、防御武器足以抵御敌军攻击、可以长途奔袭作战的重型轰炸机，日本和德国的军方似乎从来没有表示过浓厚的兴趣，这不可避免地使轴心国的空中打击力量存在先天不足的缺陷。盟国因此松了一口气，再也不需要发展撕破轰炸机防御圈的重型截击机了。

XP-58是否有必要发展下去？美国陆航对这个项目经过仔细审视，在1942年晚期做出了一个让所有人大吃一惊的决定：继续发展XP-58，取消第二架原型机的订货，将第一架原型机发展成对地攻击机！

美国陆航的决策自有它的道理：XP-58速度快，火力强，能对所有的地面目标进行迅速而又准确的毁灭性打击，改装成对地攻击机似乎是水到渠成的事情。但同时也要看到，XP-58的体积是如此之大，使其不可避免地成为地面防空炮火的绝好目标；XP-58液冷发动机的管道系统相当脆弱，以致即便步兵手中的轻型防空武器也能够将其毁伤，低空飞行的XP-58时刻要承担着巨大风险。

由于XP-58的主要作战区域在低空，为高空飞行所准备的增压座舱也就没有装备的必要；由于不再执行截击轰炸机的任务，机枪炮塔也被拆除了下来。这两项设备的省略为XP-58减轻了若干重量，但为防御低空任务中的地面炮火袭击，XP-58加强了装甲，一增一减，XP-58的总重依然有所上升。

投身对地攻击任务并不代表XP-58的命运从此一帆风顺。当时比奇 (Beechcraft) 公司已经获得合同，正在开发专用的低空攻击机XA-38“灰熊”，半道出家的XP-58要和它竞争，无疑一开始就落在了下风。别无他法，洛克希德的工程师只能硬着头皮继续努力。

局势很快又有了180度的改变，从战场上获得的信息表明，德国人使用重型战斗机改装的低空攻击机在进行对坦克攻击任务时效果并不是十分明显。于是美国陆航再次改变主意，要求XP-58重新按照截击轰炸机的任务需求进行设计，同时被取消的第二架原型机又得以开工建造。

别无他法，洛克希德的工程师们按照要求为截击任务设计了两种机头，对应不同的武器配备。一种是1门75毫米机炮和2挺12.7毫米机枪的组合，另外一种方案则是安装4门37毫米机炮。但在制造出来的原型机中，两种武器配备均没有正式装备。

在这个时候，让整个项目雪上加霜的是，莱特公司的发动机研发出现严重问题。当时XP-58项目组对他们交付发动机的期限已经相当宽松，但技术原因导致了莱特公司不能保证在这个期限内提供XP-58所需要的发动机。无可奈何的美国陆航只得为XP-58选择另外的发动机。这一次，老相识艾利森公司的V-3420H系列发动机被选中了。3420＝1710×2，艾利森公司的这个编号意味着：V-3420是由2台V-1710组合而成的机械怪物。V-3420结构巨大、外形粗放、性能差强人意，但它却能保证按时交货，让XP-58早日飞上蓝天。

让我们把视线收回到洛克希德公司，公司的设计师们怨声载道已经很久，XP-58项目拖得越久，在其中的人力和资金消耗就越发不可收拾。到目前为止，XP-58项目消耗的资金已经远远超过了当初的预想。为了配合每种新发动机的配备，飞机的引擎罩、尾撑、冷却器以及内部燃油供应系统必须重新设计一次！整个项目进行下来，XP-58所尝试使用的发动机不下5种。对此，凯利·约翰逊半开玩笑地说：“这也许是美国陆航历史上唯一的‘十’引擎飞机。”最后，洛克希德公司等到了美国陆航的追加资金，项目又得以重新启动。

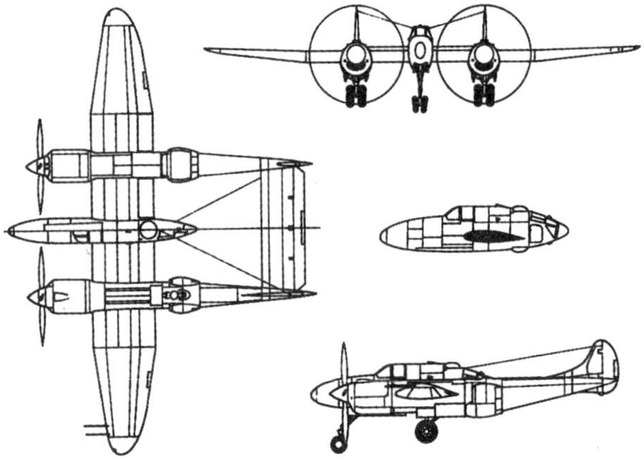

■ XP-58三视图。

到1943年中期，XP-58已经不具备实战效用了。从各大洲的战况可以清晰地看出：打赢这场战争的将是P-51、P-47和P-38这样轻便敏捷的战斗机，而不是笨重的空中坦克。

XP-58庞大的体积也有可能发展成夜间战斗机，但是这个位置已经被P-61牢牢占据，就连同族兄弟P-38M都无法趁早分上一杯羹，朝三暮四的XP-58项目更是希望渺茫。

XP-58的项目毕竟还要有所交代，洛克希德公司的员工为它起了“连环闪电”的绰号，希望能给它带来好运气。1944年6月6日，乔·陶尔将XP-58飞到了美国陆航的慕洛克机场。颇具讽刺意味的是，这一天也是盟军执行“霸王”行动在诺曼底登陆的日子。从此之后，盟军重返欧洲大陆，与德国之间的距离大为缩短了，远程截击机更是失去了存在的价值。而且，XP-58计划中的增压座舱和武器设备实际上从未装上过。

在慕洛克机场，XP-58接受了总计24次的飞行测试。其表现不出人们的意料：源自P-38的气动外形赋予其良好的操纵性，而复杂的发动机以及燃油系统使其需要大量时间进行维护，这是地勤人员最不愿意看到的。

1944年10月22日，XP-58转场到莱特机场，进行进一步测试。没飞多久，它就只能瘫痪在地面上，原因是涡轮增压器故障。最后，无法升空的XP-58在地勤人员的培训课程中充当教材范例使用，随后被拆解成废铝。第二架XP-58原型机在完成了65%工作量的情况下被停止。

美国陆航糟糕的管理和决策造成了严重的后果，大批宝贵的资金、时间、人力被消耗在XP-58上。整个项目耗资2345107美元之巨，足以购买15架最新的P-38J战斗机。这个惨痛教训不能不引发后人深思。

XP-58性能表		
翼展	(米)	21.35
全长	(米)	15.08
机高	(米)	4.88
动力系统		艾利森V-3420-11/13
功率	(马力)	2600
最大平飞速度	(英里/小时) /英尺高度	436/15000
	(公里/小时) /米高度)	702/4575
爬升率	(英尺/分钟)	20000/12
	(米/分钟)	6100/12
升限	(英尺)	38400
	(米)	11712
航程	(英里)	2650
	(公里)	4263
空重	(磅)	31624
	(公斤)	14357
总重	(磅)	39192
	(公斤)	17793
最大起飞重量	(磅)	43000
	(公斤)	19522

第二章 “闪电”沙场

“波利乐舞曲”行动

第二次世界大战期间，自然条件优厚、工业基础强大的美国成为盟国最大的军火供应来源。每天有无数货船从北美大陆的东西海岸出发，将武器、设备和补给运往世界各地。北大西洋航道担负着北美洲到西欧的最后一座堡垒——英伦三岛的物资输送任务。在这片海域上，货船要面对的危险有撞沉过“泰坦尼克”号豪华客轮的浮冰、有无处不在的极地恶劣气候、还有潜伏在大洋深处的“狼群”——德国潜艇的伏击。

1940年夏季法国沦陷后，大批德国潜艇以法国沿海港口作为基地，可以直接进出大西洋，航程缩短了至少800海里，节约了大量时间与燃料。同时，投入现役的德国潜艇数量迅速增加。凭借着天时地利，德军潜艇向盟军的运输船队发动一波又一波的致命攻击：仅在1940年6－11月，德国潜艇一共击沉同盟国舰船272艘，共计1395000吨！1941年年底，美国正式加入第二次世界大战之后，德国潜艇部队愈加活跃。接下来的1年时间里，平均每个月有60万吨的同盟国船只被德国潜艇击沉！在北大西洋上航行的运输船队一旦失去保护，就像面对狼群的绵羊一样脆弱而无助，盟军的补给线岌岌可危。

1942年3月，在白宫举行的一场例行餐会上，罗斯福的一个内阁幕僚向美国陆航司令官阿诺德将军问道：“既然海运这么危险，有什么办法能把更多的飞机运到英国呢？”将军的回答很幽默：“那就干脆让它们直接飞过去好了！”

这个点子听起来不错！2天之后，罗斯福总统亲自给阿诺德打电话，问他是否能够确认美国战斗机可以直接飞越大西洋到达英国。阿诺德对战斗机的情况不是非常了解，但他在电话中表示，自己坚信这个想法是完全有能力实现的。

实际上，在1927年“圣路易斯精神”号完成从纽约到巴黎的不着陆飞行之后，飞越北大西洋就不是什么新鲜事了。从1939年开始，英国和加拿大的飞行员就驾驶着美国制造的轰炸机和运输机，定期飞越北大西洋，向英伦三岛输送补给。但是，对于体积偏小、航程稍逊一筹的战斗机而言，它们无法将这段长达数千公里的航程一口气完成。因

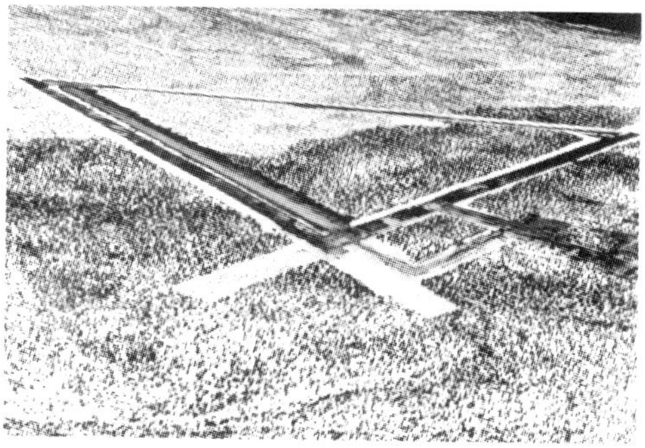
■ 鹅湾基地俯览。

■ BW-1基地俯览。

此，如要实现轻型飞机的跨越北大西洋转场飞行，有必要为其在途中——格陵兰岛和冰岛——建立中途降落和加油的机场。确实，要在欧洲和北美洲之间往返，冰岛和格陵兰岛是整段旅途中最合适的落脚点。1000年前的北欧海盗就是沿着欧洲－冰岛－格陵兰岛－北美洲的路线踏上新大陆的，这比哥伦布那次名垂千古的航行早了足足400多年！

二战爆发前，英国皇家空军已经在冰岛建立了2个空军机场。在美国参战前几个月，美国军方也获准在冰岛首都雷克雅未克建立一个陆航基地，为战争进行准备。1941年夏天，罗斯福总统向这个基地派出了一队海军陆战队，并派第8驱逐机大队33中队给予支援。该中队配备的战斗机是P-40，它们通过“大黄蜂”号航空母舰运送到冰岛。

1942年春天，加拿大东北拉布拉多半岛的鹅湾(Goose Bay)基地业已完工，该基地有数条跑道可供飞机起降。同时，位于格陵兰岛的BW-1和BW-8基地已经开工多时，很快可以投入使用，这两个基地将具备跑道、无线电导航系统等设施供转场飞行使用。

可以想像：以鹅湾基地、BW-1和BW-8基地以及冰岛基地作为中途加油降落的跳板，美国战斗机理论上可以不通过海路运输，直接从空中飞抵英国——只要战斗机航程不至于太短的话。

1942年5月，阿诺德将军向凯尔西征询P-38是否具备跨越北大西洋飞行的能力。凯尔西的回答是，根据P-38在挂载副油箱试验中的表现，要完成这个任务并不是很困难。越洋飞行成败的关键在于天气以及飞行过程中的导航问题。

P-38具备远距离飞行能力，这主要归功于从1941年开始凯尔西和约翰逊所进行的努力。贝尔公司对P-39战斗机进行了增强远距离飞行能力的尝试，为其挂载了75加仑的副油箱进行试验性飞行。凯利·约翰逊认为75加仑的容量几乎无法起到任何有效的作用，他要求洛克希德公司的工程师将副油箱容量提升一倍以上。

在珍珠港事件爆发以后，美国战斗机开

始面对一片全新的战场——广阔的太平洋，为战斗机延长航程的任务则提到了最高的优先级。随着副油箱的研究和P-38的改进不断取得进展，P-38已经可以挂载165加仑甚至300加仑的副油箱执行转场飞行。1942年春天，试飞员迈罗·布齐进行的那次前无古人的不加油不着陆飞行更是大大增强了洛克希德公司的信心——加装了特制副油箱的P-38能够飞行3000英里，留空时间长达13个半小时，要通过转场飞行到达英国应该不是什么难事。

经过研究，分析了当前的物质条件以及P-38性能之后，军方决定将阿诺德将军的设想付诸实施，并为其起名为“波利乐舞曲”行动。整个计划由卡尔·斯帕兹将军和弗兰克·亨特（Frank Hunter）准将负责全盘掌控。

斯帕兹将军是美国最有影响力的航空兵指挥官之一。在第一次世界大战期间，他作为一名驱逐机飞行员在第31航空中队服役，并在法国战场击落了3架敌机。大战结束后，斯帕兹在美国陆航的驱逐机大队担任指挥官。在美国参加第二次世界大战后，斯帕兹于1942年被派往英国，领导新成立的第8航空队。

弗兰克·亨特准将授命组建并派出5个战斗机大队，每个大队的战斗机数量在85架以上。按照计划，直飞英国的第一批战斗机将有3个大队的规模：装备P-38的第1和第14战斗机大队，装备P-39的第52战斗机大队。

参加“波利乐舞曲”的P-38都是新出厂的P-38F，具备挂载副油箱的能力。每4架P-38

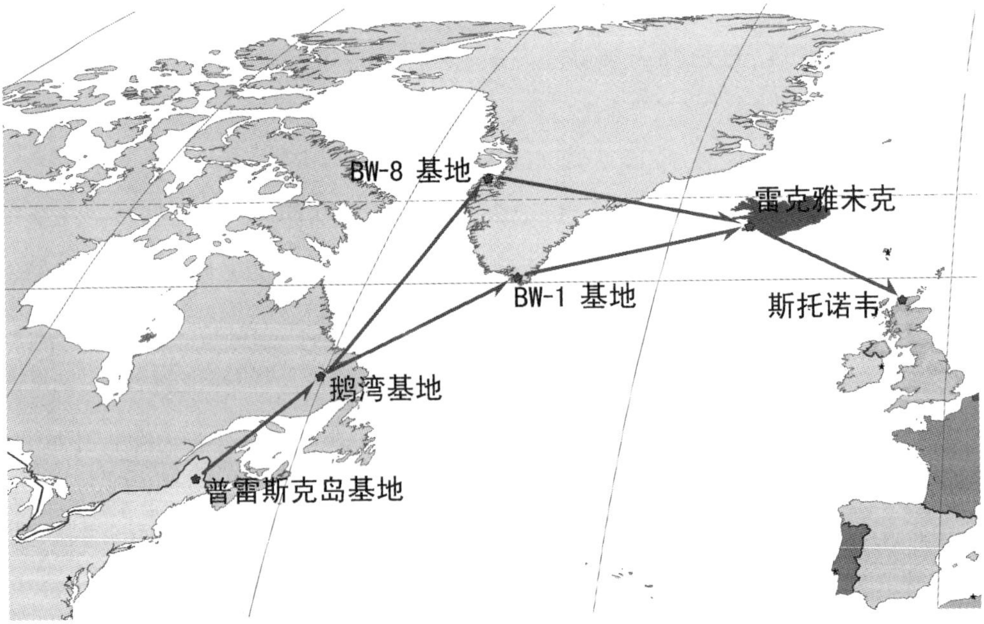

附图一 “波利乐舞曲”行动路线示意图

将由1架第97轰炸机大队的B-17轰炸机带领，组成一个飞行小队。在每个小队中，B-17担任领队以及导航任务，P-38飞行员的任务就是保持队形，驾机跟随B-17飞行。每个飞行小队将经由缅因州的普雷斯克岛 (Presque Isle) 陆航基地、加拿大拉布拉多半岛的鹅湾基地、转飞格陵兰BW-1或者BW-8基地、冰岛的雷克雅未克基地直到英国的斯托诺韦 (Stornoway)。

从纸面上理解，这个行动只是一次有多个停靠点的转场飞行，但实际运作起来远没有想象中简单。在“波利乐舞曲”行动执行过程中，有大量危险因素在等待着盟军飞行员：

到1942年春天，北极地区各个基地 (包括BW-1和BW-8) 机场跑道的完工率只有30%，附属设施仍不完善。

长久以来，北极地区没有建立起完善的气象监测和预报系统，无法为飞行提供至关重要的天气信息。

到1942年夏天，盟军没有在格陵兰岛和拉布拉多半岛建立起无线电中继站。在加拿大和冰岛之间，飞机和地面之间发送和接收的无线电信息会受到极大程度的削弱，甚至会出现通信中断的情况。

在北极地区飞行，受到地磁影响，飞机的罗盘读数会产生误差，引发飞机迷航。

格陵兰岛的冰盖上刮起的风暴速度可以达到150英里/小时，一旦风暴将至，地面塔台只有4个小时的预先警报时间，而飞机能否收到无线电警报信号则是另外一回事情！

在北大西洋游荡的德国潜艇经常发送虚假的无线电信号，以干扰在这个区域中飞行的盟军飞机。

飞行中能见度变化极大。往往在眨眼之间，晴空万里的空域就会被浓重的大雾笼罩，能见度几乎为零。

飞机如果发生故障在海面上迫降，在接近零度的海水中，飞行员几乎没有存活的可能。

为稳妥起见，“波利乐舞曲”行动以相当保险的形式稳步执行。为了使天气对行动的影响减小到最低限度，美国陆航选择当年夏天作为飞行时间，所有计划执行越洋飞行的P-38大队被集中到缅因州进行训练和待命。这时，情报部门得到的消息显示日军即将在太平洋地区展开大规模的军事行动。乔治·马歇尔将军了解到美国在西海岸以及整个太平洋战区的空中力量相当薄弱。为了防备万一，他命令美国东海岸地区所有的战斗机部队中止行动，并将所有可能抽调出的战斗机集结到西海岸待命。1942年6月6日，参加“波利乐舞曲”行动的大部分战斗机中队被调到北加利福尼亚州的夏洛特 (Charlotte) 机场待命。但是小伙子们没有等到关于下一步部署的命令，中途岛海战便已经以日方的惨败收场。日本海军从此一蹶不振，再也无法构成对美国本土的威胁。各个中队因而可以返回缅因州，继续为穿越北大西洋的飞行任务进行准备。不到2个星期，“波利乐舞曲”行动拉开了序幕。

1942年6月26日08：30，第97轰炸机大队的10架B-17从鹅湾基地起飞，飞往格陵兰岛的BW-1基地。当轰炸机群飞出400英里之后，飞行员发现自己被漫无边际的浓厚雾气包围了。能见度几乎为零，从驾驶舱中完全看不到其他任何1架飞机，视野中只有灰蒙蒙的雾气！BW-1基地已经无法降落，机场使用无线电呼叫轰炸机群停止向前飞行，返回鹅湾基地。但是，并非所有的轰炸机都收到了信号，有4架B-17继续向前飞，它们到达格陵兰岛上空后，发现BW-1基地附近天气恶劣完全无法降落。鉴于油料已经损耗大半，无法返回鹅湾基地，这4架B-17转而飞向北方的BW-8基地。只有1架B-17找到了BW-8并安全降落，其余3架在油料耗尽之后，分别在冰层和海面上迫降，机组成员被海岸警卫队救出，安全返回格陵兰岛基地。

阿诺德将军对这次事故非常关心：行动刚刚开始，美国最先进的重型轰炸机便损失了接近一半的数量，那么一旦更加娇小的P-38开始执行“波利乐舞曲”行动，结果会如何呢？要知道，这些战斗机都是土生土长的美国农家小伙子驾驶的，此前他们中的大部分人连海滩都没有见过！

1942年6月27日，第1战斗机大队27中队的第一批P-38从普雷斯克岛基地起飞，抵达鹅湾基地。7月6日，第27战斗机中队圆满完成了前两段航线，抵达格陵兰岛的BW-1基地。从鹅湾基地到格陵兰岛的转场过程中，大雾天气给飞行员们造成了不小的麻烦，有若干P-38和领队的B-17失去联系，只能依靠自身的导航系统飞抵格陵兰岛。

接下来，轮到第1战斗机大队94中队进行尝试了。1942年7月6日，鹅湾基地天气晴好。第94战斗机中队派出4支小队（分别代号为黑色雄猫、白色雄猫、黄色雄猫和绿色雄猫），各由1架B-17轰炸机带领起飞。

在黑色雄猫小队飞过格陵兰岛和美洲大陆之间的戴维斯海峡上空时，天气转为多云。为了避免在云层中视野受限引发危险，黑色雄猫小队爬升到25000英尺高的净空。P-38在高空以巡航速度飞行后不久，机翼便开始结上厚厚的冰层。正当哈蒙（Harmon）中尉为结冰的机翼犯愁的时候，他发现黑色雄猫小队的其他4架飞机在视野中消失了。他用无线电呼叫领队的B-17，没有收到任何回音。哈蒙明白自己掉队了，怎么办？他踌躇了一会，做出了一个大胆的决定：按照现在的航向继续前进，一直飞往格陵兰岛！哈蒙的运气相当好，他最终安全降落在BW-1基地的跑道上。当他降落之后，并没有看到黑色雄猫小队的其他成员。原来在领队的B-17发现哈蒙中尉掉队以后，为了避免更多的意外，带领其他3架P-38返回了鹅湾基地。

在黑色雄猫小队离开鹅湾基地之后10分钟，白色雄猫小队第二批起飞。2个小时之后，它们飞出了360英里，这时白色雄猫小队也碰到了同样的多云天气。为了获得较为安全的飞行条件，白色雄猫小队试图通过爬升飞到翻涌的云层之上，它们一直飞到28000英尺的高空，周围依然密布着大片厚重的云层。祸不单行，B-17为无线电设备提供动力的电源发生了火灾，这个故障一下子切断了领队飞机和其他4架P-38的通信联络。再加上云层的干扰，B-17的周围只剩下萨特克里夫(Sutcliffe)中尉的座机，其余3架P-38均消失得无影无踪。更糟糕的是，B-17的一台引擎发生了故障，无法继续使用。作为白色雄猫的领队，B-17变成了瘸腿的哑巴，已经不能起到带路的作用。考虑到继续飞行将会带来更多的危险因素，B-17调头飞回鹅湾基地，萨特克里夫中尉的P-38一步不落地在后方跟随。

“轰炸机在哪里？我们该向哪个方向飞？”白色雄猫小队的其余P-38频频发出呼叫，但它们没有得到回答。希勒 (Hille) 中尉决定调转180度航向，不再继续冒险。

当他驾机在云层中穿行时，恰好看到B-17在下方的云层缝隙中一闪而过。希勒赶紧加速跟上，和萨特克里夫中尉一起跟随B-17在鹅湾基地安全降落。白色雄猫小队的其余2架P-38壮着胆子向前飞，它们在机翼下方看到了格陵兰岛的崎岖海岸线，并沿着海岸线一路飞行，直到发现BW-1基地并安全降落。

在飞离鹅湾基地150英里之后，绿色和黄色雄猫小队发现天气坏到无法继续往前飞行。他们设法爬升到了20000英尺高度。这时，黄色雄猫小队觉察到在10000英尺高度的云层有一片空隙，便改变航向钻到空隙中。绿色雄猫小队想跟随黄色雄猫小队的步伐，但被德国人的虚假无线电信号所误导，偏离航向达350英里，只得返回鹅湾基地。黄色雄猫小队在云层空隙中继续飞行，并安全降落在BW-1基地。

7月10日，绿色雄猫小队等到了适宜飞行的好天气，平安无事地飞抵BW-1基地。由于BW-1基地规模较小，很难容纳下所有参加“波利乐舞曲”行动的庞大机群，绿色和黄色雄猫小队随即转移到北方的BW-8，准备进行下一阶段航行。

从格陵兰岛到冰岛的飞行是整个“波利乐舞曲”行动中最危险的一部分：机群首先要飞过格陵兰岛中央的大片无人荒野，然后进入船只稀少的北大西洋海域——茫茫数百英里，机翼下只有漂流的浮冰和深不可测的海水。

1942年7月15日凌晨03:30，绿色雄猫和黄色雄猫小队同时从BW-8基地起飞。这8架P-38由1架B-17带领，另有1架提前半个小时起飞的B-17在前方为它们提供飞行中的天气预报。从BW-8基地到冰岛的航程将包括穿越格陵兰岛东南的冰盖和山脉，飞出东部的海岸线后，再飞越丹麦海峡，到达冰岛的雷克雅未克，全程为845英里。

起飞后不久，这2个小队分别有1架P-38由于机械故障退出飞行，因此这个机群就只剩下1架B-17和6架P-38了。当这2个小队在格陵兰岛12000英尺厚的冰盖上空飞行时，前方有一大片厚重的风暴云层正在形成。为了避免危险，2个雄猫小队上升到云层顶部，在这里较为安全，但高空的气温只有摄氏零下23度！这时，距离冰岛还有90分钟的航程，前方又出现了一团积雨云，这迫使机群又往上爬升了2000英尺。P-38的座舱里冰冷刺骨，飞行员们想尽各种办法来保持身体温暖。

布拉德·麦克马纳斯的双脚冻得几乎失去了知觉，只能勉强感觉到方向舵脚踏。罗伯特·威尔逊（Robert Wilson）将除霜供热导管从风挡的安装位置拔下，给飞行手套供暖，直到手指有点感觉，能够抓牢驾驶盘为止。斯拜德·威伯（Spider Webb）冻得实在熬不下去了，他用无线电通知队友，将带领绿色雄猫深入云层下方寻找适合飞行的空域。3架P-38钻入了厚重的云层，顿时陷入了无边无际的浓雾中，仿佛在饱含水分的棉花堆中艰难前行。

B-17的机翼有冰霜在慢慢凝结，而P-38和B-17之间的通信联络开始不正常，为了避免失去联络，在16000英尺高空，绿色雄猫冲出云层，和黄色雄猫会合。

飞行员们不知道如何是好：继续待在安全的高空忍受寒冷的侵袭，还是深入到云层下方接受风暴的吹打？编队飞出了格陵兰岛的海岸线，距离雷克雅未克只有1小时的航程了，但正前方又出现了一大块云层。

这时，飞行员们和前方提供天气预报的B-17失去了联络，他们尝试呼叫目的地——雷克雅未克机场塔台，收到的却是一条坏消息：“雷克雅未克天气恶劣，机场关闭！”此刻是07:15，鉴于已经无法抵达雷克雅未克，2个小队决定调头返回BW-8基地。

1个小时以后，他们重新看到了格陵兰岛的海岸，但坏运气才刚刚开始！在他们距离BW-8机场还有2小时路程时，前面出现一片广阔的云层，高高耸立在航线正中。这时，B-17轰炸机收到了一条自称是BW-8基地发来的无线电信号：“云层高度1800英尺，能见度1/18英里。”在这样的条件下降落BW-8基地无疑意味着自杀行为，唯一有可能降落的地点BW-1基地的位置则在更远的西南方向，P-38剩余的燃料可能无法支撑到BW-1机场。何去何从？

这时，B-17轰炸机收到了一条自称是

■ 斯拜德·威伯的座机，机腹迫降过程中两副螺旋桨均被刮掉。

■ 肚皮朝天的麦克马纳斯座机。

错误的方向，距离BW-1机场最少有2小时的航程！而现在所有飞机的燃油几近枯竭，麦克马纳斯的P-38燃油只能维持不到20分钟的飞行了。

经过讨论，所有的飞行员一致同意在附近寻找合适的空地降落。麦克马纳斯决定先行降落，罗伯特·威尔逊紧随其后。麦克马纳斯把P-38的高度降低，发现有一片看起来相当平整的开阔地。他继续压杆，想要看得更清楚一些，P-38低空掠过开阔地上空。当他想把飞机拉起来时，2台发动机竟然同时停止工作——就像3年半之前凯尔西在米歇尔机场上空的遭遇一样！情急之下，麦克马纳斯只能冒险在开阔地上迫降。

由于冰面并不如机场一样平滑，麦克马纳斯必须考虑是使用机腹降落还是放下起落架降落，经过短暂分析，他决定放下起落架，这样P-38将来还有机会从冰面上升空。最初的200米，P-38还能被麦克马纳斯勉强控制住，但很快它的前起落架在凹凸不平的冰面上被撞歪直至破碎！惯性立刻推动P-38来了个前滚翻，机腹朝上，驾驶舱被压在了雪

BW-1基地发来的无线电信号：“BW-1机场天气晴好，可以降落！”没有别的选择了，7机小分队掉头飞往BW-1基地。事后通过调查显示，当时BW-8和BW-1机场的天气状况和2个小队收到的信息内容完全相反！包括来自雷克雅未克的那条消息也同样是虚假情报。人们怀疑这是纳粹德国的U艇或者在格陵兰岛上建立的秘密电台搞的鬼，但一直没有找到确切的资料来证明这一切。

小伙子们沿着海岸线寻找BW-1机场的入口，但一无所获。很快，他们意识到大事不妙，这不是BW-1机场所处的格陵兰岛西海岸线，而是东部海岸线。他们被引导到了一个

地上。麦克马纳斯顿时觉得天旋地转，驾驶舱内充满浓烟，他竭力脱下降落伞包，拉开保险带，他知道飞机不会起火爆炸，因为油箱几乎空空如也。他想办法打破风挡钻出飞机。此时，他迫降的地点坐标为北纬65度20分，西经45度20分。

罗伯特·威尔逊在空中目睹了麦克马纳斯降落的整个过程，为了避免触发同样的事故，他将起落架收起，使用机腹降落，飞机最终在距离麦克马纳斯半英里的雪地中停了下来。罗伯特·威尔逊急忙跑到麦克马纳斯的飞机跟前，看他是否受伤。这时候麦克马纳斯挣扎着从机翼下爬出来，冲罗伯特·威尔逊嚷道："嘿，是不是以为我飞不下来？"他们一起向天空中盘旋的机群挥手示意，飞行员们左右摇动机翼为他们的降落喝彩。

P-38一架接着一架地在冰原上以机腹降落，但B-17还要继续在天空中继续盘旋半个小时，以将燃油消耗殆尽避免着陆时起火。

平安降落的飞行员们现在要做的事情是在荒无人迹的冰原上坚持到救援人员到来。他们通过B-17上的无线电设备不断向外发送呼救信号。飞机上所有的口粮都被集中起来，按照人数划分成2个星期的定量。他们按照事先学到的野外生存课程，尽量少吃雪以免喉咙作痛，同时戴上太阳镜以防止雪盲。小伙子们还将飞机上空的氧气瓶拆卸下来，改装成加热装置。

3天之后，格陵兰基地的无线电操作员接收到了他们发出的摩尔斯电码，在取得联系后，确认了迫降飞机的方位和状况。当天晚些时候，2架C-47飞往迫降地点，在低空用降落伞给飞行员空投了补给品。但最先落地的补给品很快就被大风吹得不见踪影，地面上的人只能冒着狂风在原野中散开，以便在补给品落地后能够及时将其抓牢。

获得补给品的小伙子们鼓足了勇气，他

■ 前来空投补给品的运输机所拍摄到的迫降现场照片。

们乐观地等待着救援队伍的到来，通过收听冰岛和英国电台播送的音乐和新闻节目消磨时间，甚至还在B-17的机翼上举办了一场即兴的方块舞表演！飞行员们的娱乐还包括坐在粗麻布口袋中，手持降落伞让北极大风吹动在冰原上滑行。自从他们与外界取得联系之后，越来越多的补给品通过空投送到了飞行员手中，他们不再为生存担忧，而开始想早点回家了。

距离迫降地点最近的是位于格陵兰岛东岸的BE-2基地，从这里派出的救援人员乘坐一条30英尺长的汽艇，依靠飞机在空中的引导，在迫降地点附近的海岸登陆。

救援人员驾驶着狗拉雪橇，在遍布尖石和裂痕的冰原上曲折前行了17英里，终于到达了迫降地点。

飞行员在踏上回家之路前做好了各种准备，他们将自己的私人物品打包带走，并用手枪把所有飞机的无线电设备逐一破坏，以防止美军机密落入德国人手中。麦克马纳斯将自己座机仪表板上的航空表拆了下来，作为纪念品带走。回到BE-2基地后，飞行员们尽情享受了热水淋浴、干净的衣服以及热腾腾的伙食。随后他们被送回BW-1基地，对飞行的全过程进行了详细汇报，再返回美国等待新的任务。

黄色雄猫和绿色雄猫的这次飞行是美国陆航历史上规模最大的一次迫降和救援行动。在飞行员安全返回之后，出于费用以及效率方面的考虑，美国陆航没有再派遣人员将这批飞机回收，而是听凭它们散失在格陵兰岛的荒野上。冰原上的7架飞机很快被冰雪埋藏起来，此时还没有人意识到，这些P-38将谱写另一个神话——在50年之后被人重新发现，从80米厚的冰层下被挖掘出来，经过修复后重上蓝天！

7月9－25日，第1战斗机大队的第71、第94中队飞完了整个航程，陆续抵达苏格兰的普莱斯威克 (Prestwick)。虽然在整个行动中有6架P-38损失，但所有人员都平安到达目的地。他们的创举证明了阿诺德将军的设想：战斗机凭借自身动力飞越大西洋是完全可行的！虽然在接下来的日子里，有更多的战斗机源源不断地飞到英国，但是第1战斗机大队的小伙子们却是历史上第一批完成这项创举的人，自豪感将伴随他们一生。

同属第1战斗机大队的第27中队于7月6日抵达冰岛，随即根据上级命令在当地驻守。第27中队加入了原装备P-40的第33中队，以弥补P-40作战效能的不足，并担负起英伦三岛以北的防卫任务。

对于远离欧洲战场的第27中队来说，在冰岛的日子从来都是千篇一律的枯燥。德国第40轰炸机联队的Fw 200侦察机时常流窜到北海上空骚扰，只要它们一露头，飞行员即刻驾机升空截击。可惜狡猾的德国人总是能

■ 最危险的航程已经完成，这里是冰岛的雷克雅未克机场。

在被抓住之前溜掉，不过1942年8月14日，他们的好日子到头了，27中队的艾尔扎·萨汉(Elza Shahan)中尉追上了1架Fw 200。几个点射之后，Fw 200被打得凌空爆炸，宣告“闪电”家族在欧洲战场获得第一个胜利！

相比第1战斗机大队的经历，第14战斗机大队50中队就没有这么幸运了。1942年8月1日，第50战斗机中队的16架P-38由4架B-17带领，从鹅湾基地起飞。他们在7000英尺的高度保持紧密队形飞行，能见度非常差，飞行员们只能看到相邻的1架飞机。当飞过戴维斯海峡上空时，有一个小队出了问题，有人注意到古德里奇 (Goodrich) 中尉驾驶的P-38消失了。没有人看到他的踪影，队友通过无线电呼叫古德里奇也得不到应答。

由于所有飞行员一直都在保持着目视联系，古德里奇不可能离开太久。因此领队的B-17驾驶员威廉斯中尉将自己小队引向另外一个小队，把剩余的3架P-38托付给队友的B-17带领，然后掉头寻找古德里奇中尉和他的飞机。威廉斯把高度降到了600英尺，看到机翼下方的海面风高浪急，能见度更加恶劣。在来回寻找了45分钟之后，威廉斯还是一无所获，他只能转向东方，跟上队友完成航程。古德里奇中尉最终被列入失踪人员名单当中。

在8月的最后2个星期，第14战斗机大队的第48和49中队抵达了英国。14大队同样在冰岛留下了1个中队——第50战斗机中队，以接替第1战斗机大队27中队的任务。8月28日，第27战斗机中队飞往英国，和第1战斗机大队的其他2个中队会合。

“波利乐舞曲”行动继续进行。由于副油箱给予P-38比预想中更出色的远程飞行能力，接近200名战斗机飞行员参加了飞越北大西洋的行动，这是一个前所未有的数字。到1942年8月，164架P-38飞抵英伦三岛，在“波利乐舞曲”行动以前，这是人们完全不敢想象的。在整个行动中，仅有7架P-38损失，它们是第94战斗机中队黄色和绿色雄猫小队的6

■ 用货船运输的P-38，注意外段机翼、平尾以及螺旋桨均被拆下，抵达目的地后再进行安装。

架飞机以及第50战斗机中队古德里奇中尉的座机。

到1942年年底，在“波利乐舞曲”行动中，950架飞机中的882架成功飞跃了北大西洋到达英国，包括366架重型轰炸机、150架轻型轰炸机、183架运输机和178架P-38战斗机。随着时间进入冬季，天气情况已经不允许进行跨越北大西洋的飞行，要等来年春天过后，才能获得较为适宜的天气条件。不过，1943年开春之后，德国潜艇的活动再也没有1年前那般猖狂，因此从这一年开始，美国战斗机主要通过船舶运抵英国。

从表面上看，“波利乐舞曲”行动只是一系列有惊无险的转场飞行，但行动的成功却意味着将有大批飞机迅速加入到英伦三岛的战场中，而飞行员更是接受了恶劣天气的考验，在行动中成长起来，并团结成一个紧密有力的整体，满怀热情地投入到反击轴心国的战斗中。

第1战斗机大队的基地位于艾比斯利(Ibsley)，第14战斗机大队则驻扎在什鲁斯伯里(Shrewsbury)。他们同属于1942年1月建立的第8航空队，这是一支为了在欧洲大陆击败德国空军而组建起来的部队。就在美国飞行员长途跋涉来到英国，做好准备要越过海峡一试身手的时候，战事的变化却把他们引向了另外一个战场——北非。

■ 照片摄于1943年1月9日“波利乐舞曲”行动完成之后，在利物浦街道上，这些P-38要从港口拖曳到机场。

环境恶劣的阿留申战场

日本海军对珍珠港的轰炸是一次成功的奇袭，但敏锐的观察家很早以前就预示了日本人即将发动的进攻。掌管阿留申群岛防御任务的西蒙·玻利瓦尔·巴克纳 (Simon Bolivar Buckner) 将军就是其中之一，他一直坚信日本军国主义扩张的战火必然要烧到美国领土，并在他的防区内采取了相当的防御手段。

巴克纳将军认为日军进攻的方向将包括阿留申群岛和夏威夷，在他的防区内，巴克纳把有限的资源搜集和运用起来，为战争进行准备。面对巴克纳不断发来的调拨物资加强防御的申请，军方高层却认为日本人不敢贸然发起进攻，因此驳回了他的请求，就连他想新建一个前线机场的努力也遭到了拒绝。然而巴克纳却坚信：根据自己收集到的信息，日本军队的进攻绝对不是空穴来风。他开始通过其他方式间接地囤积物资，例如借助转移阿拉斯加半岛的军用资金来修建机场。对巴克纳来说，这是一次巨大的赌博——为了国家安全，他押上个人的前途作为赌注。万一他的秘密行动有了闪失，巴克纳就要为此被送上军事法庭！

1941年夏天，依照巴克纳将军的命令，工程兵们开始在阿留申群岛的乌娜卡 (Umnak) 岛秘密建立机场。乌娜卡岛以东80英里处，就是美国在阿留申群岛地区最重要的港口——荷兰港。在乌娜卡岛建立机场进行警戒和防御，对荷兰港的安全能起到至关重要的作用。颇具讽刺意味的是，机场开工后，巴克纳申请新建机场的请求终于获得了批准——就在日军对珍珠港发动突然袭击之前10天。

珍珠港遭受袭击后，巴克纳手中只有为数不多的P-40，以及约24架P-38。幸好陆航司令阿诺德将军及时送来了P-38补充，预防日军以阿留申群岛为跳板染指美洲大陆。第

■ 驻扎在阿留申埃达克岛的第54战斗机中队，照片摄于1943年初。

54战斗机中队原先驻扎在华盛顿州的麦科德(McChord)机场，隶属于第55战斗机大队。太平洋战争爆发后，第54中队被划入第11航空队旗下的第343战斗机大队。1942年2月，第54中队被火速派遣到阿留申群岛的埃达克岛机场，以担负西北边疆的防卫任务。第54中队装备有P-38D和P-38E两种型号，这是当时美国唯一能够从埃达克机场起飞，抵达整个阿留申群岛地区执行战斗任务的机型。1942年5月，更新型的P-38F交付部队，它们被迅速划归到343战斗机大队的编制中，以加强阿留申群岛的空中防御力量。

对于飞遍整个地球的P-38来说，阿留申群岛也许是二战中环境最为恶劣的一个战区：天气变化无常，暴风使每次飞行任务都充满极端危险。海面上随时可能掀起时速达80英里的台风。在大雾天气中，能见度更是下降到6英尺，完全的伸手不见五指。在地面上，B-17和B-24等轰炸机能够在一夜之间积上成吨重的冰雪，控制系统中的制动液会被冻成冰块，方向舵和副翼等操纵面更是无法挪动分毫。飞行员们都在传说：如果顺风，战机从起飞到目标区之间的航程只需要2个小时即可完成，但返回基地则需要耗上7个小时！这就是进入阿留申群岛的P-38所需要面对的环境。

1942年6月，中途岛海战爆发。作为日军战略的一部分，3000名日军士兵攻占了阿留申群岛西端的阿图岛和基斯卡岛，试图引诱力量本已被大为削弱的美国海军分兵北上。

这看起来是一条调虎离山的妙计，但美国情报部门成功地破译了日军密电，使其真正意图彻底暴露。老谋深算的尼米兹将美军主要兵力集中在中途岛附近埋伏，一举击沉了日军机动部队的4艘航空母舰。山本五十六的计策彻底破产了，日本海军从此江河日下，开始走向了覆灭的道路。

中途岛战事胜利落幕，但在遥远的北

■ 侦察机拍摄下的被日军占据的基斯卡港，海滩上的飞机为二式水上战斗机。

太平洋，却有一部分美国领土被一小撮日军占领了！虽然阿图岛和基斯卡岛远离美国本土，日本占领军的数量也无法构成任何真正的威胁，这个事实依然深深地刺痛着美国军人的自尊心。

阿留申群岛的日军必须清除掉！在这个战区内的陆航部队开始集结，准备作战。在美国本土的第11和第18战斗机中队装备的是P-39和P-40单发战斗机，均不具备在方圆1200英里的阿留申群岛地区执行远距离对日作战的能力。在日军登陆阿留申群岛之后，它们得到了1个中队的P-38战斗机作为补充，火速加入到自珍珠港事件起一直驻扎在阿拉斯加的第28混成大队中。

随着陆航兵力的增强，日军在阿留申群岛再也无法横行无忌了。1942年8月4日，荷兰港上空，第54中队的肯尼思·安布罗斯中尉和斯坦利·隆中尉驾驶P-38击落了2架前来骚扰的日本海军四引擎川西97式大型水上飞机。这意味着："闪电"家族的第一个战果，是在美国本土——在所有战场中最容易被人忽视的一角取得的。

从9月3日开始，第54中队开始对基斯卡岛和阿图岛的日军发起主动进攻，击沉了港口中停泊的若干舰艇。P-38部队的空中打击一直持续到1943年，日本人从美国领土上被赶回去的那一天。

乔治·拉文 (George Laven) 参加过阿留申群岛的战斗，他在战后以上校身份退役，任麦克唐纳-道格拉斯公司销售部职员。乔治·拉文上校向后人提供了P-38在阿留申群岛作战的第一手资料："我来自54战斗机中队，在华盛顿州麦科德机场入伍。1942年6月，我们奉命转移到阿拉斯加的安克雷齐(Anchorage)。

■ 乔治·拉文上尉（右）和斯坦利·隆中尉（左）。

当我和其他2名P-38飞行员赶到安克雷齐的时候，第54中队被转移到冷湾 (Cold Bay) ——阿拉斯加半岛的顶端。

1942年9月3日，我们执行第一个战斗任务。维克托·沃尔顿 (Victor E.Walton) 中尉和我自愿提出从乌娜卡岛的跑道起飞，攻击基斯卡岛的日军。按照理论数据计算，基斯卡岛位于P-38可能攻击到的作战半径之外，曾经有4个志愿者进行过对基斯卡岛的攻击，都因为缺乏燃料而不得不中途返航。我们最早飞的那批P-38E机内燃油容量为230加仑，当在25000英尺高度以艾利森V-1710的75%功率进行巡航时，每小时消耗59加仑的燃料。从那时起，沃尔顿中尉和我发明了一种有效的办法来提升P-38的航程，那就是在保持高进气压力的条件下使艾利森V-1710低转速运转，这样就能有效减少发动机的油耗。这实际上就是后来查尔斯·林德伯格在太平洋战区向其他P-38中队所推广的省油巡航方式。顺带说一下，我们本来以为P-38的跳弹轰炸战术也是我们第一个发明的。后来才知道，早在几个月前日本人进攻菲律宾的时候，我们飞P-40的战友就已经在战斗中运用跳弹轰炸了。

14:32，我们顺利抵达基斯卡岛，借助岛上1200英尺高的山脊进行掩护从西北方向低空进入基斯卡港。按照计划，我们在10英尺的浪尖高度对港内的日军舰船进行攻击。我盯上了1艘万吨级的日军运输船，对准它投下了炸弹——炸弹击中运输船，把它一穿而过，但没有爆炸！由此可见，当时美国陆航的炸弹引信是多么的糟糕。

我们瞄准了港口内的1架川西九七式大艇，将其打得粉碎，随即迅速撤退，以避开港口北部密集的防空火力。我穿过港口的出口，直飞东南方向。而沃尔顿中尉来了个180度折返，对准港口中心的1艘货轮狠狠地打了一通，再沿着我们来时进攻的方向撤离港口。

我们当时还有不少20毫米机炮和12.7毫

■ 前景中的F-5完成对阿图岛的侦察任务，回到了基地。根据它们带回来的情报，远处的P-38掩护B-24升空，对日军发动攻击。

米机枪弹药，但燃油已经消耗不少，如果继续和敌人纠缠下去，就可能再也回不了家了。当我们返回乌娜卡岛时，每人的飞机都只剩几加仑燃油了。

整个战争打下来，在最初到达阿留申群岛的所有31名P-38飞行员中，有10人牺牲了。对飞行员生命最大的威胁，不是日军的炮火，而是北太平洋恶劣的天气！例如有一次，我们驾驶4架P-38，陪伴1架B-17转场到乌娜卡岛以西375英里的埃达克岛的前线机场。为避免和日军接触，我们紧贴着海面进行超低空飞行。当时海面上起了大雾，编队中，1号P-38的驾驶员只能勉强看到2号机，3号机和4号机就完全淹没在浓雾之中。当飞行结束后，我们失去了3号机和4号机——他们撞到了海面上露出的一块礁石上！你可以想象一下当时的高度有多低，阿留申群岛空域的能见度是多么的可怕。

和日军飞机交手时，我们有一些P-38被击落，飞行员通常都能跳伞逃生到海上，但我们几乎没有办法把他们救起来，冰冷刺骨的海水很快夺走了他们的生命……

从1942年秋天开始，阿留申战区无法获得新的P-38补充，我们只能陆续将一些受到损伤但仍能飞行的P-38飞回美洲大陆接受修理，或者与其他飞机替换。我们的工程兵在安奇卡 (Amchitka) 岛建立了一个前线机场，那里距离基斯卡岛只有75英里远。为了能够更有效地打击日本鬼子，我们转移到安奇卡岛的机场上。只要天气情况允许，我们都会升空对日军发动攻击，P-38也因此遭受了不少损失。后来上级命令从安奇卡岛调出4架受损的P-38回国修理，参加这次任务的4个飞行员中，我是唯一成功飞完全程的。

我们保持队形飞到了安妮特 (Annette) 岛降落。但在接下来到西海岸华盛顿州佩恩(Paine)机场的路上，我们撞入了无边无际的大雾当中。有2架P-38没有飞出浓雾，我们再也找不到他们了。剩下的1名战友驾机飞到了佩恩机场，就在他准备降落时，液压系统出现了严重故障，起落架无法放下！他只能以机腹着陆，飞机滑出了跑道尽头才停了下来。飞行员平安无事，但飞机却彻底毁坏了。

我发现温哥华岛上的机场很适合降落，为避免节外生枝，就在那里着陆。最后，在得克萨斯州圣安东尼奥(San Antonio)机场，我的P-38得到了完全的修复。地勤人员把缺损的襟翼加上——在和日本人的战斗中，炮火把我的P-38所有的襟翼都打掉了。

当一切都处理完毕后，我独自把P-38飞回了安克雷齐机场，再在1架B-24的伴随下，沿着阿留申岛链飞回安奇卡岛。

在阿留申群岛上空，P-38是美国陆航独一无二的真正战机，在西南太平洋情况也大

■ 这张P-38在泥泞跑道上起降的照片反映出阿留申群岛的雨雪天气有多么糟糕。

致相同。在无边无际的海面上飞行时，再也没有比驾驶拥有2台发动机的P-38更让飞行员放心的了，这份安全感是单引擎战斗机永远都不能提供的。

在阿留申战场，我飞得最多的1架P-38的序列号是41-2076。多年以后，当我在乔治空军基地飞超音速的F-100“超佩刀”时，我向上级申请把它的序列号最后4个数字改成2076——和我以前那架患难与共的P-38一样。”

1942年9月14日，阿留申战区的美国陆航对日军发动了有史以来最大的一次进攻。12架B-24在14架P-38和14架P-39的伴随下轰炸了基斯卡岛。在行动中，有2架P-38在目标区上空相撞坠毁，飞行员克罗 (Crowe) 中尉和杰克逊 (Jackson) 少校牺牲。

以上校军衔退役的理查德·布雷希 (Richard Bracey) 在战时是第54中队的中尉飞行员，他回忆起往事的时候说道：“我从飞行学校毕业以后，就被分配到佩恩机场的P-38训练大队，那是在1942年8月。在训练大队，我飞P-38的时间一共有35小时，然后就在当年11月赶赴阿留申群岛前线。我驾驶P-38执行了总共250小时的战斗任务，大部分都是在浓雾中进行。我要面对的敌手有二式水上战斗机、高射炮火以及那该死的鬼天气。

P-38是一架优秀的战斗机，它的失速速度相当低、双发布局不会产生扭矩效应、所有火力都集中在机头……它给我最美好的回忆是：失去一个引擎之后，把我安全地带回了家——这事足足发生了3次之多！我飞过P-51，这是一架顶呱呱的战斗机，但如果让我来选，无论什么时候我都会选P-38！”

到1942年9月，在阿留申战区内已经有3个战斗机中队 (第54、11和18中队) 装备了性能足以防御日军战机的P-38，加拿大皇家空军

■ 理查德·布雷希中尉在进入战场前只有35小时驾驶P-38的经验，来到阿留申战场后，他在这个世界上最恶劣的一片空域中飞了足足250小时。

(RCAF) 的第14和第111战斗机中队因而将他们的P-40撤回了加拿大。

比理查德·布雷希晚1个月，弗兰克·谢尔利 (Frank Shearin) 在1942年底分配到驻扎在埃达克岛的第54战斗机中队。1943年3月，安奇卡岛的前线机场完工后，54中队随之进驻。弗兰克·谢尔利是这样向后人叙述当年的故事的："我们尽可能保持8架以上的P-38对阿图岛的日军发动袭击。通常情况下，行动都是在白天进行。我们的P-38往往会挂载1枚500磅或者1000磅的炸弹，在另外一个挂架上则是1个165升的副油箱。

1943年5月，我们在飞行中发现了25架一式陆基轰炸机的编队，立即猛扑上去一顿好打。在战斗中我们失去了科尔·瓦特 (Col Watt) 中尉，约翰·杰特斯 (John Gettes) 的P-38也被一式陆基轰炸机的防御炮火击落，但他很幸运地被1艘驱逐舰救起，没有受到任何伤害。战斗的结果是：22架一式陆基轰炸机被击落，只有3架逃脱！

对付日军最先进的零式战斗机，我们总结出2条战斗准则：保持最低300英里/小时的速度；时刻准备向右急转爬升。对于它们装备的1000马力发动机来说，零式战斗机的机体过于脆弱。再加上单发动机布局所引发的扭矩效应，零式战斗机很难在高速条件下进行急速的右转弯机动。

1943年9月，我返回美国本土述职。在加利福尼亚州圣玛利亚空军基地的飞行员休息室中，我听到3个P-38学员在嘲笑这架飞机。他们说它绝不可能飞到25000英尺以上，即便可以，他们的教官也不敢带他们飞上去。我记下了他们教官的名字，来到他们的班上，对那3个学员说：'我要带你们3个一起组成编队爬升，一直飞到你们有人求饶，管我叫叔叔为止！'

我带着他们飞到了42800英尺的高度，这时我听到了通过麦克风传来的一声含混的'叔叔'。P-38的供氧系统在高空中向飞行员提供100%的纯氧，这使得飞行员说话有点困难。我们不再向上飞了，这时候我们的P-38还

■ 照片摄于1943年9月，第54战斗机中队的弗兰克·谢尔利上尉（左）和约翰·格德斯 (John Geddes) 中尉在P-38H-5面前合影。日军大势已去，小伙子们脸上的笑容显得无忧无虑。

保持着每分钟500英尺的爬升率！这次飞行给所有学员来了一个漂亮的演示，证明了P-38是一架出色的高空战斗机。

我有250小时驾驶P-51的飞行经验，但我还是认为P-38是当时所有方面都表现得最出色的一架战机。”

1943年5－7月，10万美军发起势不可挡的攻势，将日本军队从阿留申群岛清除干净。1943年10月，第54战斗机中队移防至西部的谢姆雅(Shemya)岛执行警戒任务。第11和18战斗机中队则继续驻扎在埃达克岛，1945年7月，他们获得了新型P-38L的补充，并飞到谢姆雅岛和第54中队并肩战斗。

对于整场第二次世界大战来说，在阿留申群岛——太平洋的极北之角——进行的空战，其规模、兵力、装备数量均是可以完全忽略不计的零头，然而对于交战双方的任何一个飞行员来说，这是一场异常艰难的战争。他们的共同敌人就是那无时无刻不在的恶劣的自然环境，这从美国陆航方面的统计数字便可略知端倪：在阿留申战区活动期间，美国陆航只有9架P-38在和日军战机交火过程中损失，由于天气原因失事的P-38却有60架之多。在极端困境之中，P-38和它们的飞行员们以鲜血与生命捍卫了正义。

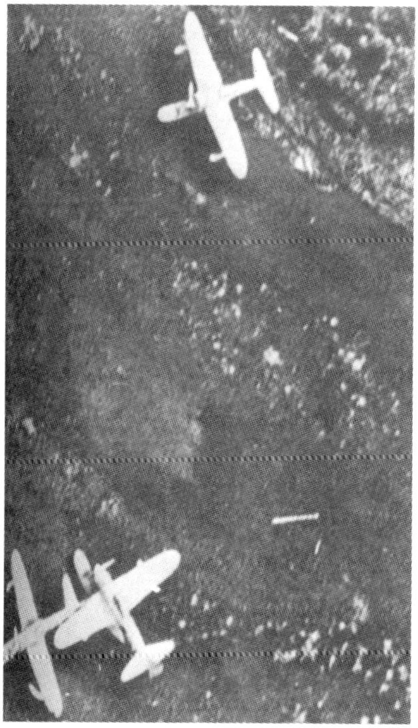

■ 阿留申群岛的恶劣气候同样也令日军焦头烂额。从这组侦察机拍摄到的照片中，我们可以看到日军的飞机在海滩上被大风吹得七零八落。

艰苦的北非战场

1942年夏天，盟军开始对欧洲的轴心国目标发动规模巨大的“千机轰炸”。在盟军战斗机当中，P-38拥有出类拔萃的远程性能以及强大火力，本应该在轰炸行动中担任重要的护航任务。然而，此时坐镇英国的第8轰炸机司令部司令艾拉·埃克(Ira Eaker)认为无战斗机护航的轰炸机群同样可以完成任务，驻扎在英国的P-38机群为此被转用于其他战场。盟军高层的这个决定将给毫无防备的轰炸机部队带来灾难性后果。

根据英美两国首脑的计划，盟军将于1942年秋天开始登陆北非的“火炬”行动。为这个战略目标服务，第12航空队于当年8月组建，并将英伦三岛所有的P-38召至麾下。

与此同时，在经历过不列颠空战的英国皇家空军飞行员指引下，美国的P-38部队在英吉利海峡上空进行了一系列训练。小伙子们逐步熟悉P-38的枪械操作，模拟对轰炸机编队的截击，从英国皇家空军的战斗记录中学习经验，并开始适应英国军方的无线电通信规范。他们唯一欠缺的只是真正的战斗。

为使得训练效果更加逼真，第1战斗机大队的P-38飞行员经常收到紧急命令，升空截击前来进犯的敌机。他们从来没有被预先告知这是真正的战斗还是例行演习，因而飞行员们每次都必须竭尽全力执行任务。训练效果相当成功，但在一次飞行中，第94战斗机中队的1架P-38在瑟斯克 (Thirsk) 附近失事，飞行员查尔斯·奥克雷 (Charles Oakley) 牺牲。10月，第14战斗机大队为轰炸法国海岸线的轰炸机编队提供了护航支持，没有遭遇任何敌机拦截。

上战场的时候到了，1942年10月24日，第1和第94战斗机大队收到通知，准备离开英国，没有人告诉他们去向何方。4天之后，所有的P-38转移至英国最西南端的陆角 (Land’s End) 待命，而2个大队的地勤人员前往利物浦，登上等待中的运输船。11月8日，飞行员们终于知道了自己的目的地——直布罗陀，他们依次驾机升空，投入到“火炬”行动中。在他们中间，有许多人再也没有返回英国。

1942年11月8日，经过长期精心筹划之后，盟军吹响了反攻的号角——登陆北非的“火炬”行动开始了！就在登陆前5天，蒙哥马利率领的英国第8军将隆美尔的非洲军团击溃，并一路追击到利比亚境内。“火炬”行动的展开，为轴心国敲响了第一声命运的丧钟。大批英美军队在摩洛哥的卡萨布兰卡和阿尔及利亚的奥兰等多处滩头登陆。守军抵抗微弱，英美联军在数天之内就拿下了阿尔及利亚和摩洛哥，达成了初步作战目标。不过，要攻克德军重兵把守的突尼斯，盟军还要经过一番苦战。

■ 直布罗陀机场，这架绰号“米老鼠”(Mickey) 的P-38F由第48战斗机中队的拉尔夫·格曼 (Ralph Garman) 驾驶，准备起飞参加“火炬”行动。

要取得北非的胜利，相当重要的一步棋便是切断轴心国军队通过地中海的运输线路，盟军的空中力量则是这步战略中最关键的棋子之一。蒙哥马利明白空中力量在这场战争中将起到何等重要的作用，英国空军元帅泰德将军(Tedder)麾下的沙漠空军 (Desert Air Force) 包括了刚刚成立的美国陆军第9航空队，负责非洲东北地区的战斗，这在很大程度上增强了蒙哥马利取得胜利的信心。

但是在北非战线的西侧，作为“火炬”行动的指挥官，艾森豪威尔将军还没有认识到战术空军的真正威力，不了解应该如何合理运用这支新部队。他命令杜立特将第12航空队分散部署在长达600英里的战线上，以支援他的地面部队。由于这个错误的决定，第12航空队的2个P-38大队，尤其是第14战斗机大队将在北非面对数量占据上风的德国空军老手，从而遭受惨重的损失。

第1战斗机大队的地勤人员在11月8日跟随登陆部队上岸，为战斗机的后期抵达进行准备。5天之后，第1战斗机大队的3个中队驾驶P-38F离开直布罗陀，经过数小时飞行，降落在他们的新基地——奥兰附近的塔法拉奥 (Tafaraoui) 机场。11月15日，第14战斗机大队的2个中队也沿着同样的路线飞赴北非前线，使盟军拥有了5支新锐的P-38中队以抗击德国空军。

11月16日，第48战斗机中队转场到阿尔及尔东南的白殿 (Maison Blanche) 机场。不过早在11月9日，一支德国空军和部分意大利士兵便已经入驻突尼斯城附近的奥依那(El

■ 德国人的见面礼。P-38刚出现在北非战场，德国空军便在1942年11月16日夜间对白殿机场进行轰炸。

Aouina)机场。德国人获悉了第48战斗机中队转场的情报，在当天晚上出动轰炸机群对白殿机场进行了夜袭。炸弹倾泻而下，机枪子弹对地面反复扫射。白殿机场的多个机库遭受严重破坏，18架飞机受损，其中包括7架P-38。

初来乍到的第48中队被打了个措手不及。但他们很快鼓起士气，在机场废墟中清理出12架P-38战斗机，在2天之后执行了第一次战斗任务：为飞往康斯坦丁 (Constantine) 的20架C-47运输机护航。

11月20日，德国空军再次对白殿机场进行轰炸，这次的进攻兵力有20架Ju 87和Ju 88轰炸机。轰炸过后，地面上有4架“喷火”、3架“英俊战士”、1架B-17和2架P-38被炸毁。除此之外，同驻白殿机场的英国照相侦察部队也遭受了重大损失，侦察机全军覆没！幸运的是，第1战斗机大队在当天早些时候转场到位于奥兰东郊的努韦恩(Nouvion)机场，新驻地远在德国空军的作战半径之外，相对来说比较安全。第14战斗机大队的2个中队也在第二天飞到努韦恩，以避开德军锋芒。等到局势平稳下来之后，第14战斗机大队很快转战到北非战场的最前线，他们的新家位于阿尔及利亚东北海岸线上的尤克斯 (Youks Les Bains) 机场。这是一个前线机场，远离后方，几乎紧挨着阿尔及利亚－突尼斯边境！平日，尤克斯机场的补给只能通过第60运输机

■ 照片摄于1942年11月21日。刚刚抵达尤克斯机场的第48战斗机中队飞行员在镜头前合影。

大队的C-47来完成。

尤克斯机场4500英尺长的跑道铺设在一条狭窄山谷的底部，山谷两侧的山脊足有4000英尺之高。与第14战斗机大队同驻尤克斯机场的还有一支英国伞兵部队以及1个道格拉斯DB-7轻型轰炸机中队，它们被分配给新近起义的法国军人使用。11月25日，第1战斗机大队94中队的P-38移师尤克斯机场，而第71中队则返回白殿机场，为轰炸机提供护航保障。

11月21日，P-38第一次和德国空军交上了手。当天，第48中队的6架P-38护送12架B-17对突尼斯城进行轰炸。18架飞机的编队即将到达目标上空时，有4架Bf 109出现在飞行员的视野中，一场耗时25分钟的空战打响了。在战斗中，卡尔·威廉斯中尉咬住了1架试图俯冲逃跑的敌机，P-38的速度优势发挥了出来——威廉斯轻松追上敌机，漂亮地将其击落。这也是P-38在非洲大陆上空取得的第一个空战胜利。艾亚 (Ayer) 中尉的P-38被敌机炮火击中受损，被迫在机场进行迫降，艾亚受伤。这样算来，双方第一次交手的结果是1：1的平局，不过飞P-38的小伙子们会越打越好。

11月22日，第14战斗机大队的2个中队总共执行了3次攻击任务和1次拦截任务。首先，第48中队的指挥官维德·威尔斯 (Wade Walles) 上尉带领5架P-38对敌军的地面部队进行了一次袭击，他们总共摧毁了1个火车头、4辆坦克以及1架摩托车。按照计划，接下来的任务应是对敌方展开武装侦察，执行任务的马克·西普汉姆 (Mark Shipham) 中尉在飞行途中发现了1架意大利空军的布雷达 (Breda) 双引擎轰炸机，西普汉姆不假思索地把敌机敲掉，完全不费吹灰之力。与此同时，索伦森中尉和托伦中尉对一列运载士兵的火车进行了长时间扫射，并成功将火车头击毁。当天晚些时候，索伦森中尉和西普汉姆中尉奉命再次起飞，拦截1架正往尤克斯机场飞来的Ju 88轰炸机。敌机的高度为9000英尺，2架P-38怒吼着爬升到敌机高度，第一回合就击中了 Ju 88。但西普汉姆中尉的一个发动机也被

■ 尤克斯机场的地面柔软而泥泞，P-38在起降过程中很容易引发事故，就像照片中显示的一样。当地勤人员围绕着飞机在忙碌的同时，当地居民在一边好奇地观看。

■ 第14战斗机大队第48战斗机中队的维吉尔·史密斯中尉，他参加北非战斗的第一个月就击落了5架敌机成为王牌。

敌机防御炮火击中，他只得驾机飞离战区。索伦森中尉则紧紧跟随着冒烟的Ju 88穷追猛打，直到它坠地爆炸为止。

一天3次攻击任务和1次拦截任务——这才是P-38在北非战场活动的标准频率！在1942年的最后一个月中，P-38战斗机几乎每天都要升空作战。如果哪一天机场上没有响起马达的轰鸣声，那多半只有一个原因：天气或者跑道状况过于恶劣，P-38无法起飞升空执行战斗任务。

P-38在战场上露面之后，很快引起了轴心国的惊奇和敬畏。

在德国空军JG 27（第27战斗机联队的缩写）中，弗兰兹·斯蒂格勒（Franz Stiegler）长期活跃于北非上空，并在战争结束前取得28次空战胜利，他是这样评述P-38的："它能轻松地转出比我们小的弯，还能几乎在一瞬间从水平飞行变为急速爬升。和P-38交手，我们损失了相当多的飞行员……有一条经验让我们刻骨铭心，那就是：绝不和P-38做对头攻击，那完全无异于自杀。它们的武器太强，火力太集中。只要和它们打过一个照面，就绝对不会有人敢试第二次。"

在一次战斗中，德军飞行员汉斯·皮克勒（Hans Pichler）驾驶Bf 109G-6咬住了1架P-38，并追着它不断开火射击。美国飞行员的反应则是立即提升发动机的功率输出，加速逃跑。皮克勒回忆起当时的情形说："它一溜烟地在我面前跑掉了，留下我目瞪口呆、张着大嘴在后面追。我拼命追了5分钟，发动机几乎要报废了，一根汽缸连杆冲出了引擎罩露在外面……"皮克勒认为，P-38比Bf 109G-6

机动性更好，速度更快，他不想在空战中和P-38交手。

JG 27的联队长，拥有167个击落记录的大王牌，佩剑橡叶骑士勋章得主，未来的联邦德国空军总司令约翰内斯·史坦因霍夫 (Johannes Steinhoff) 上校对此也有类似的评论：“和它们交过手的飞行员都说，P-38的转弯半径比我们的飞机略小。因此，往往你还没有反应过来，它就已经咬上你的尾巴了。”二战结束后，史坦因霍夫接受媒体采访时被问道：“在和你交手过的所有盟军战斗机中——如果它由一名优秀的飞行员所驾驭——哪一种是最难对付的？”史坦因霍夫当即脱口而出：“‘闪电’！这种战斗机速度飞快，有如梦幻一般。一旦它飞到你的头上，那将是真正的危险……那就是最棒的战斗机。P-51也相当致命、航程足以覆盖整个欧洲……”

在盟军一方，第37战斗机中队的哈里·可林 (Harry Crim) 在战争结束时将成为一名王牌飞行员，他对北非上空的空中力量对比进行了一番总结：“我们分到的第一批战斗机是P-38F-15-LO，后来又升级到了P-38H，这是P-38系列有史以来最棒的型号。发动机功率很轻松就可以上到1800马力，在强劲的动力面前，其他的小毛病简直不值一提。P-38H可以挂上足足4000磅的炸弹。如果挂载了副油箱，它可以飞出很远的航程。上级分配给我们的任务限制太多，我们的战术一开始也有点呆板，不然一定能打出更多让所有人大吃一惊的大胜仗来。毕竟我们的对手是一等的好手，而且他们的飞机数量是我们的5倍。P-38比所有敌军战斗机都要快，不管是Bf 109、Fw 190还是MC 202。只要油箱还没有空，不管你在哪个高度飞行，你都能把它们远远地甩在后头。如果你驾驶P-38以敌机的速度进行空战，那一定会被揍得很惨，但你如果把P-38的速度优势发挥出来，挨揍的就是他们了！P-38的爬升率也相当出色，Bf 109的性能和它相比要差出一大截。我们都学会了形势不妙时，加速爬升逃离战场的本事。”

尤克斯机场的P-38通常为突尼斯中部的盟军地面部队执行空中支援的任务，这些部队包括美军第1装甲师和英军第7装甲师。空中支援任务通常由地面部队的指挥官所发布，因此需要双方实现默契的配合。

第14战斗机大队执行的26号任务就是其中之一。第48中队的埃塞尔中尉和斯金纳 (Skinner) 中尉、第49中队的巴特勒 (Butler) 中尉和埃文斯 (Evans) 中尉受命对突尼斯北部港口比塞大 (Bizerte) 进行一次侦察。为了避开敌人的防空炮火，这4架P-38组成密集编队进行超低空飞行。当翻越了比塞大湖边的一个小山坡之后，飞行员们发现在4架Bf 109的掩护下，15－20架Ju 52运输机保持30英尺的高度在水面上超低空飞行——完全是一群绝好的猎物！

4架P-38突入德军机群当中大开杀戒。“完全就像在猎杀一群受惊的野牛一样”，埃塞尔事后回忆道，“它们竭力四散逃开，我们则在头顶上肆意开火”。埃塞尔逐一敲掉了4架运输机，当他正在追逐第五架的时候，注意到斯金纳的座机被2架Bf 109咬住了，情况危急。埃塞尔从Ju 52机群中折返，追上其中1架Bf 109，沉下气进行瞄准后，4挺12.7毫米机枪同时开火，稳稳地打了3秒钟连射。德国战斗机被准确命中，拖曳着长长的浓烟坠落在一座山丘的背后。但斯金纳的P-38还是没能逃出另一架Bf 109的捕杀，被击落。

埃文斯和巴特勒在这一仗中发挥得相当出色，他们击落了5架Ju 52。这时他们的弹药和燃料已经不多了，而且在追击运输机的过程中分散了队形。为了避免更多伤亡，他们飞离了战场，径直返回基地。侦察任务被中途取消，小伙子们却击落了大量敌机——第14战斗机大队的指挥官只能啼笑皆非地接受了这个事实。

除侦察和空中支援任务之外，P-38还多次被指派为轰炸机提供远程护航。第33战斗机大队的P-40不具备和轰炸机相提并论的航程。因此，从1942年开始，P-38便当仁不让地承担了这项最艰难、招致最激烈反击的任务。

与此同时，人员和设备在战斗中的消耗没有得到及时的补充，各个P-38中队的作战实力被一点点地磨损。通常情况下，战斗任务由6－8架P-38来执行，很少出现4架以下编队的情况。对于护航任务，各个大队每次需要派出16－18架左右的P-38，为20－25架轰炸机保驾护航。在“火炬”行动成功后的最初阶段，这便是驻扎在北非的P-38部队所能够提供的最大规模兵力。

1942年圣诞节前夕，装备P-38的第82战斗机大队投入到北非战场，这个大队由第95、96和97中队组成。在离开英国飞往非洲的途中，第82战斗机大队的80架P-38机群在比斯开湾上空和2架德国空军Ju 88轰炸机不期而遇。小伙子们当然不会放过送上门来的猎

■ 这是从1架B-17轰炸机上拍摄的照片，第1战斗机大队第27战斗机中队的P-38正在北非上空为这些大朋友提供可靠的护卫。

■ 1942年12月31日，第49战斗机中队的威廉·霍勒（William J. Hoelle）中尉驾驶这架绰号“最大的鹅”(Maximum Goose) 的P-38对地面敌军卡车进行低空扫射时，撞上了电线杆。他依然驾机返回了机场。

蜂拥而至，一个个忙不迭地爬上引擎罩还在发热的P-38，飞回自己的基地。转眼间，没等第82战斗机大队的小伙子们反应过来，他们手中的P-38只剩下一半不到了。

1943年1月中旬，当丘吉尔首相和罗斯福总统在卡萨布兰卡举行会议时，第1、14和82这3个战斗机大队所有的P-38加起来只有90架了。而通常情况下，1个满编的战斗机大队，其战机数量应当在100－110架之间！新战斗机的补充相当缓慢，第82战斗机大队还需要2个月时间才能恢复到满编的状态，在此之前，飞行员们只能轮流驾驶P-38。

物，一个个争先恐后地冲上去将轰炸机打得粉碎。于是乎，未等正式踏入战场执行上级指派的战斗任务，初出茅庐的年轻飞行员便在从军路上取得了首批战果，完成了一次极好的热身运动！

第82战斗机大队受到了所料未及的热烈欢迎，第1和第14战斗机大队已经和强大的敌军进行了1个多月的浴血战斗，遭受了严重的人员损失，战斗机更是所剩无几。看到第82战斗机大队带来的80架闪闪发光的新飞机，第1和第14战斗机大队的指挥官艳羡不已。结果是，新来的战友们刚刚走下飞机放好行李，第1和第14战斗机大队的老飞行员就

正如西部电影中常说的那样，打胜仗的不可能总是好人。在一场遭遇战中，第48战斗机中队的12架P-38和5架Bf 109交手。较量了几个回合之后，小伙子们发现他们的德国对手都是拥有丰富经验的老飞行员，一个个技术高超、枪法老辣！P-38在占据数量优势的条件下被对手完全压制，战斗结束后，有3名美军飞行员牺牲，其中包括美国陆航在北非战场的第一王牌飞行员维吉尔·史密斯 (Virgil

Smith）中尉。

在一次任务中，第14战斗机大队49中队的P-38掩护一队A-20攻击机轰炸比塞大港。1个P-38的4机小队贴近A-20飞行，其余2个小队则分散在周围担任警戒。很快，他们发现一队Bf 109正气势汹汹地杀过来。经过一番厮杀，有5架德军战斗机被击落，但美军也损失了5架飞机。参加任务的拉塞尔·古斯特在事后总结交战过程时说："如果当时外围的2个小队没有分散开，德国人打过来的时候我们就可以集中火力把他们击退。在A-20的编队被打散的时候，如果第三个小队始终保持在它们周围，就会有助于轰炸机把队形重新组织起来。"在和技高一筹的德国空军交手的过程中，年轻的P-38飞行员便是如此以鲜血和生命为代价逐渐积累起宝贵的经验，艰难地磨炼成长。这个过程虽然缓慢而痛苦，但最终他们将交出一份令世人满意的答卷。

终于，艾森豪威尔意识到自己最初战略的错误，并依靠卡尔·斯帕兹将军的努力扭转了局势。斯帕兹来到北非战场后对当前战局进行了评估，在给艾森豪威尔的报告中，斯帕兹提出："如果作为防御武器使用，战斗机不能将其作用完全发挥出来。盟军的空中力量应尽可能用于进攻，战斗机的首要任务应当是夺取战区的制空权。只有掌握了制空权，空中力量才能够有条件为地面部队提供火力支援。"

艾森豪威尔对斯帕兹的战略表示认同，他赋予斯帕兹完全的自由度，让他将这个新思想付诸实施。斯帕兹得到授权后，组建并领导了新成立的西北非航空队（North-West Africa Air Force，缩写为NAAF），这支部队由各级军官组成统一的指挥命令体系，大大提高了盟军航空兵部队的作战效率。

向着盟军一方，胜利的天平开始了缓慢但是坚定的偏转。只要指挥官们的战略对头，飞行员们需要的只是时间、勇气以及一点点的好运气。北非的战火还将持续燃烧，同盟国最终会打赢战争。

■ 卡尔·斯帕兹将军和现在已是第1战斗机大队指挥官的拉尔夫·格曼中校合影。

按照美国陆航培训中心的教育制度，新手飞行员们在上战场前不会有太多的时间了解他所需要驾驭的飞机。因此，当他们被分配到北非战场上那些人员折损严重的战斗机中队时，新手们所能依靠的只有勇气和好运气了。

诺曼·杰克逊 (Norman K.Jackson) 中尉的故事就相当典型，他在1942年圣诞节前夕和第82战斗机大队一起到达北非。杰克逊中尉回忆说：“我在学校中一共有30个小时的时间驾驶P-38，但没有射击训练的经验。我被分配到华盛顿的奥林匹亚基地，在大雨和浓雾天气中飞了3个月，很渴望离开这里做点什么。

到达北非以后，我们和第14战斗机大队一起战斗，他们被密集的地面炮火和凶狠的德军战斗机打得损失惨重。在飞行了30小时的战斗任务后，我经历了跳伞逃生、驾机迫降、驾驶只剩1个发动机的P-38返回基地以及带领另外一架弹痕累累的P-38回家——它被敌军炮火打得千疮百孔，落地之后已经无法修复了，最后只能报废。欠缺射击技术曾让我非常灰心，但我最终还是拥有了2个确认的击落记录。我打下的第一架德国战斗机是Fw 190，它冲着我对头飞来，黄色螺旋桨毂盖上喷涂的红点看得一清二楚，在炮火的喷射下最终四散爆炸。我获得的第二个战果是Bf 109，我追着它的尾巴一路猛打，P-38的速度太快，我们之间的距离不断拉近。敌机被击落的时候，P-38的螺旋桨差点就擦到它了。”杰克逊的战斗生涯不仅仅意味着个人的成长，而且还向我们证明了P-38这架大飞机是如何向飞行员提供生命保障的。

P-38同样也救了第48战斗机中队的赫伯特·约翰逊 (Herbert Johnson) 中尉一命。在一次行动中，约翰逊中尉和艾尔文·埃塞尔中尉及其他7架P-38飞往的黎波里附近地区，对地面目标进行攻击。约翰逊中尉盯上了一支敌军车队，他看到车队中有4辆高级人员专车和4辆卡车。此时，约翰逊的座机弹药已经消耗大半，但这个车队看起来有相当高的军事价值，非常诱人。约翰逊驾机俯冲到树梢高度，瞄准一辆卡车开火。P-38机头的4挺12.7毫米机枪和1门20毫米机

■ 照片摄于1942年12月，尤克斯机场，这架第1战斗机大队第94战斗机中队的P-38F-1的机头喷涂有超人图案，体现出飞行员的勇气和信心。

■ 第48战斗机中队，经历了P-38擦地事故后的赫伯特·约翰逊中尉。

■ 尤克斯机场一角，打退德国空军的飞行员就是住在这样简陋的帐篷里。

炮喷吐出一道可怕的火龙，卡车当即被打得粉碎。兴奋不已的约翰逊将注意力全部倾注在敌人的车队之上，全然忘记保持自己的高度——他的飞机越飞越低，一头擦到了地面上！

埃塞尔中尉在空中看到约翰逊的飞机在地面上激起一波可怕的烟尘，立即降低发动机功率，想压低机头飞下低空看看约翰逊有没有机会存活下来。在那一瞬间，埃塞尔几乎无法相信他所目睹的一切：约翰逊的P-38被地面擦掉了一个螺旋桨，一侧尾翼被撞歪，但还是挣扎着从烟尘中飞出！这次，约翰逊再也不敢麻痹大意，他小心翼翼地驾驶着飞机爬升飞离战场，一直到8000英尺高度。几乎散架的P-38顺利地飞过的黎波里和尤克斯机场之间的群山。由于机身受损，约翰逊驾驶飞机以机腹在机场迫降，再次和地面进行了一次亲密接触。当他毫发无损地爬出了机舱，回首看着这架已经面目全非的大飞机，不禁对自己的大意心有余悸，庆幸P-38的强壮躯体挽救了自己的生命。

虽然那天尤克斯机场在约翰逊中尉的眼中看起来是如此美好，它实际上是一个生活条件相当糟糕的前线机场。由于远离后方，物资输送困难，机场几乎没有一栋像样的建筑。没有机库的战斗机露天停放在跑道尽头，任凭风吹雨打。飞行员们只能在泥地中搭建帆布帐篷，草草安顿。

尤克斯机场的伙食基本上是K口粮，天

■ 尤克斯机场的“豪华别墅”。图中的约翰·卡普托（John Caputo）中尉和诺曼·杰克逊（Norman K.Jackson）中尉一起收集了大量5加仑空油箱，搭建成功并一起分享了这个舒适的小窝。

来的礼物：重磅炸弹。

1943年1月9日，德国空军出动大批轰炸机，将尤克斯机场炸得一片狼藉。为了避免更大的损失，第14战斗机大队临时向后方转移，进驻尤克斯机场以西大约100英里的贝图克斯（Berteaux）机场。此时，第1战斗机大队驻扎在比斯克拉（Biskra），受轰炸机司令部指挥。第82战斗大队既没有足够的战斗机，属下的3个中队又被分散在各个前线机场，它要到2月初才能集合起所有的兵力有效地执行战斗任务。

1月9－28日，第14战斗机大队一共执行了23次战斗任务，出动232架次P-38。1月23日，维德·威尔斯带领着16架P-38飞往突尼斯境内的卡波斯（Cabes）和本戈丁（Ben Gardine）的机场，对敌军进行突然袭击。在本戈丁机场，德国人完全没有发现P-38的偷袭，顿时乱成一锅粥。1美军飞行员看到敌机或是在跑道上整齐排布，或是在空中盘旋等待降落，而更多的德军战斗机冒着他们的炮火起飞升空——数量有20架以上。

于是，在机场正上方的低空空域，交战双方展开了一场激烈的厮杀。除了和对手斗智斗勇，双方飞行员还要注意保持足够的

天如此，雷打不动。好在机场附近有不少游牧部落在活动，飞行员们经常向当地居民购买鸡蛋和羊肉，改善一下生活。

驻扎在尤克斯机场的飞行员想尽办法使P-38战胜泥泞的威胁。艾尔文·埃塞尔的座机，绰号“橘子”的P-38被拖到毗邻跑道的山坡，安置在一块巨大石块的平滑顶端上，那里足足高出地面1700英尺之多。埃塞尔在巨石上启动飞机，顺着巨石背部的斜坡朝向山下滑行并成功起飞。在绕着山谷飞了几圈以后，埃塞尔将“橘子”朝向山上降落在巨石背部。P-38在巨石上的起降试验得到了圆满的成功。这样一来，就算再潮湿的天气、再泥泞的跑道也阻止不了尤克斯机场的P-38出击了。

在简陋的食物供应和原始的生活环境之外，尤克斯机场还经常收到德国人的Ju 88送

■ 第301轰炸机大队和第1战斗机大队驻扎的比斯克拉机场俯视，从照片中我们可以对北非前线的状况有一个概括的了解。

高度以免坠机，以及提防地面不分青红皂白的防空炮火。耶兹 (Yates) 中尉的飞机被1架Bf 109咬住，他来了一个横滚，试图摆脱敌机。就在这时，他看到敌机被拉尔夫·沃森 (Ralph Watson) 上尉击中坠毁。而肖特科布 (Schottelkorb) 中尉的战斗机在火焰中翻滚下坠，队友们都知道他永远都不可能返回基地了。

战斗进行了足足半个小时，在弹药和燃料的消耗已经到了极限的情况下，美军主动撤出了敌军机场空域。他们遭受了巨大的损失——只有10架P-38返回基地。在所有被击落的6名战友中，唯一成功设法回到己方阵地的是马克·西普曼 (Mark Shipman) 中尉。西普曼中尉的座机被打得支离破碎，只得在加夫萨 (Gafsa) 附近迫降。西普曼从驾驶舱内爬出，正在庆幸自己的生还时，发现周围冒出了一伙来者不善的阿拉伯土著。阿拉伯人把他洗劫一空，只给他留了一条裤子。朝向基地的方向，西普曼光着膀子步行了250英里。途中，他大摇大摆地穿越了一个意大利营地，仿佛他自己就是个意大利人一般。最后，西普曼奇迹般回到第14战斗机大队的驻地——贝图克斯机场，给了战友们一个意外的惊喜。

第14战斗机大队到达北非战场时，旗下只有2个战斗机中队——第48和49中队，而第50中队则在冰岛担任北大西洋上空的防御任务。“火炬”行动之后的2个月时间里，第48

■ 马克·西普曼中尉返回基地后，受到战友们的热烈欢迎。

中队牺牲了13名飞行员，损失的P-38更是达到了20架。这意味着开战以来第48中队的飞行员损失超过了半数，而战斗机损失则接近了百分之百！人员和装备可以慢慢弥补，更重要的问题是怎样才能减少自身的伤亡。在1943年1月23日的战斗中，第48中队又有5名战友牺牲。对于一个编制不满、缺乏经验而又要面对强敌的单位来说，第14战斗机大队的损失过于惨重——在北非战役的最初期，这支部队的战斗机损失超过击落敌机的数量，飞行员们一度对任务产生过抵触情绪。

1943年1月28日，作为损失最重的部队，第14战斗机大队接到了撤出北非进行休整的命令，他们在北非战场的演出终于落下帷幕。在1942年11月8日飞抵直布罗陀时，该大队的编制中包括54名飞行员，但在2个月后能够回家的飞行员只剩下了22人。在失去的战友当中，有23人在空战中牺牲。P-38飞行员的鲜血没有白流，第14战斗机大队在北非上空一共击落了62架敌机，击伤17架，还有7架可能击落的记录。这是一组值得所有战士感到骄傲的数字，要知道该大队在大部分时间内执行的是空中支援和对地攻击任务，极少有机会和敌人的空军交手！

随着第14战斗机大队的远去，北非战场上只剩下2个P-38大队。1943年1月，由于人员和装备缺乏，第82战斗机大队只执行了为数不多的几个任务，但他们很快得到第14战斗机大队留下的P-38作为补充，原定分配到第14战斗机大队服役的新飞行员也转入该大队。第82战斗机大队终于拥有了足够的实力执行战斗任务，与此同时，第1战斗机大队则在1月18日转场到康斯坦丁附近的休姆堡(Chateaudun-Du-Rhumel) 机场，继续接受轰炸机司令部的调遣。

1月30日，第82战斗机大队的16架P-38护送B-25机群执行轰炸任务。在途中他们遭到Bf 109的拦截，尽管参战的美军飞行员大多是刚刚补充到82大队的新手，但他们面对富有

■ 1943年2月，杜立特将军给第48战斗机中队的指挥官维德·威尔斯少校颁发优异飞行十字勋章。

经验的德军老手依然毫不畏惧，尽力放手一搏。战斗结束后，美军损失了4架P-38，但他们击落了6架敌机。威廉·斯隆中尉在这天打下了他个人战斗生涯中第一架敌机，他最终将成为第82战斗机大队的头号王牌，获得军方确认的总击落记录为12架。

时间进入“火炬”行动后的第3个月，英国第8军经过激战，将隆美尔的军队重重包围在突尼斯。2月中旬，北非战场上的德国和意大利部队联合起来，由隆美尔坐镇突尼斯担任指挥。隆美尔在东线构建了强有力的防御阵地——即所谓的马雷特防线——以抵挡英国第8军的攻势。在东部局势稍微平稳之后，隆美尔在西线组织了一场突如其来的主动进攻，试图通过卡赛琳隘路 (Kasserine Pass) 给艾森豪威尔的军队一记猛击，一举占领盟军的前线机场，夺取对德国装甲部队来说至关重要的燃油。经过为期8天的苦战，隆美尔意识到自己的计划破产了。这场战斗中，盟军所有能够升空的飞机都被派往前线打击敌人的地面目标，甚至就连B-17高空轰炸机都被用以进行超低空攻击。

隆美尔改变了策略，在西线采取稳妥的守势，并在3月6日命令手下的4支装甲部队对东线的英军发动突然袭击。他遭受了惨重的损失，同样一无所获。

2个星期之后，英国第8军突破了马雷特防线的轴心国阵地，向西推进了20英里。4月7日，英国第8军和艾森豪威尔的美军在突尼斯中部胜利会师。这两支部队在宽广的北非战场上一路穷追猛打1700英里，终于将非洲军团赶到突尼斯的北部。隆美尔的背后就是地中海，他已经无路可退了。

不过，北非的战事远没有结束，轴心军还能依靠空中运输从亚平宁半岛和西西里岛获得补给。根据盟军情报部门获取的信息，有超过500架运输机驻扎在意大利，机型包括Ju 52、SM 82和Me 323。每天有2个机群飞越狭窄的西西里海峡，为轴心军进行补给输送。德国和意大利战斗机护航编队对这些运

■ P-38飞抵突尼斯，进行武装侦察任务。

输机群提供了严密保护，它们驻扎在那不勒斯，升空后在西西里岛上空集结，并将运输机群一直护送到突尼斯城的奥依那机场和其他重要军用机场。战后的资料统计显示：从1942年12月到1943年3月底，德意军队通过空中运输一共获得了4万人的部队和14000吨物资的补给。

为了切断轴心国的空中供应线，盟军制定了“亚麻”行动：拦截地中海上空的运输机群，进攻运输机所驻扎的基地。

按照计划，“亚麻”行动在1943年4月5日开始。届时，第1战斗机大队将在凌晨对突尼斯城东北的突尼斯湾空域进行肃清。第82战斗机大队将和B-25轰炸机群共同行动，兵分两路，一队对西西里岛的主要机场进行空袭，另外一队在突尼斯以北的西西里海峡上空巡逻，以攻击可能出现的轴心国运输船队。其他中队的P-40战斗机也必须参加战斗，负责对地攻击任务。第31战斗机大队中，“喷火”战斗机的任务是掩护一队B-17轰炸机对奥依那机场等重要目标进行空袭。

4月5日凌晨，第1战斗机大队派出26架P-38飞往突尼斯湾。06:30，飞行员在突尼斯湾的东北角发现50－75架运输机在战斗机的掩护下向南飞行。占据高度优势的P-38以2架一组的队形俯冲而下，一举击落了11架Ju 52、3架Bf 109、1架Fw 187和2架Ju 87，自身在空战中损失了2架P-38。

2个小时之后，还是在这片空域，第96战斗机中队的26架P-38伴随着同样数量的B-25飞过。飞行员们发现了另外一个运输机群，包括40－70架Ju 52、4架Ju 87、10架Bf 109、6架Bf 110、1架Me 210和1架Fw 190。双方顿时展开一场混战，机种包括双发战斗机、单发战斗机、水平轰炸机、俯冲轰炸机和运输机！战斗结束后，第96战斗机中队以损失4架P-38的代价击落了7架Ju 52和3架Ju 87，并和护航的德国战斗机一路搏杀，击落了3架Bf 109、1架Bf 110和1架Me 210。

4月10日，第1战斗机大队的2个中队联合出击，由第27中队在高空掩护，第71中队在100英尺的超低空巡航，狩猎飞往北非的运输机群。06:30，大批德意飞机如同兢兢业业的上班族一样，准时出现在突尼斯湾上空：这是由15架MC 200和Fw 190掩护的50架Ju 52！美军打了一场干净利落的伏击战：击落28架敌机，己方无一损失！

10:45，第82战斗机大队派出27架P-38掩护一队B-25轰炸机执行对地攻击任务。12:40，他们在突尼斯湾以北10英里的空域发现了30架Ju 52、2架Ju 87、2架Ju 88和2架Bf 110组成的机群。11架P-38留下掩护B-25，其余的16架扑上前去，直冲敌机中央排布紧密的Ju 52机群。德国机群顿时急速四散，有如被捅了老窝的马蜂一般。战斗结束后，10架Ju 52、1架Ju 88和1架Bf 110被击落。战斗中，里德

尔 (W.L.Riddle) 中尉先击落了1架运输机，随后跟在1架Bf 110的背后一路穷追猛打。和Bf 110相比，里德尔中尉的P-38速度太快，它径直撞上了敌机尾部，螺旋桨把Bf 110的尾翼切断，2架飞机一起坠落到海面上。这时德国人的援兵姗姗来迟——15架Bf 109。双方交手之后，1架Bf 109被击落。由于弹药告罄，P-38机群俯冲加速离开了战场，里德尔中尉是唯一的损失。

当天晚些时候，第82战斗机大队派出第95和96中队执行超低空猎杀任务。第95中队起飞了19架P-38飞往西西里岛，他们很快发现了目标：20架Ju 52紧贴着水面飞行。在2000英尺高度，是为Ju 52担任护航任务的4架Bf 110和4架以上的Ju 88，在更高的高度，有7架以上的Bf 109在尾随。即便敌人组织了多层次的防御，美军依然将所有的运输机一网打尽，悉数击落！此外，还有7架德军护航战斗机被添加到战果当中。第95中队只损失了3架战斗机，其中包括格里南 (Grinnan) 中尉，他驾驶着P-38没有收住脚，一头撞到了1架Ju 52上。看来，对第82战斗机大队的飞行员们来说，他们需要更多的时间来熟悉这种风驰电掣的大飞机。

第96中队则没有这么好的运气，他们依次起飞了20架P-38，分成5个小队飞行。有4个小队迷失了方向，当剩下的1个小队到达预定战区上空时，发现了25－30架Ju 52正在战斗机的掩护下飞回西西里岛的基地。尽管数量上处于劣势，这4名勇敢的飞行员仍然以损失1架P-38的代价击落了5架运输机，随即返回机场。

“亚麻”行动最终取得了辉煌的胜利，盟军将北非的制空权牢牢掌握在手中，困守在突尼斯的轴心国军队失去了补给后成为瓮中之鳖，已经无力抵抗了。1943年5月13日，27万德国和意大利军队向盟军缴械投降，北

■ 著名喜剧明星鲍勃·霍普 (Bob Hope) 前往北非战场进行慰问演出，在前线和第14战斗机大队的小伙子们合影。

非的战斗以盟军取得最终胜利而结束。

此时的第14战斗机大队结束了休整，重返北非。在他们的编制内新添了作为补充的第37中队，还带回来90架崭新的P-38G战斗机和105名飞行员。下一个战场将是意大利，第1和第82战斗机大队也将在亚平宁半岛上空与他们并肩飞翔。作为战争后期的主力部队，从1942年年底进入北非战场到轴心国军队投降的半年时间里，第82战斗机大队损失了64架P-38，他们的对手为此付出了3倍的代价——第82战斗机大队一共击落了199架战机、击伤47架，另有38架可能被击落！北非战场只是个开始，敌人的老巢——重兵把守的意大利在等待着驾驶P-38的飞行员们。

西南太平洋战场1942－1943

珍珠港事件爆发后，日军的攻势在半年时间里席卷了整个西南太平洋地区。菲律宾、马来西亚、荷属东印度群岛先后被插上了太阳旗。1942年4月，日军还控制了缅甸、泰国、整个东南半岛以及马来群岛。日军铁蹄沿着新几内亚岛、新不列颠岛以及所罗门群岛一路东进，直奔美洲大陆的侧翼——澳大利亚和新西兰！

在局势岌岌可危的1942年初，西南太平洋战区出现了“闪电”家族的身影，这是4架F-4侦察机——P-38E的改型。它们被分配到直属第5航空队的第8照相侦察中队，该中队在墨尔本建立，指挥官为卡尔·波利夫卡少校。从1942年年初到7月中旬，第8照相侦察中队一直不间断地飞越新几内亚岛的欧文斯坦利(Owen Stanley) 山脉，在日军占领区上空执行了多次侦察任务。

珊瑚海海战的失败折断了日本军队进攻的矛头，夺取莫尔兹比港的美梦被彻底粉碎。在接下来的中途岛海战中，日军4艘主力航空母舰被击沉，使得日美双方悬殊的力量差距被大大拉近。这场战役还导致日本海军的士气跌落到极点，从此一蹶不振。

到此为止，只要在地图上衡量一下日军占领的大片岛屿，再比较一下日美两国的军事实力以及军事工业基础，尤其是制造并部署航空母舰的能力，就不难得出结论：日军没有实力阻挡美军的反击。美国人将以澳大利亚和新西兰为基地，在西南太平洋上，一个岛屿接着另一个岛屿地收复失地，直到攻占日本。不过，日军不会轻易吐出口中的战利品，在太平洋上有一场旷日持久的恶战在等待着盟军。

在此形势下，波利夫卡少校的第8照相侦察中队对新几内亚岛和新不列颠岛进行了大范围的航空侦测行动，他们的4架F-4侦察机是能获取麦克阿瑟将军和尼米兹将军急需的日军情报的唯一机种。F-4的日常侦察任务是直飞日军戒备森严的拉包尔基地，对港口内的舰船和跑道上的飞机等进行拍照，再躲过日军战斗机的拦截，飞回莫尔兹比港，途中还要经过被敌军占领的新几内亚岛东端——莱城 (Lae) 和萨拉莫阿 (Slamaua) 两个据点。

波利夫卡和他的飞行员们在日军占领区内经历了生死考验，不过，对照相侦察中队来说，最大的危险并非敌军拦截的战斗机和防空炮火，而是西南太平洋的热带气候。任何一个“闪电”家族的成员都可以凭借速度的优势摆脱日军战斗机的追逐。但是，如果从澳大利亚出发，前往新不列颠岛刺探拉包尔基地的敌情，F-4侦察机就要穿越横亘在太平洋上空的赤道锋。在这个空域中，随时都可能有强烈的热带风暴生成。驾机在狂暴的气流中颠簸飞行，成为第8照相侦察中队飞行员的家常便饭。

侦察机没有加装任何武器配备，但勇敢的飞行员还是驾驶着它们执行了多次匪夷所思的任务。在一次例行侦察任务中，亚历克斯·盖里 (Alex Guerry) 中尉在超低空巡航途中发现了4架二式水上战斗机正在海面上编队飞行。敌机的速度是远不能对F-4构成任何威胁的，但盖里中尉看着4架敌机在水面上大摇大摆地飞行而不能开火击落它们，不由得怒火中烧。他假装驾驶的是1架P-38战斗机，加大马力向日机编队冲去，日军战斗机顿时慌作一团，四散下降高度逃窜。盖里盯准了1架接近水面的敌机，俯冲到它的上方再猛地拉起，2副螺旋桨吹起的强力气流把敌机一下子掀了个底朝天，重重摔在水面上。盖里用F-4的照相机将二式水上战斗机肚皮朝天的狼狈样拍了下来，作为他“击落”1架敌机的证据。回到基地后，他的战友看到照片无不开怀大笑。这架二式水上战斗机也许是二战中唯一一架被螺旋桨掀落的飞机，盖里中尉也有可能成为历史上唯一一位驾驶着无武装的侦察机击落敌机的飞行员。

1944年，以盖里中尉的事迹为蓝本，美国军方拍摄了一部反映“闪电”系列照相侦察部队事迹的

■ 1942年卡尔·波利夫卡在太平洋战场执行照相侦察任务，随后他又将转战意大利战场。

黑白故事片《侦察飞行员》。影片的男主角由著名影星威廉·霍尔登(William Holden)扮演。

对于驾驶着P-38战斗机的飞行员来说，他们的经历往往更加神奇。1942年11月24日，第39战斗机中队对莱城的日军机场发动空袭，出动的每架P-38均挂载2枚500磅炸弹。战斗打响后，日军机场乱作一团，高射炮火响成一片，日军战斗机冒着P-38的火力竭力升空。罗伯特·法罗特 (Robert Faurot) 中尉对准濒海的跑道投下一枚炸弹，希望能够炸掉1架敌机。但是他的计算发生错误，炸弹落在跑道尽头的海面上，爆炸激起了巨大的水柱。这时1架零式战斗机刚刚飞离跑道，正好一头撞在水柱上，巨大的加速度作用瞬间将零式战斗机打成了碎片！

■ 用炸弹爆炸的水柱击毁1架敌军战斗机的第39战斗机中队飞行员罗伯特·法罗特中尉。

这批P-38是在1942年8月抵达布里斯班的，总数一共有30架，加入第35战斗机大队39中队的行列之中。它们虽然是新锐的P-38F-1型，但运送至西南太平洋前线时依然缺乏必要的弹药以及设备，而且中间冷却器普遍发生泄漏，电路系统故障不断，自封闭油箱也毛病多多。等到所有的问题都解决后，已经是当年11月中旬了。从此第39战斗机中队才具备执行战斗任务的能力，他们移防到莫尔兹比港附近的拉罗基 (Laloki) 机场，直接受乔治·普林提斯 (George Prentice) 上尉的指挥。

■ 在反映“闪电”系列照相侦察机部队的电影《侦察飞行员》的最后，威廉·霍尔登向观众介绍影片背后真正的空中英雄。左为威廉·霍尔登，右为亚历克斯·盖里中尉。

当乔治·肯尼将军的第5航空队成立的时候，日军已经开始走上崩溃的道路。第39中队的飞行员们渴望用手中的新型战斗机和日军的零式一决胜负，他们定期驾驶着P-38飞过日军的莱城机场上空，但从来没有日军战斗机升空

■ 这批P-38刚刚运抵新喀里多尼亚岛，它们将交付瓜达尔卡纳尔岛亨德森机场上的339战斗机中队使用。

迎击。在西南太平洋战场上，交战双方使用相同的频率进行无线电通讯。于是飞行员们打开无线电话筒，在空中大声呼喊，肆意嘲弄日军飞行员，想把他们引出来交战。但这招激将法似乎没有任何反应，日军飞机一直按兵不动。

与此同时，驻扎在莫尔兹比港以东，所罗门群岛中瓜达尔卡纳尔岛的第339战斗机中队接收了第一批P-38，他们属于第13航空队347战斗机大队，使用瓜岛上的亨德森机场。在接收P-38的同时，339中队还装备有P-39。1942年11月18日，339中队的P-38机群执行了第一次战斗任务——在第11轰炸机大队的B-17空袭敌军舰队的战斗中担任护航任务。

1942年12月27日，第39中队迎来了第一场大战。这天，日军12架零式战斗机、12架九九俯冲轰炸机在31架Ki-43隼式战斗机的掩护下，飞向盟军在新几内亚岛北部多波杜拉 (Dobodura) 建立的新基地，意欲发动攻击。39中队紧急出动了12架P-38，由托马斯·林奇 (Tomas J. Lynch) 带领升空拦截。

敌机的行踪被39中队发现时，它们正在越过新几内亚岛上的山岭。所有的P-38从高空呼啸而下，机炮和机枪同时猛烈开火，瞬间将俯冲轰炸机和Ki-43战斗机的编队冲散。飞行员们随即凭借速度优势，驾机爬升进行第二次攻击。这时零式战斗机加入了战斗，很快P-38也有盟友前来助阵——来自第49战斗机大队9中队的P-40。

第一次上阵的P-38飞行员们显得有点经验不足，犯了不少错误。有人耐不住性子，在过远的距离上向敌机开火，自然什么都没有打中；有人打得天昏地暗敌我不分，以致和友军的P-40较上了劲；有人更是把P-38的速度降低，试图和零式战斗机进行缠斗！谢天谢地，这次飞行员们运气相当好，在空战中无一损失，而他们声称一共击落了9架敌机。在这天首开击落纪录的飞行员中，包括理查德·邦 (Richard Ira Bong)，他击落了1架九九式轰炸机和1架零式战斗机，在今后的战斗征程中，这个数字还会不断增加。

4天之后，39中队为攻击莱城基地的轰炸机群执行护航任务。他们遭到了敌人战斗机的拦截，交战的结果是：中队的击落纪录又增加了9架敌机。肯·斯帕克斯 (Ken Sparks) 中尉的P-38在缠斗时与敌机咬得过于紧密，2架飞机在空中发生激烈碰撞。脆弱的日军战斗机当即坠落，P-38的右侧机翼失去了2英尺长的一段，居然安全地飞回后方，稳稳当当地降落在拉罗基机场的跑道上！这架坠落的敌机自然算到了肯·斯帕克斯中尉的击落记录上。

1943年1月4日，更多的P-38运抵西南太平洋战场，数量足以装备新的战斗机中队了。第49战斗机大队9中队被选中接收这批新飞机，同时39中队还调出几名经验丰富的老飞行员支援9中队，其中就包括理查德·邦。9中队以前装备的是P-40，这种战斗机无法和日军的零式抗衡，飞行员们还是习惯于它相对轻巧灵活的操纵品质，而不大情愿换装P-38。不过，39中队出色的战绩打消了他们的疑虑，老飞行员的言传身教也起了极大的促进作用。等到亲身驾驶P-38在天上飞过一圈之后，飞行员们都喜欢上了这种大飞机。

1月6日，第8照相侦察中队的侦察机带回情报：一队日军运输船队正在向莱城基地开进。莫尔兹比港的所有美军飞机全部出动，出发攻击日军运输船队以及它们的护航飞机。在接下来3天的战斗中，美军一共击落了超过50架日军战斗机。理查德·邦驾驶着他崭新的P-38G又取得2个击落纪录。

■ 澳大利亚的情报官沃尔特·比恩 (Walter Beane) 和第39战斗机中队的飞行员们交谈，背后这架P-38当时正由理查德·邦驾驶。

在1943年初，肯尼将军的第5航空队虽然拥有330架战斗机，但其中只有80架是最新的P-38。第5航空队还装备有72架P-400，这是P-39的改型，在空战中性能不及日

■ 照片摄于1943年初的莫尔兹比港，这架P-38属于第39战斗机中队，注意跑道构造。

军战机，只能用于对地攻击任务。其余的飞机则大多数是P-40，分散在7个新西兰皇家空军中队、8个澳大利亚皇家空军中队和1个荷兰中队当中。P-40无论是航程、火力还是速度均比P-38落后。为保证能够获得西南太平洋战区的制空权，肯尼将军不断向国内要求补充P-38，越多越好！

在经过了1943年1月的战斗之后，日军的活动沉寂了下来，似乎在通过休整积蓄力量。整个2月中，双方只进行了1次空战。3月1日，日军派出了8架运输船和8艘驱逐舰，向莱城基地运送6000名步兵。这就是俾斯麦海(Bismark Sea) 海战的开始，在这场战斗中担任主角的空中部队是第5航空队。

3月2日，天气勉强适合飞行，第9和第39中队派出了16架P-38，协同28架B-17一起攻击日军船队。在海面上，有1艘运输船被击沉，P-38则击落了2架Ki-43隼式战斗机。3月3日天气晴好，2个中队一共起飞了28架P-38升空作战，美军的B-25、A-20以及澳大利亚皇家空军的“英俊战士”战斗机控制了整个莱城地区的空域。日军出动了25架战斗机截击，被P-38严密的防守打了回去，有9架日军战斗机被西南太平洋的波涛淹没，美军也有3架P-38损失，敌我损失比例为3：1。

■ 大胆的摄影师给这2架返回莫尔兹比港拉罗基机场的P-38拍摄的近距离特写。左侧这架P-38机头有编号23，这表明它是第39战斗机中队查尔斯·苏里文 (Charles Shullivan) 的座机。

理查德·邦击落了他战斗生涯中的第6架敌机，这次收获的猎物是一架Ki-43隼式战斗机。值得一提的是，这天参加战斗的飞行员包括著名的哈里·布朗 (Harry Brown) 中尉，他在日军偷袭珍珠港的战斗中驾驶1架P-36升空，并击落2架日军战机。1年多过后，哈里·布朗转战西南太平洋，再次和日军展开厮杀，并击落1架敌机。

在P-38机群牢牢掌握了制空权的同时，B-25、A-20以及“英俊战士”得以放开手脚，对海面上的运输船队不断进行跳弹轰炸以及扫射。有3艘运输船和2艘驱逐舰被击沉，日军舰队中最后一艘运输船被美军的鱼雷艇送到了海底。战火平息之后，原先由16艘舰只组成的日军船队只剩下4艘驱逐舰，它们打捞起在海战中幸存下来的2700名步兵，狼狈逃回了拉包尔港。

■ 从1943年1月开始，第17照相侦察中队入驻瓜岛的仙人掌机场。照片上的这架F-5A-1在执行了200次任务，积累了1019小时的飞行时间后，于1945年8月退出现役。

在整个第二次世界大战的进程中，1943年3月的这场海战的规模并不大，但它和年前美军在瓜岛的战斗一起，对盟军在太平洋的反攻起到了极大的推动作用。

盟军的反攻在两条战线上同时进行：中部太平洋区域，尼米兹将军率领的海军部队一路攻克吉尔伯特岛、马绍尔群岛、加罗林群岛，直到菲律宾；西南太平洋区域，麦克阿瑟将军的陆军部队沿着新几内亚群岛一路攻城拔寨，锋芒直指菲律宾南部。面对美军的强力反击，日军的占领区日益萎缩，直到完全崩溃。

俾斯麦海海战结束后第二天，肯尼将军飞回美国本土，向华盛顿的政府和军队官员介绍了西南太平洋战场上的空战。肯尼开出了一长串急需的物资名单，P-38战斗机的位置高居其上。31年后，肯尼将军回忆起这次首都之旅时说：“我还在华盛顿的时候，阿诺德将军说，他可以尽力给我提供一批足以组建1个战斗机大队的P-38战斗机，但人员则是一个都没有。我告诉他说，没问题，把飞机给我，人员我自己来想办法。我回到西南太平洋后，5月中旬，阿诺德将军发来了电报，说给我的P-38已经发出了，正在运输途中。这就是说，在飞机到手之前，我得准备好1个战斗机大队的飞行员和地勤人员，不然时间就浪费了。为了防止日本人入侵，以前我们在澳大利亚建立了不少机场，现在我把机场内的气象站和警卫部门都关闭了，把人员抽调出来。开战以来，我们的人从被日军击沉的船只上救起了不少乘客，并送上澳大利亚安置，我把乘客里所有的中国厨师和勤务人员都拉了过来，并把整个战区所有的合格飞行员都组织起来了，同时还任命39中队的普林提斯少校为这支新部队——第475战斗机大队的指挥官。在新大队里，紧张的飞行和射击训练一直在持续进行，直到8月我们把新几内亚控制住。这时第475战斗机大队已经整装待发了。”

3月下旬，在得到阿诺德将军的大批飞机供应之前，第8战斗机大队80中队也被注入了新鲜血液——分配到了新型P-38战斗机。这样，驻扎在莫尔兹比港的第5航空队旗下就有了3个P-38中队了——第9、第39和第80中队——尽管它们分别属于不同的战斗机大队。

1943年4月2－18日，山本五十六将旗下所有航空母舰的舰载机转移到拉包尔的基地上，并以此为力量发动了“伊号作战”计划，意欲夺取从新几内亚东部到所罗门群岛之间的制空权。日军出动100架以上飞机，在4月12日对莫尔兹比港，以及在4月14日对米尔恩湾 (Milne Bay) 的盟军基地发动了两次大规模袭击。在这两场战斗中，日军损失了32架轰炸机和23架战斗机，大部分被P-38击落。

■ 莫尔兹比港以北的群山上空，1架第9战斗机中队的P-38在飞行。

大规模战斗并没有持续很久，“伊号作战”计划很快由于山本五十六的座机被击落而中途停止，完成这项奇迹任务的是第13航空队第347和第18战斗机大队的P-38战斗机。

1943年夏天，在第13航空队第347战斗机大队的2个中队 (第339和第68中队) 之内，由于战斗损耗和其他原因，P-38的数量在一点点地减少，但它们还是取得了骄人的战绩。到8月，所罗门群岛地区只剩下为数不多的P-38，主要战斗任务则只能依靠兄弟单位的F-4U“海盗”中队和P-40中队来完成。

让我们把眼光重新投放到第5航空队中来。1943年6月21日，第80战斗机中队的13架P-38掩护一队B-25向瓜岛上的美军部队投放补给。B-25刚刚打开弹舱投下物资，附近便出现了日军机群。看起来日本人也是来给瓜岛上的美军部队送礼物的——30多架飞机中包括战斗机和轰炸机。没等日军投下炸弹，P-38便以4机小队的阵势猛扑过去。日军轰炸机急忙调转机头逃跑，天空中只剩下双方战斗机在相互较量。战斗结束后，第80中队取得了击落13架敌机的战果。

在接下来的1个月里，双方还打了几次大仗。7月

21日，第39和第80中队的P-38掩护一队B-25对伯加吉姆 (Bogadjim) 的日军部队发动进攻。途中，美军机群遭受了25－30架零式战斗机的拦截。2个中队携手出击，将日军战机彻底打垮——各自击落11架零式！在这场战斗中击落3架战斗机的杰伊·罗宾斯(Jay Robbins)将最终以22架击落纪录成为第80中队的头号王牌飞行员。2天之后，还是这2个中队，在同一地点再次迎击日军战斗机的拦截，结果又有12架日军战斗机葬身海底。

7月26日，第9中队的10架P-38在新几内亚岛西北的马克汉姆山谷 (Markham Valley) 上空拦截20架Ki-43隼式战斗机和Ki-61飞燕战斗机组成的日军机群。理查德·邦击落了2架敌军战斗机，但由于机枪卡壳，只能眼睁睁看着2架已经被击伤的敌机逃走。2天之后，理查德·邦又击落了1架敌机，使其个人击落记录上升到16架。

1943年5月，115架崭新的P-38G从美国西海岸运送到了布里斯班的老鹰农场集散站 (Eagle Farms Depot)，肯尼将军将其调配入第5航空队，用于新几内亚战场。这115架P-38G组成了第475战斗机大队旗下的第431、432和433中队，太平洋战场上终于有了一个全部装备P-38的战斗机大队！肯尼将军选中了第39中队的普林提斯少校作为第475战斗机大队的指挥官，而几个星期之后，更新型的P-47战斗机也进入了第5航空队的队列当中，这就是尼尔·吉尔比 (Neel E. Keaby) 少校领导的第348战斗机大队。

第5航空队获得大批兵力补充意味着盟军更大规模战事的开始。早在6月，麦克阿瑟将军和尼米兹将军就做出了对拉包尔的日军进行合围的计划。8月，哈尔西将军的军队占领了所罗门群岛中部的新乔治亚岛，由此夺取了岛上具有重要战略地位的蒙达 (Munda) 机场。11月1日，位于拉包尔东南300英里的布干维尔 (Bouganville) 岛被美国海军陆战队征服。

麦克阿瑟的部队主要由澳大利亚军人组成，他们沿着新几内亚岛的东北海岸线一路进攻，目标是萨拉莫阿和莱城基地，以及拉包尔西南450英里的那达扎布 (Nadzab) 机场。

■ 照片摄于1943年5月，第475战斗机大队的飞行员们正在围观刚刚分配给他们的新型P-38。第475战斗机大队是整个西南太平洋战场上第一支全部装备P-38的单位，也是二战中战果最为辉煌的战斗机大队之一。

■ 在编队前往韦瓦克执行任务的途中，第432战斗机中队的飞行员在驾驶舱中为队友拍下了这张照片。

面对着两路齐头并进的攻势，日军进行了竭力抵抗，但始终无法挽回败局。

新组建的第475战斗机中队在8月中旬投入战斗。其中431和432中队分别入驻莫尔兹比港的“12英里”(Twelve-Mile) 机场以及瓦德 (Ward) 机场，433中队则转移到杰克逊机场。

8月17日，第5航空队对韦瓦克 (Wewak) 地区的日军机场展开了为期5天的猛烈袭击，为盟军即将在9月4日展开的联合进攻扫除空中障碍。出乎意料的是，在第一天的作战中，日军机场毫无防备，有一半以上的战机在地面上被美军炸毁！第二天，来自第9、39以及80战斗机中队和第475战斗机大队的P-38在空战中击落了剩余的大部分战斗机。从8月17日到8月底，第475战斗机大队击落了53架敌机，大部分是在韦瓦克地区上空，第80中队也有击落22架敌机的成绩。在这一阶段，第5航空队在空中和地面消灭了总共309架日军飞机！

9月13日，澳大利亚士兵将萨拉莫阿基地的日军军旗踩在了脚下，3天之后他们收复了莱城和那达扎布。到10月上旬，胜利完成任务的第5航空队集中在多波杜拉进行休整，以积蓄力量准备和第13航空队一起展开对拉包尔的联合进攻。

1943年10月12日，拉包尔基地的日军迎来了107架B-24、B-25和“英俊战士”的猛烈轰炸，为他们执行护航任务的是第5航空队的106架P-38战斗机。在接下来的整个10月里，拉包尔的10万日军持续遭受着盟军轰炸机群的不停打击。各种类型的轰炸机轮番上阵，但每次都有P-38忠实地为它们执行护航任务。第9和第80战斗机中队在空袭拉包尔期间出色地保护了轰炸机群，并击落了总共50架日军战斗机，为此它们双双获得了上级授予的优异单位嘉奖 (Distinguished Unit Citations) 荣誉。

肯尼将军一直在努力把手下所有的战斗机大队都装备上清一色的P-38，但洛克希德公司还必须保证其他战区的供应。大量P-47作为升级替代品进入了西南太平洋战场，肯尼将军决定将手头的P-38都集中到第475战斗机大队和第80战斗机中队，以保持足够的战斗力。

1943年11月，第39和第9战斗机中队的P-38被换成了P-47，飞行员们对这个变动相当地失望。9中队的拉菲尔·瓦德雷 (Raphl Wandrey) 非常不甘心地说：“中队里来了不少P-47的地勤维护人员，每次P-38在我们的机场上降落，我们都让这些新来的人立正脱帽致敬，以教育他们如何尊敬一架真正的飞机!”

■ 1943年11月5日，取得个人战斗生涯的第21次空战胜利后，理查德·邦在他的P-38前摄影留念。

在盟军对拉包尔周边地区发动的攻击中，第475战斗机大队和第80战斗机中队的P-38全数出动，提供空中支援。在11月，第475战斗机大队一共取得了46个空战胜利，大部分是在月底获得的。

盟军并没有对拥兵10万的拉包尔基地展开登陆作战，那只会带来无谓的伤亡。麦克阿瑟将军和哈尔西将军夺取了拉包尔周边地区的一系列岛屿，将其紧密封锁包围，拉包尔上空的制空权也牢牢掌握在盟军的手中。失去了补给，曾经坚不可摧的拉包尔要塞一步一步走向崩溃。

击毙山本五十六

1943年4月3日，日本海军联合舰队司令官山本五十六离开了他的旗舰——停泊在特鲁克港的“武藏”号战列舰，乘飞机来到拉包尔岛

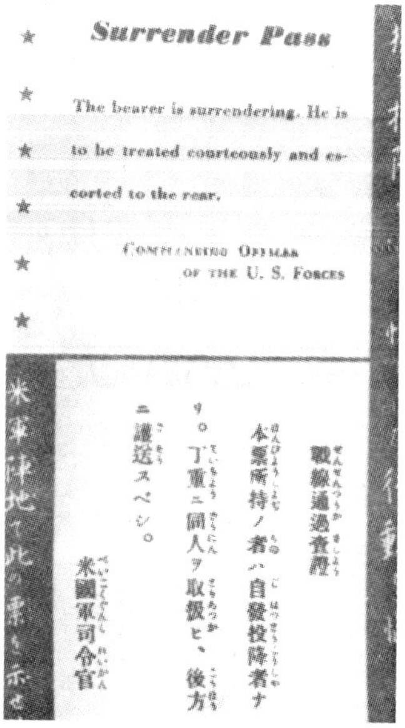

■ (左) 1943年10月15日，在奥罗海湾 (Oro Bay) 上空的战斗中，第433战斗机中队的查尔斯·麦克唐纳 (Charles MacDonald)击落了2架敌机，但自身也遭受了严重的损坏，被迫在多波杜拉 (Dobodura) 以机腹迫降。

■ (右) 美国飞行员在西南太平洋战区向日军空投的投降通行证，但深受军国主义思想毒害的日军士兵基本不吃这一套。

基地，为参加“伊号”作战的日军战士鼓劲加油。

在巡视的最后一天，山本五十六做出了视察前线基地的决定。1943年4月13日，日本海军第11航空队司令草鹿任一 (Jinichi Kusaka) 向巴莱尔岛 (Ballale)、肖特兰岛 (Shortland) 和布因 (Buin) 基地的司令部发出了一封秘密电报，通报山本五十六的行程。这封电报将葬送山本五十六的性命。根据美国情报官员的破译，电报内容为：

“司令官/东南舰队/机密/131755

联合舰队司令官山本五十六将于4月18日视察巴莱尔岛基地、肖特兰岛和布因基地。行程安排如下：

1. 06:00乘中型轰炸机，由6架战斗机护航从拉包尔基地出发；

08:00到达巴莱尔岛基地；

08:00转乘猎潜艇抵达肖特兰岛基地（第1基地备船1艘）；

09:45乘猎潜艇离开肖特兰岛基地；

10:30抵达巴莱尔岛基地；

11:00乘中型轰炸机离开巴莱尔岛基地；

11:10抵达布因基地，在第1基地部队司令部吃午饭；

14:00乘中型轰炸机离开布因基地；

15:40返回拉包尔基地。

2. 司令官将在上述基地进行简短视察，并在第1基地慰问伤患人员，但各基地任务应当继续进行。

3. 除指挥官外，各单位人员着装均按照当日计划安排。

4. 如当日天气情况不佳，以上行程顺延一天。”

在这封电报背后，是美日两国之间已经打了多年的情报战。早在1920年，美军情报人员便成功破译了日军的密码。日方觉察到了自己的密码有被破解的可能，并不停地更新密码，但美国人比他们做得更出色。美军情报人员不断优化自己的破解算法，进一步取得令人瞩目的成果，并在中途岛海战中成功破译日军密码，帮助美国海军击败优势兵力的日本联合舰队。1943年1月29日，日军潜艇“伊-1”号在瓜岛附近被新西兰皇家海军的“几维”(Kiwi) 号轻巡洋舰击中。潜艇在海滩上搁浅，“伊-1”的密码本被盟军获取，火速送到珍珠港的美军情报部门。到1943年4月，根据缴获密码本取得的最新成果被成功运用到这封决定山本五十六生死的密电上。

美国海军情报人员将密电破译后，并确认电报为草鹿任一所发出，情报官弗兰克·诺克斯(Frank Knox)将其通告上级。美国太平洋舰队总司令切斯特·尼米兹上将获知密电内容后，征询他的首席情报官爱德华·莱顿中校是否存在截击山本五十六的可能性。莱顿中校认为，对于日本海军来说，山本五十六是影响力仅次于天皇的重要人物；截击山本

■（左）拉包尔基地，日本海军飞行员起飞执行“伊号”作战之前，接受山本五十六的鼓励。
■（右）拉包尔机场，山本五十六挥动军帽给一架第204航空队的零式战斗机送行，身后为参谋长宇垣缠中将。

五十六绝对有可能，而且完全值得一试。破译的密电内容发往首都华盛顿，这在政府高层当中引起了一场不小的震动。

值得一提的是，无论截击山本五十六的行动成功与否，日军都有可能由此意识到他们的密码已经遭到破解，并将重新更换密码系统，美军情报部门的破译工作需要推倒重来！经过权衡，罗斯福总统最终决定截击山本五十六，并交付“公牛”哈尔西将军来处理。哈尔西以他特有的狂放语气回了一封电报：“好，干掉那个混蛋！”

哈尔西把整个计划指派给米切尔少将，米切尔少将的指挥部设立在瓜岛，是所有盟军指挥部中距离山本五十六的视察目的地最近的一个。

在1943年春天的西南太平洋战场上，没有一架海军战斗机具备从瓜岛起飞、执行截击山本五十六任务所需要的数百英里作战半径。美军唯一的选择是第13航空队中，第18和第347战斗机大队的P-38G。为了这次任务，P-38战斗机将使用特制的300加仑副油箱。

日军在布干维尔岛南端建立了卡希利(Kahili)机场，届时可能有数十架日军战斗机升空掩护山本五十六的座机，制订作战计划的米歇尔少校因此决定派出18架P-38执行拦截任务。此时的米歇尔少校已经是一名王牌飞行员，他在P-38上获得了5个击落记录，另外还驾驶P-39击落3架敌机。依靠以往丰富的战斗经验，米歇尔少校将这18架战斗机分成4个小队，每个小队4架P-38，剩余2架P-38作为后备队。届时，米歇尔少校将带领3个小队在18000－20000英尺的高空中吸引日军防御兵力，由2个大队中最优秀的射手组成的第4个小队则集中力量截击山本五十六。这4个小队的组成是：

第1小队(高空掩护)

约翰·米歇尔少校，第339战斗机中队指挥

■ 雷克斯·巴伯（Rex Barber）中尉的座机，机翼下挂载有300加仑副油箱。

戈登·惠塔克少尉，第12战斗机中队，僚机

罗杰·艾姆斯中尉，第12战斗机中队，长机

劳伦斯·格雷布纳中尉，第12战斗机中队，僚机

第4小队（高空掩护）

埃弗雷特·安格林中尉，第12战斗机中队，小队指挥官，行动指挥

朱利叶斯·雅格布森中尉，第339战斗机中队，僚机

道格拉斯·坎宁中尉，第339战斗机中队，长机

德尔通·戈尔克中尉，第339战斗机中队，僚机

第2小队（截击）

托马斯·兰菲尔上尉，第70战斗机中队，小队指挥

雷克斯·巴伯中尉，第339战斗机中队，僚机

约瑟夫·摩尔中尉，第70战斗机中队，长机

詹姆斯·麦克拉纳汉中尉，第339战斗机中队，僚机

第3小队（高空掩护）

路易斯·基特尔少校，第12战斗机中队指挥官，小队指挥

威廉·史密斯中尉，第12战斗机中队，僚机

爱尔顿·斯特雷通中尉，第12战斗机中队，长机

艾伯特·隆中尉，第12战斗机中队，僚机

后备队

比斯拜·赫尔姆斯中尉，第339战斗机中队，长机

雷蒙德·海恩中尉，第339战斗机中队，僚机

拦截山本五十六有2个时机，一个是在其乘坐轰炸机到达巴莱尔岛基地之前在空中拦截，另一个是在其乘坐猎潜艇往返于巴莱尔岛基地和肖特兰岛基地之间时从空中轰炸和扫射。米歇尔少校坦率地承认，他在空中无法把潜艇和猎潜艇区分开来，何况即便把猎潜艇击沉，也不能确保击毙山本五十六——他有足够多的机会乘坐救生艇逃生。而且，一个更重要的因素是，肖特兰岛上有最少75

■ 截击山本五十六的行动完成之后，参战人员的合影。后排左起：罗杰·艾姆斯、劳伦斯·格雷布纳、托马斯·兰菲尔、德尔通·戈尔克、朱利叶斯·雅格布森、爱尔顿·斯特雷通、艾伯特·隆、埃弗雷特·安格林。前排左起：威廉·史密斯、道格拉斯·坎宁、比斯拜·赫尔姆斯、雷克斯·巴伯、约翰·米歇尔、路易斯·基特尔、戈登·惠塔克。注意罗杰·艾姆斯正穿着飞行服，这张照片拍完之后，他马上升空执行另一项战斗任务。

架战斗机可随时升空保护猎潜艇。在这样的前提下，数量占劣势的P-38很难有效地在低空进行俯冲轰炸和投弹。在得到米切尔少将的批准后，米歇尔少校选择在空中截击山本五十六，并制定了行动的最后细节。他要求从海军部队获得一个“好的航海罗盘”，因为飞行员们对P-38上的罗盘普遍不放心。

米歇尔少校收集了大量所罗门群岛地区的天气、防空火力及其日军机场等情报，随后拜访了陆军上尉威廉·莫里森。莫里森上尉在日本以及东亚生活了相当长时间，是个亚洲通。他告诉米歇尔：山本五十六从小养成守时的习惯，日程表一旦制定，便会始终不渝地严格执行。米歇尔少校知道，山本五十六的行程可能会受到许多偶发事件的干扰——例如天气变坏、机械干扰等。他必须精确计算出截击行动的每一过程：

首先，需要确定日军轰炸机的飞行速度。有2种飞机可以作为山本五十六的座机使用：陆军使用的九七重型轰炸机和海军使用的一式陆基轰炸机。考虑到山本五十六是海军军人，米歇尔少校认定他一定会选择一式陆基轰炸机作为座机，并根据一式陆基轰炸机的性能，确定其飞行速度为180英里/小时。

■ 截击山本五十六的行动完成之后，截击小队成员的合影：左起托马斯·兰菲尔、比斯拜·赫尔姆斯、雷克斯·巴伯。

其次，需要确定日军轰炸机的航线。在没有获得更多情报的条件下，米歇尔少校假定运载山本五十六的座机从拉包尔基地直飞巴莱尔岛基地。因此，他把截击的地点确定在卡希利机场西北40英里的空域中。抵达这个区域后，山本五十六的座机应该准备开始下降，飞行员的警惕性可能会有所放松。同时，截击地点和卡希利机场的距离能够保证地面上的日军战机无法迅速起飞升空保护山本五十六的座机。

再次，需要确定P-38的航线。如果从瓜岛直飞布干维尔岛南端的巴莱尔岛地区，P-38机群中途需要经过多个日军的前线观察哨。这样一来，截击意图将会暴露无遗，日军会提早进行防范。米歇尔少校决定截击机群必须和日军控制区域保持50英里以上的距离，并在海面上50英尺以下的低空飞行，以彻底避开日军的视线。计划中，P-38先径直向西飞出海上，再转向西北和东北方，在布干维尔岛的西南端等待日军机群。这样的航线能够最大程度地保持行动的隐秘性。这条线路对P-38战斗机的续航力提出了严峻的挑战。同时，长时间在海面上低空飞行，周围没有任何参照物可以确定方位，P-38机群的导航也是一个问题。

最后，必须制定P-38战斗机的巡航速度。正常情况下，P-38的巡航速度为200英里/小时。通过美军气象部门，米歇尔少校得知行动当天所罗门群岛地区将有5节速度的微风。以此为依据，米歇尔少校为参加截击任务的P-38确定了197英里/小时的巡航速度。

基于以上几点，米歇尔少校决定：4月18日早上07:20所有18架P-38依次起飞，在瓜岛上空用15分钟时间整理队形后，于07:35正式出发。

在行动前夜，一个坏消息传了出来：为这次截击任务准备的300加仑副油箱只有一半运抵瓜岛！这意味着：参加任务的所有18架P-38只能同时挂载一个165加仑副油箱和一个300加仑副油箱，飞机的留空时间受到了一定的限制。

在4月17日深夜，亨德森机场的地勤人员消耗了整晚时间为P-38的165加仑和300加仑副油箱加注燃油。20毫米机关炮换上了高爆燃烧弹，12.7毫米机枪则采用曳光弹、穿甲燃烧弹和普通弹混合的弹药配置，以实现最佳的杀伤效果。有一点遗憾的是，当时所有的P-38战斗机均没有配备照相枪，因此未能带回整个截击过程的第一手资料。美国陆航在截击任务完成之后公布了一部“击落山本五十六”的记录片，实际上，这是使用其他影片资料合成的视频，并非在截击现场拍摄。

飞行之前，所有的飞行员都受到了特别提醒，不要长时间盯住海面，否则很容易对高度判断产生误差，甚至驾驶飞机一头栽入海中。P-38机群将保持松散队形飞行，直到布干维尔岛附近再将队形集中。在飞行中，18架P-38需要保持完全的无线电静默，米歇尔少校将通过手势向各机组传达信息。

当地时间07:10，瓜岛亨德森机场，米歇尔少校驾驶着110号P-38从跑道上起飞，同时起飞的还有他的僚机——驾驶144号的雅格布森。其他小队按照顺序依次起飞。约瑟夫·摩尔中尉的僚机——麦克拉纳汉出了点问题，他驾驶的116号“女人运”这次可不怎么走运：一个起落架轮压在了钢板跑道的尖角上，当场爆胎。“女人运”立即歪歪斜斜地瘫在跑道上动弹不得，只得从行动名单中除名。

第12战斗机中队的基特尔少校是最后一个起飞的，他驾驶的是巴伯以前的座机125号“戴西二号”。3月29日，“戴西二号”由巴伯驾驶，在扫射1艘日军猎潜艇时左侧机翼被击伤。“戴西二号”返回机场后，地勤人员把已经报废的138号“老铁匠”P-38上尚且完好的左翼拆了下来，给“戴西二号”装了上去。

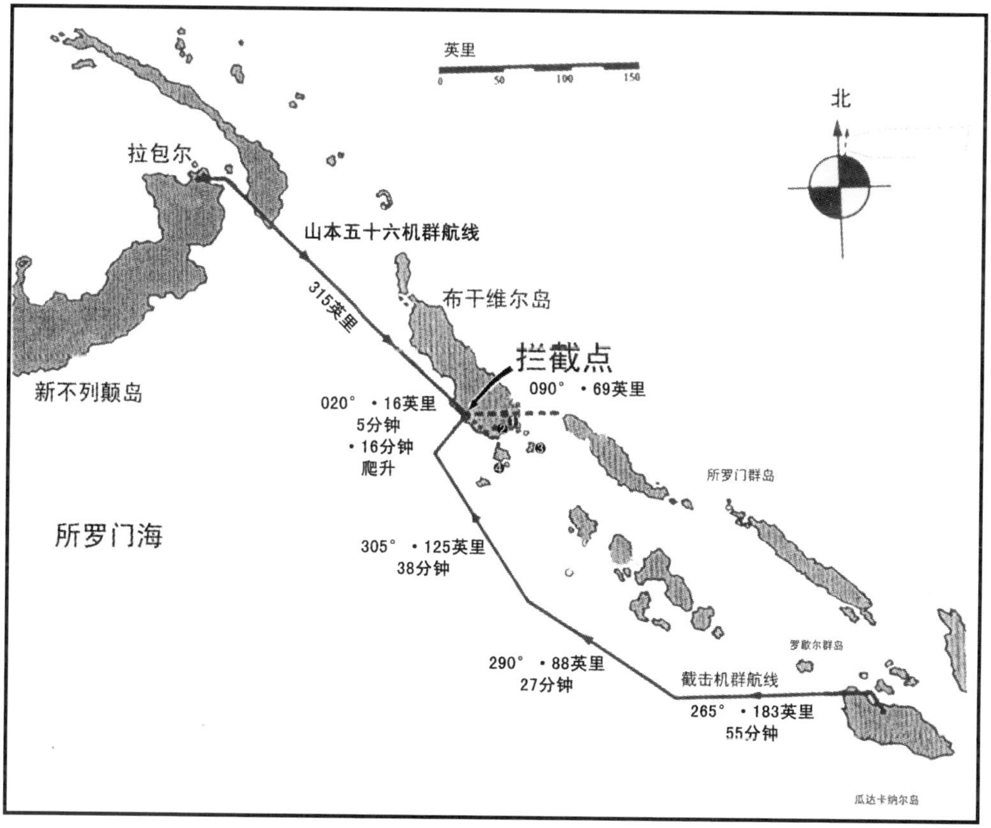

附图二 截击山本五十六行动地图

起飞后不久，摩尔中尉发现P-38挂载的300加仑副油箱出了问题，无法向飞机输送燃油！这就等于说这架P-38只剩下一个165加仑的副油箱和机内燃油了，已经没有可能飞到布干维尔岛。失望的摩尔中尉通过手势把情况通知了米歇尔少校，随即沮丧地飞回了亨德森机场——眼睁睁失去亲手击落山本五十六的机会，摩尔中尉实在于心不甘。

任务刚刚开始，负责截击山本五十六的攻击小队只剩下兰菲尔和巴伯驾驶的2架P-38了，米歇尔少校随即命令作为预备队的赫尔姆斯和海恩加入攻击小队。

依照计划，16架P-38保持30－40英尺的高度紧贴海面飞了四段航程：以265度航向飞行55分钟——以290度航向飞行27分钟——以305度航向飞行38分钟——以20度航向飞行5分钟。

正当P-38机群飞过瓜岛西北20英里左右的罗歇尔群岛上空时，4月18日东京时间06：10，山本五十六的座机从拉包尔岛的东部机场起飞，他即将成为第二次世界大战中最大胆的一次截击行动的目标。

按照日军对山本五十六视察行动做出的安排，山本五十六乘坐的323号一式陆基轰炸机代号为“一号机”，宇垣参谋长乘坐的326号一式陆基轰炸机代号为“二号机”。2架轰炸机依次起飞，2个零式战斗机的3机小队随后加入了队列。一式陆基轰炸机在7500英尺高度飞行，零式战斗机小队在后方1英里处以9000英尺高度飞行，分列一式陆基轰炸机的两侧。

按照计划，如果抵达截击点后尚未发现敌机，P-38攻击机群应飞行第五段航程：先用16分钟时间爬升到截击高度，再以90度航向飞行21分钟飞越布干维尔岛上空之后进行搜索。布干维尔岛的轮廓一旦出现在前方的海平面上，飞行员们的精神就开始高度集中。按照米歇尔少校的命令收拢队形后，他们认真地搜索天空中每一丝可疑的痕迹，生怕把山本五十六的座机放走。这时，太阳已经从飞机的右前方升起了，明晃晃的阳光射入驾驶舱，飞行员们只能眯缝着眼睛观察天空。

无线电静默被打破了，飞行员们听到了眼睛最尖的坎宁中尉的声音——不紧不慢的一句“11：00高空”。2架日本轰炸机就在3英里之外！它们正保持紧密队形飞越布干维尔岛的西侧，朝着巴莱尔岛基地下降到了4500英尺的高度。米歇尔少校不大敢确定眼前这2架轰炸机就是他们要截击的目标，因为他事先得到的情报是日军机群只有1架轰炸机。当他看到轰炸机群后方的6架零式战斗机后，米歇尔少校明白了：山本五十六一定就在其中1架轰炸机之中！

截击小队的4架P-38把发动机的马力加

大，在3支掩护小队的伴随下爬升。米歇尔少校命令所有人把副油箱投下，但赫尔姆斯惊叫起来：副油箱卡住了，没办法投下！他只得驾机转向布干维尔岛的东南方向，不断拨动副油箱的投掷开关，并晃动飞机的机身，希望能把副油箱从挂架上晃下。为了保证赫尔姆斯的安全，海恩驾机紧紧跟随在他的后面，等待赫尔姆斯将副油箱投下。再一次，截击小队只剩下2架飞机：兰菲尔和巴伯！

接下来的时间里发生了什么事情？这个问题在几十年时间里一直没有一个确定的答案。以迅雷不及掩耳之势，截击行动在短短几分钟内完成。参加战斗的飞行员们各自看到的，都只是战场的一小部分，而且存在种种偏差。飞行员回到基地后，上级根据他们的陈述进行总结，最后只能得到了一个残缺不全的、无法说服所有人的所谓“结论”——其中甚至包括了在截击现场有第三架轰炸机存在的说法。因此，围绕着“谁击落了山本”这个问题，人们展开了长达几十年的争论。

在第二次世界大战结束后，经过多方面调查取证，事实真相慢慢地被揭开了。以下的事件过程根据3份文档整理而成，它们是：

1943年4月18日，截击机群返航后，美军第13航空队司令部向上级提交的文件《战斗机截击任务报告》(简称：《报告》)；

日军参谋长宇垣缠中将的战地日志《战藻录》(简称：《宇垣》)；

日军第一基地海军少佐军医田渊义三郎于1943年4月20日写的山本五十六尸体解剖记录(简称：《解剖记录》)。

宇垣：

二号机位于一号机的左后方，组成漂亮的对角型队形。有好几次，我担心2架飞机的机翼是否会发生碰撞。我可以清楚地看到司令官坐在飞机驾驶舱内的侧影——在飞行员身后的右侧，还能看到在机舱内走动的人员。通过航空地图，我可以清晰地分辨出机翼下方的陆地和设施，对我来说这真是一种飞行的乐趣。

编队飞到了布干维尔岛的西边，在丛林上方700－800米的空中直线飞行。机长递给我一张纸片，上面写着：“计划07:45到达巴莱尔岛。”我看了看表，现在是07:30。“那就是说还有15分钟”，我对自己说。但就在那一瞬间，我们的飞机突然跟着一号机一起俯冲，直到50米的低空。

报告：

在坎宁中尉发现目标，发出“11:00高空”的呼叫之前，编队一直保持完全的无线电静默。得益于米歇尔少校对航速的精确计算以及飞行中队形的严格保持，截击时间把握得恰到好处，如发生几分钟偏差将导致整个行动的流产。

当时P-38机群位于30英尺高度，朝向布干维尔岛内陆飞行，得知情况后随即准备攻击。敌机在3英里之外以V字编队沿布干维尔岛海岸向卡希利机场（原文如此）下降。2架轰炸机在4500英尺高度并排飞行，2个零式战斗机3机小队在其后上方1500英尺，分列左右。未等敌机有所觉察，米歇尔少校带领掩护小队开始爬升，并最终爬升到15000－18000英尺高度以进行警戒。为和轰炸机保持平行高度，兰菲尔带领截击小队进行机动，以35度的角度、200英里/小时速度爬升。此时P-38的爬升率为每分钟2200英尺，当爬升至与轰炸机相同高度时，兰菲尔和巴伯投下副油箱，加速到280英里/小时展开攻击。赫尔姆斯无法投下副油箱，他得到海恩的伴随和掩护，直至将副油箱成功投下。

当兰菲尔和巴伯距离目标1英里远时，他们的行踪被敌机觉察。2架轰炸机立即进行规避，一架开始360度转弯俯冲，另一架沿着布干维尔岛西南海岸线向海上飞出。零式战斗机投下它们的副油箱，3架飞离编队以拦截兰菲尔。

宇垣：

“发生了什么事？”我们都在想。我向机长叫道：“到底怎么了？”他回答说：“一定是什么地方搞错了。”搞错了——这等于说我们这次行动看来完全是个大错误，彻头彻尾的愚蠢之举。因为，这时候我们的护航战斗机发现了有一队24架（原文如此）敌机正从西南方向飞来，并向我们发出了警告。就在此时，一号机也发现了敌机的踪迹，并立即进行俯冲，一直到树梢高度。

二号上的所有机组成员都进入了战斗位置，拿起枪械准备开火。一时间，大风呼啸着灌进座舱，和操作枪械发出的声音响成一片。当二号机正在下降的时候，我们的护航战斗机和敌机展开了激战。敌机拥有4倍的数量优势，残忍无情地冲向他们的目标——我们这两架一式陆基轰炸机。

注：在接下来的章节，宇垣中将解释了《报告》中“一架开始360度转弯俯冲，另一架沿着布干维尔岛西南海岸线向海上飞出”的实情。

为避开敌机，二号机进行超过90度的突然转弯机动。机长双手放在驾驶员肩上，眼睛盯住四周的天空观察敌机动向，并不断发出指令，引导驾驶员驾驶飞机左转或者右转。一号机转向右侧（《报告》：另一架沿着布干维尔岛西南海岸线向海上飞出），二号机转向左侧，朝向东方飞行。一号机和二号机因此分开了，距离越来越大。

报告：

兰菲尔和巴伯展开攻击。巴伯转向一架轰炸机开火，但转弯机动使其稍微射偏。他调整了飞机姿势，在零式战斗机的追逐下打

■ 战斗结束后，兰菲尔（左）和巴伯（右）分别回忆的截击行动态势图。

中了轰炸机。轰炸机的尾部被打飞，翻转至机腹朝上飞行并在地面上坠毁。

注：接下来的所有报告都证明了：位于巴伯左侧的兰菲尔朝向左侧（西北偏北方向）爬升。这就是说，他将和靠近海岸线一侧的3架零式战斗机对头飞行。

接下来的所有报告也证明了：巴伯竭力操纵P-38向右侧转弯，从左后方打中了1架一式陆基轰炸机的尾部。《报告》中，山本五十六所在的一号机“尾部被打飞，翻转至机腹朝上飞行并在地面上坠毁”的陈述并不准确。但山本五十六的解剖报告证明了巴伯的子弹从一式陆基轰炸机的左后方打中了山本五十六的要害。一式陆基轰炸机内，端坐在驾驶员右侧，面朝前方的山本五十六受到了致命的伤害。

解剖报告：

（山本五十六）左下颌角有一个小指尖大小的子弹射入孔，出口在右侧。左肩胛骨的中央部有一个食指尖大小的子弹射入孔，子弹的走向是右前上方，但没有出口。

宇垣：

作了2次躲避转弯之后，我开始担心一号机的安全，并向右方眺望。“天哪！”我看到在4000米远处，一号机在树梢高度拖曳着火焰在向南艰难飞行，速度越来越慢！飞行参谋站在我的斜后方过道上，我抓住他的肩膀拉过来。“看着司令官的飞机！”我命令道。这是山本司令和我们的诀别，所有的这一切都是在20秒钟之内发生的。

注：在这个时候，巴伯向右转弯，从左后方朝向山本座机开火。兰菲尔则朝向左转，面对护航的零式战斗机群。

报告：

兰菲尔看到他的火力无法触及轰炸机，随即转向左侧，朝向零式战斗机飞行。在双方交错而过之前，兰菲尔击中了1架零式战斗机，并向另外一架开火。此时兰菲尔的座机位于6000英尺高度，他随即调转机头俯冲到树梢高度，追击逃脱的目标。

宇垣：

敌机又冲到二号机的后上方了，一式陆

基轰炸机来了一个急转弯，这时再也看不见司令官的座机了。

报告：

兰菲尔飞到了轰炸机的右后方开火，并把一个翼尖打落（原文如此），轰炸机被火焰包裹着坠落到地面。

宇垣：

我焦虑地等待二号机恢复水平位置，对将要发生的事情心中充满了不安。结果是可想而知的：一号机已无影无踪，眼中只见下方的丛林中升起了冲天的黑烟。啊，万事休矣！

此时，兰菲尔身后有数架零式战斗机在追赶，他驾机朝向西南方向加速俯冲到海面上，安全脱离战场后返回亨德森机场。巴伯击落山本五十六的一号机后，向右转向，飞出了海面上，并沿着布干维尔岛的海岸线向西南偏南飞行。赫尔姆斯终于甩掉了他的副油箱，和海恩一起转向东北偏北方向飞行。这时候，赫尔姆斯发现了宇垣的二号机正朝向南方对头飞来。赫尔姆斯和海恩的双机便飞到二号机背后，共同开火射击。此时的巴伯注意到了还有一架P-38在飞行，也加入到赫尔姆斯和海恩的攻击阵列中。在3架P-38的合力攻击下，二号机带着宇垣中将在布干维尔岛西南端的莫伊拉角附近海面上坠毁，宇垣中将最终免于一死，在飞机残骸中活了下来。

在巴伯、赫尔姆斯和海恩的背后，零式战斗机一直在疯狂地喷吐着子弹，企图阻止

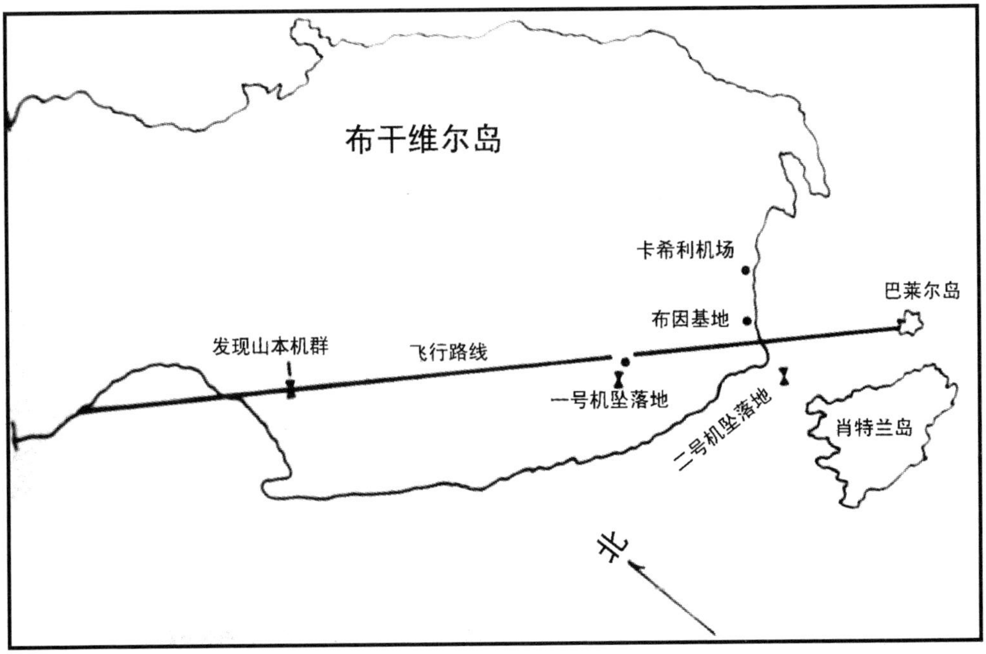

附图三　截击山本五十六行动地图

这些势不可挡的刺客。截击小队的3名成员看到任务已经大功告成，而且每人的P-38均已伤痕累累，随即分散加速撤离战场。

整个伏击战仅仅历时3分钟，到所罗门群岛时间09:38，布干维尔岛上空周围又恢复了原来的寂静。巴伯的座机“弗吉尼亚小姐”在射击山本五十六的一号机的同时，被一式陆基轰炸机上迸发出的碎片击中，打穿了100多个洞眼！它的一个中间冷却器被追击的零式战斗机打坏了。兰菲尔座机的垂直尾翼上被子弹打穿了两处。

赫尔姆斯驾机和零式战斗机进行交火之后，他发现战场上只剩下他孤零零一个人，而且P-38的燃油所剩无几。赫尔姆斯设法联系上了最后一个离开战场的掩护小队成员——道格拉斯·坎宁中尉。坎宁领着赫尔姆斯飞向亨德森机场以西的二号机场，但赫尔姆斯座机的燃油已经无法支撑到瓜岛了。

坎宁想起海军工程兵正在罗歇尔群岛上修建一个机场，虽然机场并未完工，但在那里降落应该不是什么问题。想到这些，坎宁加速飞往罗歇尔群岛上空。果不其然，一大群海军工程兵正在跑道上忙碌。坎宁在跑道上空来回飞行，想让地上的人群散开，以便给赫尔姆斯腾出位置着陆。工程兵没有明白坎宁的意图，他们在地面上高兴地向P-38挥手致意。坎宁只得把座机的起落架和襟翼都放了下来，对准跑道飞行。海军工程兵们这才回过神来，迅速将跑道清理干净。坎宁看着赫尔姆斯的座机在跑道上安全降落，这才调转机头飞回亨德森机场——在这天的战斗中，坎宁中尉第一个发现山本座机，同时也最后一个飞离战区，他经历了整个任务的全过程。

赫尔姆斯的座机在罗歇尔群岛上着陆之后，机内剩余的燃油已经不到5加仑了。在未完工的机场上，自然不会有战斗机的燃油储备。幸好罗歇尔群岛附近的海军鱼雷艇所使用的发动机也是艾利森公司产品，燃油可以和P-38通用。赫尔姆斯这才将燃油补充完毕，于当天下午返回瓜岛。

海恩的座机最后一次被赫尔姆斯看到时，时间为上午09:40，它正向肖特兰岛东南的威尔逊海峡飞去，左侧的发动机拖曳着黑烟。海恩没有返回瓜岛的亨德森机场，在这次几近完美的截击行动中，海恩是唯一的损失。

所罗门地区空中司令部展开过对海恩的搜索，时间长达1个多月，但到5月28日，始终没有发现海恩座机的身影。1944年2月9日，司令部提交了一份报告称：“没有目击者看到海恩坠毁，也没有找到飞机残骸。”直到50年后，人们才获得了更多有关海恩的消息：

4月18日当天，海军第44巡逻中队的哈里·迈特基 (Harry Metke) 中尉受命驾驶1架

■ 在行动中牺牲的海恩中尉。

PBY“卡塔莱纳”式水上飞机从美拉尼西亚群岛起飞，为美国陆航执行一个“目的地不详、目的也不详”的援救任务。“卡塔莱纳”比截击山本的P-38机群提前4个半小时起飞。升空后，迈特基中尉被告知前往新乔治亚群岛，向盟军的前线观察哨运送补给，并将岛上一位跳伞后被搭救的飞行员带回基地。

当“卡塔莱纳”以500英尺的高度飞近新乔治亚群岛时，迈特基中尉注意到前下方有超过12架P-38战斗机正在浪尖高度朝向西北方向飞行。到达目的地后，“卡塔莱纳”的机组成员卸下补给，随之起飞继续航行。忽然之间，“卡塔莱纳”的无线电中传出了P-38飞行员们急切的呼叫，可以听出来他们正在进行一场生死攸关的厮杀。一切如同开始时那么突然，P-38飞行员们很快宣告任务完成，开始返航。

此时，“卡塔莱纳”也正朝向东南方向飞往美拉尼西亚群岛基地，迈特基中尉明白快速的P-38战斗机很快就会赶上来。果不其然，在“卡塔莱纳”右侧窗口观察的查尔斯·玛什 (Charles Marsh) 发现半英里外有1架受伤的P-38正在进行大角度转弯。玛什报告说P-38左侧的发动机停止运转，螺旋桨处在顺桨状态，他可以清晰地看到P-38引擎罩上的弹孔。

迈特基中尉通过无线电联系上了受伤的P-38，询问情况是否正常。在一阵沉默之后，P-38飞行员回话说一切都还行。迈特基中尉又问起P-38剩下的一个发动机运转情况如何，P-38飞行员回答说它看起来挺好的，燃油也足够它飞回基地。迈特基中尉告诉P-38飞行员，如果他觉得飞机支持不下去了，可以在海面上迫降，“卡塔莱纳”可以把他很方便地捎走。P-38飞行员犹豫了一会，谢绝了迈特基中尉的邀请。他向迈特基中尉询问了飞回瓜岛的具体方位，说自己能够飞回家，随之调转机头，飞出了“卡塔莱纳”机组成员的视野。

“卡塔莱纳”机组成员对这群P-38的作战计划一无所知。当他们从新闻中听到山本

■ 海军第44巡逻中队，迈特基中尉的“卡塔莱纳”机组成员，脚放在五角星上的为查尔斯·玛什。

攻击小队其余成员返回亨德森机场后，米切尔少将向哈尔西发出电报：“追到了鼹鼠！约翰·米歇尔少校指挥的P-38机群飞临卡希利地区。上午09:30左右，击落了由6架密集队形的零式战斗机护航的2架轰炸机，此外还击落1架据信正在进行试验飞行的轰炸机。零式战斗机被击落3架，总击落数为6架。我1架P-38尚未返回，4月18日看来是我方胜利日。”哈尔西立即回电：“祝贺你和米歇尔少校！在猎获的家鸭中，似乎夹着一只孔雀。”

4月19日，日军搜救队在丛林深处找到了坠毁的一号机以及山本五十六的尸体，并将其带回布因岛经过尸检后火化。日军随后在

五十六被击落的消息之后，只是稍稍感慨一下：原来自己的飞机当时就在附近空域执行任务。

1994年1月，查尔斯·玛什读到了卡罗·格林格斯（Carroll Gliners）的著作《击落山本》，了解到海恩中尉下落不明的事情，这才意识到：当年和“卡塔莱纳”相遇的那架受伤的P-38就是海恩的座机！他设法联系到了作者，将1943年4月18日的经历和盘托出，谜团才得以真相大白。世人这才明白：海恩中尉的座机并没有被零式战斗机击落，它是在返回瓜岛的途中失事的。

■ 日军为山本五十六搭建的神龛。

坠机地点用一式陆基轰炸机的残骸搭起一个神龛，以纪念山本五十六。

4月22日，宇垣中将把山本五十六的骨灰护送回拉包尔。4月23日，山本五十六的骨灰由专人乘水上飞机从拉包尔送往停泊在特鲁克岛的联合舰队旗舰“武藏”号。联合舰队的山本五十六时代从此结束了。5月21日，日军大本营正式发布了山本五十六的死讯，电文如下：“联合舰队司令长官海军大将山本五十六，于本年4月在前线全盘指导作战中遇敌，在作战飞机上壮烈殉职，另派海军大将古贺峰一接任遗缺，已经在指挥联合舰队继续作战中。”

截击山本五十六的行动是第二次世界大战最富有戏剧性的战斗之一。在经历了珍珠港事件的耻辱之后，美国海空力量进行了轰炸东京、中途岛海战和截击山本五十六等一系列行动，给日本军国主义一记又一记的沉重打击，曾经猖狂不可一世的日军从此士气土崩瓦解。4月18日的主角——洛克希德公司的P-38“闪电”战斗机因击落山本五十六而名垂青史。

地中海战区

在意大利战斗

按照1943年1月丘吉尔首相和罗斯福总统在卡萨布兰卡会议所制订的计划，盟军取得北非战场的胜利之后，下一步的行动就是在西西里岛进行登陆作战，行动代号为“爱斯基摩人”。

展开登陆作战之前，盟军必须压制并歼灭在西西里岛空域的德国空军力量，这是一道必不可少的重要步骤。1943年6－7月，西北非航空队对西西里岛的敌军机场进行了持续不断的攻击，摧毁了接近1000架敌机。这迫使轴心国将他们的空中力量转移到亚平宁半岛的基地中。

在1943年7月2－7日，轴心国方面声称击落了17架P-38，但他们付出的代价同样高昂。在7月5日的战斗中，墨索里尼的2名顶尖飞行员魂归西天：第82战斗机大队的威廉·斯隆中尉驾驶他的P-38，以密集的机头火力将取得过22次空战胜利的里奥纳多·费鲁里(Leonardo Ferruli) 击落毙命；而友军部队的喷火战斗机也打下了拥有26架击落纪录的费兰克·鲁奇尼 (Franco Lucchini)。意大利前两位王牌的双双陨落给轴心国空军飞行员强烈的心理震撼。

1943年7月10日，英国第8集团军和美国第7集团军的160000名战士冲上了西西里岛的滩头。在盟军的登陆作战阶段，轴心国的空中力量几乎偃旗息鼓，只进行了微弱的抵抗。

一旦攻入了西西里岛，盟军的空中力量就能够以此为基地，深入到意大利本土作战。登陆作战后第三天，第12航空队的战斗机便降落在西西里岛的机场上，进驻新的基地。值得一提的是，此时的西西里岛上还有部分德军在活动，经过3个星期的顽强抵抗之后，德军才渡过墨西拿 (Messina) 海峡，撤退到意大利内陆。

西西里岛登陆作战的成功迫使意大利国王谋求结束战争的可能，他罢免了法西斯领袖墨索里尼的职务，并与盟军展开秘密接触。但意大利军队和人民仍然被进驻亚平宁半岛的德军严密控制，并由此引发了一系列动荡，包括墨索里尼的软禁和获救。

9月3日，蒙哥马利率领英国军队横跨墨西拿海峡，在意大利南部登陆。5天之后，美国第5集团军展开了对萨勒诺 (Salerno) 的渡海攻击。

意大利战场的开辟虽然富于戏剧性，但德军空军依然保持着强劲的攻击势头，他们在德军元帅凯塞林的指挥下，在狭长的亚平宁半岛上展开了长达20个月的抵抗。

“爱斯基摩人”行动开始前，地中海地区的3个P-38大队——第1、14和82战斗机大队驻扎在突尼斯。同样装备了P-38的单位还包括经验老道的第3照相侦察大队。自由法国空军的第2/33照相侦察大队也收到了4架F-4和2架F-5侦察机，他们的指挥官是勒内·加沃勒 (Rene Gavoille) 少校。

第3照相侦察大队、第2/33照相侦察大队和英国皇家空军的第682中队构成了盟军地中海照相侦察联队。原第8照相侦察中队的指挥官卡尔·波利夫卡中校在西南太平洋战场执行了最早的照相侦察任务，现在以丰富的经验担任起侦察联队的指挥官。

F-4和F-5侦察机没有武装配备，但这完全无法遏制侦察机飞行员的作战欲望。在撒丁岛被盟军攻占前，弗兰克·都恩 (Frank Dunn) 受命对岛上设施进行侦察。都恩驾机起飞后一直在厚重的云层上飞行，估算自己抵达卡利亚里 (Cagliari) 上空后，他飞下云层以观察周围地形。结果他吃惊地发现自己所处的位置是一个敌军机场的上空，他的侦察机

■ 意大利战场。1架第94战斗机中队的P-38G返回基地降落。

周围都是在空中盘旋等待降落的敌机！都恩不想让自己的飞机过于引人注目，于是加入敌机的队伍，一起在空中盘旋。对方的飞行员盯着他的P-38，搞不清楚这架美国飞机是前来投降还是进行侦察的，他们一直没有开火。都恩终于找到了一个可以逃脱的空隙，他加大油门一溜烟地从敌机群中飞出，飞向目标区。

都恩低空飞过了一个火车站，看到地面上有一列客车正在进站。这时都恩估计侦察机所挂载的副油箱即将耗尽，他决定把副油箱当炸弹投向火车站，吓一吓意大利人。都恩把侦察机高度降低，在客车的上空投下了副油箱。副油箱准确命中了客车，并卡在火车头之后第一列车厢的顶部。被吓得魂飞魄散的司机立即从火车头跳出逃生，旅客们更是争先恐后地从车窗中爬出，四散逃跑。目睹地面上的这一幕，都恩在驾驶舱里笑得前仰后合，对自己的恶作剧感到非常得意，继续执行侦察任务去了。

进入1943年秋天，盟军在西西里岛站稳了脚跟，是时候对意大利进行下一步行动了。8月13日，第12航空队派出2队轰炸机，对那不勒斯附近利托里奥(Littoria)和罗伦索(Lorenzo)的铁路货运编组站进行空袭。106架B-17由45架P-38护航，66架B-25和106架B-26由90架P-38护航。这次攻击动用了地中海战场上几乎所有的P-38，基本上是全新的P-38G-10和P-38G-15。接近目标时，2队轰炸机群遭到了总数超过75架的敌军战斗机拦截，P-38在轰炸机周围布下了紧密的防线，有力地击退了敌军。战斗结束后，有5架敌军战斗机被击落，盟军只损失了2架B-26轰炸机。

8月17日，“爱斯基摩人”行动胜利结束。第1、14和82战斗机大队的P-38在这5个星期的战斗中出色地完成了它们被赋予的使命：为轰炸机护航、攻击敌军地面部队、打散溃退敌军的队列、扫射火车、摧毁雷达站以及炸断桥梁等。第5照相侦察大队接收到了新的F-5型侦察机，并加入了第12航空队，在

■ 1943年，美国向突尼斯的法国2/33侦察大队提供了4架F-4和F-5A侦察机，随后又送去了照片中的这架F-5B。

那不勒斯-福贾一线执行侦察任务。

8月25日，第1和第82战斗机大队打了一场大仗，它们受命对福贾市范围内的所有敌军机场进行袭击。第1战斗机大队出动65架P-38对1、2和4号机场发动攻击，第82战斗机大队则派出他们所有可以行动的P-38对付剩余的机场。

这2个大队的P-38在07：06起飞，以270度航向接近目标区。它们一路超低空密集飞行，避开了敌人防空系统的侦测。09：25，P-38机群出现在福贾上空，对机场进行了迅猛而致命的突袭。敌人被打得晕头转向，P-38呼啸着在机场上来回扫射投弹，大批整齐排列在跑道上的敌机被一架架击毁。机场的防空炮火刚刚来得及做出反应，P-38机群已经倾泻完所有的弹药，踏上回家的路途。在这次近乎完美的突袭行动中，有2架P-38被击落，但是飞行员们却一共击毁击伤了接近200架敌机！

■ 快乐的王牌飞行员。第82战斗机大队的威廉·索伦（William J. “Dixie” Solan）中尉在刚刚结束的战斗中，驾驶这架P-38G-10在意大利上空取得了他第12次空战胜利，这使得他成为第82战斗机大队的头号王牌。

第1和第82战斗机大队由于在8月25日战斗中的出色表现，双双被上级授予优异单位嘉奖的奖励。

尽管遭受了重大损失，德国和意大利空军仍然组织起大批兵力，一次次进行猛烈的反扑。就在蒙哥马利率部在墨西拿海峡登陆的前一天，9月2日，第82战斗机大队派出74架P-38掩护72架B-25，对那不勒斯以北的铁路货运编组站进行空袭。这次任务将使第82战斗机大队再次赢得优异单位嘉奖的荣誉，第82战斗机大队因此成为二战中唯一2次获得优异单位嘉奖的美国陆航大队！汤姆·琼斯（Tom Jones）中尉在战后回忆起当时的情形说：“德国人和意大利人出动了70架战斗机，有MC 202，有RE 2001，还有Bf 109。当我们在14000英尺的高度从海面上飞入亚平宁半岛领空的时候，清楚地看到了在地面机场上它们紧急起飞时扬起的密集烟尘。我们的飞机采取护航编队进行飞行，那就是说以4架P-38为一个小队，分布在B-25轰炸机的上方周围，并和其他的4机编队构成交叉火力掩护。我们很快和他们交上了手，天空中到处都是飞机，机枪喷吐的子弹交织成一片。每架飞机不是在高速俯冲，就是盘旋翻滚。一架又一架飞机冒着烟掉到海面上。我打下来了1架Bf 109，它就在我面前穿过，机背正对着我，我瞄着它一直开火直到几乎坠入海中……空战前我们都得把2个165加仑的副油箱全部扔掉，但这里距离基地还有350英里远。我们一直打到燃油消耗接近极限才撤退，但敌机还在我们的屁股后面一直开火，他们从那不勒斯上空足足追出了100英里。我们只能飞到西西里岛北部的一个“喷火”机场进行加油，但有几架P-38的燃油支持不到西西里岛了……”

在这天的战斗中，第82战斗机大队总共损失了10架P-38——包括燃油耗尽中途弃机的数量。但飞行员们击落了16架Bf 109、5架MC 202、1架雷贾尼RE 2001和1架Fw 190，还有1架不明型号的敌机在与P-38的碰撞中坠毁。P-38的战果还包括击伤8架Bf 109，另有5架敌机可能被击落。第82战斗机大队经受了恶战的考验，他们用生命保卫的B-25全部平安返回了基地，无一损失！

1943年9月9日，美国第5集团军在马克·克拉克 (Mark Clark) 将军的率领下，在那不勒斯东南25英里的萨勒诺地区登陆。德军对这次行动进行了疯狂的反击，每次派出100架次以上的战机攻击登陆的滩头。登陆行动的进度被大为延缓，以致登陆部队一度产生对这次行动结果的怀疑。

在这样的局势下，P-38作为盟军手中的精英战机，再次披挂上阵。经历了过去2个月的战斗后，地中海战区的P-38力量受到了削弱，第1、14和82战斗机大队加起来一共有不到250架P-38可供使用。但盟军手中还有2个A-36“野马”大队、1个美军“喷火”大队和18个英军“喷火”中队，基本可以与德国空军相抗衡。每架可供作战的盟军战斗机一天要执行2次以上的作战任务：护航、轰炸、对地攻击，似乎总有打不完的目标在等着飞行员们。9月18日，福贾市的机场再次遭到盟军飞机的突然袭击，接近300架战机在跑道上被摧毁。9月27日，英国第8集团军终于控制了福贾市的机场。3天之后，美国第5集团军开进了那不勒斯。战事终于告一段落，3个P-38大队获得了短暂但宝贵的休整时间。

1943年9月上旬，比尔·莱弗里特 (Bill Leverette) 少校被提升为第14战斗机大队37中队的指挥官。在随后的1个多月时间里，莱弗里特少校的运气欠佳，一直没有遭遇过一架敌机！1943年10月9日，这个现状发生了一个戏剧性的转变。这天，25架Ju 87在Ju 88的护卫下，对爱琴海上的英国船队进行攻击。莱

■ 比尔·莱弗里特少校（左）和战友的合影。

弗里特少校接到命令，率领第37战斗机中队的8架P-38升空拦截敌机。在战斗中，莱弗里特少校一口气击落了7架敌机，创造了美国陆航单次战斗任务击落数量的记录！他的战友一共击落了10架敌机，这天第37战斗机中队的成绩可谓硕果累累。

随着意大利的投降，225架意军战机由起义飞行员驾驶，飞到西西里岛加入盟军一方。1943年10月13日，意大利向德国正式宣战之后，这些战机终于可以调转枪头向德军开火了。3天之后，第82战斗机大队的P-38对爱琴海上莱夫卡斯海峡 (Levkas Channel) 的德国军舰进行了俯冲轰炸，在高空为他们进行护航任务的就是起义的意大利飞行员驾驶的MC 205战斗机。

需要说明的是，并非所有意军飞行员都选择了光明的道路，他们当中有不少人留在了轴心国阵营中，并加入了德国空军的阵列。他们驾驶的战斗机也是MC 205。

■ 画家为莱弗里特少校在1943年10月9日战斗所绘制的艺术画。

因而，在亚平宁半岛上空便出现了意大利人对意大利人、意大利飞机对意大利飞机交战的局面。

1943年11月1日，在意大利领土上，美国第15航空队成立了，这支部队以福贾市周围的机场作为基

■ 第14战斗机大队理查德·坎贝尔（Richard Campbell）中尉的这架P-38上还将增添一个卐字图案。照片中，第四个标记代表着他击落的是1架意大利空军的MC 205。

地。第15航空队的首任领导是杜立特将军，他随后被派往英国，由内森·特维宁（Nathan Twinning）将军接任他的职务。地中海战场上所有的P-38都被转入第15航空队旗下，除了3个战斗机大队，还包括第5照相侦察大队。

在罗马以南90英里的卡西诺小镇，德军伞兵在高耸的山峰上构建了严密的防御工事。在这里，交战双方展开了拉锯战，战斗从1943年冬天一直持续到来年春天。

第14战斗机大队49中队的杰克·里诺克斯（Jack Lenox）中尉回忆起这个阶段的战斗时说："1944年1月22日，英国和美国部队在古斯塔夫防线以北60英里的安齐奥（Anzio）登陆。整个冬天，德国人的火力一直把他们压制在滩头阵地动弹不得。他们冲不出去，但又不能后退。我们在那时的任务就是帮助他们在滩头支撑下去，在安齐奥的战事结束前，我们飞了无数次扫射、俯冲轰炸任务来打击德国军队。我们通常的出击路线是从福贾的机场起飞，穿越意大利半岛直到那不勒斯飞到海面上，再从滩头进入安齐奥，回来的时候也是走这条路。有一天我们决定抄近路走，结果撞到了敌人的高射炮阵地，他们打得又准又狠。保罗·温格特（Paul Wingert）中尉飞机的2台发动机都被打坏了，一个劲地往地上落。温格特中尉在弃机跳伞时被降落伞缠住了，差点打不开驾驶舱。但他最后还是爬了出来，降落伞刚打开他的飞机就摔在了地上。温格特中尉正下方是一队美国步兵，他们在安齐奥的泥浆中打了好多天，除了冰冷的K口粮什么都吃不到。那天他们好不容易开伙做顿热饭，饥肠辘辘的士兵们在空地上排着队伍等待开饭。这时温格特从天而降，不偏不倚正好落在队伍的最前面。厨师冲他喊了一句：'开饭啦！'温格特开始还有点反应不过来，他看了看四周，很快脸上就笑开了花，他第一个走上前去，拿起一套餐具，开开心心地领了一份饭。"

■ 1944年1月16日，第14战斗机大队37中队的托马斯·史密斯(Thomas W.Smith)中尉驾驶这架P-38和1架Bf-109对决。2架飞机几乎以垂直的角度轰然相撞，Bf-109的一侧机翼被切断，当即坠毁。史密斯中尉的座机损失了一个发动机，尾撑严重损坏，但最终还是顽强地飞回基地，以机腹迫降成功。

深入敌境

1944年2月，意大利的地面战斗趋于缓和。第15航空队开始和驻扎在英国的第8航空队联手，深入德国境内执行战斗任务。由于P-38具备出色的远程飞行能力，从福贾机场起飞后可以在中南欧的广大地域中活动，它在战斗中担任起相当重要的任务。与此同时，最新型的P-38J加入了地中海战区的战斗，这个改型修正了P-38系列许多固有的缺陷，作战性能得到了飞跃，能够执行所有条件下的不同战斗任务。

1944年4月2日，意大利的3个P-38大队终于有机会试试新型P-38J的性能了。这是地中海战场上前所未有的大规模行动，目标是轴心国在奥地利斯太尔(Steyr)的滚珠轴承工厂和飞机制造厂。盟军为这次行动投入了450架重型轰炸机。

第82战斗机大队为轰炸机提供最初的护航任务。10：15，轰炸机群前方出现了50架敌机，包括Bf 109、Fw 190和MC 202，它们在轰炸机群相同的高度飞行，一路直冲过来，试图引开护航的P-38。与此同时，另外一队敌机在35000英尺高空盘旋，等待P-38编队散开以便俯冲下来攻击轰炸机。敌人的诡计被识破了，美军飞行员保持着紧密的队形，经过第一个回合的交手，他们击落了3架Bf 109。轰炸机群保持队形，继续坚定地向目标飞行。

10：45，第325战斗机大队的P-47接替了P-38的护航任务，它们将轰炸机一直送到目标区，并打退了21架Bf 109的进攻。11：30，保护返航的轰炸机的任务转交给第1战斗机大队的P-38承担，它们面对的是敌人70架战斗机的轮番进攻。

这时护航编队出现了小小的混乱，原因是前来接应的第14战斗机大队的P-38机群在加入到护航编队的过程中发生了差错。不过，在由2个战斗机大队共80架P-38组成的防线面前，只有6架敌机突破了防御，接近轰炸机。它们很快就被第49中队的飞行员分别击落击伤了2架。

12：05，40架Bf 110和Me 210在单发战斗机的护卫下，排成4机一组的紧密队形，轮番对轰炸机群发射空对空火箭。第48战斗机中队的P-38冲上前去，将敌机的队形彻底打破，并在20分钟的战斗之后击落了12架敌机。

在返航阶段的中期，在轰炸机上方空域提供护卫的第37战斗机中队在保持自身无一损伤的前提下，击落了6架敌机，击伤1架，并有2架可能击落的记录。在所有拦截的敌机都被驱散以后，第14战斗机大队重新整理好队形，将轰炸机一直安全护送到克拉根福特 (Klagenfurt) 以南。他们的任务宣告圆满完成，此时，P-38的燃油已经所剩无几，但它们全部平安返回了福贾机场。

这天飞行员们打了一场漂亮仗，他们对P-38J的表现大加褒奖。罗伯特·希德曼 (Robert Siedman) 中尉高兴得见人就说："嘿，我敢打赌，如果希特勒知道今天一个犹太小子打掉了他的3名飞行员，一定会气得发疯的！"

在1944年的晚春时节，3个P-38大队一直在执行类似的任务。它们作战的成效要到战后对照德国空军的记录才能完全显示出来。1944 年5月，德国负责奥地利地区防空任务的JG 27和JG 77手中只剩下124架单发战斗机，其中只有79架具备作战能力。与此同时，第15航空队已经可以一次性向奥地利空域派出187架P-38、50架P-47和48架最新的P-51了。

从1944年6月开始，第15航空队对德军的交通设施进行持续攻击，作战的结果完全可想而知：整个意大利北部的铁路设施全部瘫痪！就在登陆诺曼底前2天的6月4日，盟军部队开进了意大利首都罗马。随着诺曼底登陆的进行，反击德国的焦点从意大利转移到了法国。这不可避免地影响到亚平宁半岛的兵力部署，盟军还在坚强地向北推进。德国军队的防线收缩到意大利北部山区，并在那里顽抗了又一个冬天。意大利的战事要到第二次世界大战的最后一年才能结束。

在接近一年的时间里，美国陆航一直竭力摧毁罗马尼亚普罗耶什蒂地区具有重要战略意义的炼油厂，一队又一队的B-17和B-24轰炸机深入欧洲内陆进行冒险攻击。但一直

1944年6月，盟军空中力量开始进行在欧洲和苏联之间的穿梭飞行作战。埃弗雷特·希斯中尉（右）驾驶这架F-5C-1飞到了苏联机场降落并成功返回后，和地勤人员合影。

到1944年夏天，炼油厂似乎没有受到太多的影响，依然持续运转。这时，美国陆航高层想出了一个办法：使用速度快、航程远的P-38对炼油厂进行精确的俯冲轰炸。

第1和第82战斗机大队被选中进行俯冲轰炸的尝试。1944年6月10日，2个大队各自派出了39架P-38，对普罗耶什蒂地区的炼油厂发动攻击。第82战斗机大队负责在炼油厂上空投下炸弹，为他们担任护卫的则是第1战斗机大队。普罗耶什蒂炼油厂受到了一定的伤害，2个大队在途中也顺带击落了总共29架敌军飞机，但它们还是遭受了严重损失。第1战斗机大队有14架P-38没有返回机场，第82战斗机大队有8架P-38被击落或者由于迷航损失，2个大队总共的损失率接近30%！

■ 在6月10日那场损失惨重的战斗中，第82战斗机大队的本·梅森（Ben A.Mason）中校驾机在普罗耶什蒂上空投下了炸弹、对地面敌军的高射炮阵地进行了扫射、摧毁了两架火车头并击落了1架Bf-110。

■ 贝伯特·哈奇（Berbert B.Hatch）中尉在回忆战斗。1944年6月10日，他在普罗耶什蒂上空的战斗中击落了5架Fw-190，但他也是那天第71战斗机中队唯一回到基地的飞行员。

“闪电”救兵

也许鉴于对普罗耶什蒂作战行动的损失过大，从7月开始，第82和第14战斗机大队转向其他任务，开始在意大利和苏联之间穿梭飞行，对轴心国地区的敌军目标进行对地攻击。

1944年8月4日，第82战斗机大队的穿梭对地攻击任务是这样安排的：从福贾起飞，攻击普罗耶什蒂地区的交通线路，然后飞抵乌克兰境内的波尔塔瓦（Poltava）空军基地降落。

P-38机群抵达预定目标区上

空后，随即对列车和卡车进行低空扫射。他们遭到了防空炮火的还击，1发炮弹打中了第96战斗机中队迪克·威尔西 (Dick Willsie) 中尉的座机，左侧发动机被打个正着，当即停止工作。作为经历过59次战斗任务的老飞行员，威尔西中尉对此毫不在意。他对P-38单发飞行的可靠性持有充分的信心，继续驾机和队友一起扫射附近的一个机场！

很不幸，在机场上空，威尔西中尉座机的右侧发动机也被高射炮弹击穿了。他注意到右侧尾撑的普瑞斯通冷却器在向外泄漏冷却液，这意味着这架飞机只能维持几分钟的时间。威尔西中尉竭力操纵飞机降落，同时将自己的情况通过无线电通知队友。很快，他的耳机里传来了迪克·安德鲁斯 (Dick Andrews) 中尉的呼叫，这个来自波特兰的20岁飞行员的俄勒冈口音此时听起来充满了热情和信心："你找个好的地方降落，我马上跟着你下去！"

顾不上琢磨安德鲁斯中尉的话，威尔西中尉集中精神寻找着陆地点，否则降落的时候将难以控制飞机。他全神贯注地搜索着地面，驾驶舱上方天空的厮杀对他来说，已经完全是另一个世界的事情了。忽然，P-38风挡被一颗子弹击中，飞射开来的玻璃碎渣击中了威尔西中尉的额头。他感到一阵刺痛，一股温暖的液体从前额流淌下来。但现在没有时间擦干血迹了，前面出现了一块相当平整的空地，有一个橄榄球场大小！他操纵P-38通过2个急转和1个侧滑机动，准确地飞到了空地上空。P-38飞越了空地周围的树丛，落到了地面上。为了防止被撞伤，威尔西中尉低头弯腰，蜷缩在橡胶包裹的驾驶盘后面，就像车祸时的紧急防范措施一样。飞机的腹部不断被泥土和石块碰撞，驾驶舱内的威尔西仿佛空罐头盒中的小石子一样被猛烈颠簸。P-38最后停了下来，用威尔西的话说，那时他的脸上有如"被黑人拳击手乔·路易斯 (Joe Louis) 打了一连串左直拳和右勾拳一样痛"。他用手试着摸一下脸，上面湿乎乎的全部是血。他感到一阵天旋地转，但四肢还能动弹，定了一下神后，威尔西打开风挡，爬出驾驶舱，顺着飞机倾斜的角度跳到了左侧机翼上。

天空中充斥着发动机的轰鸣，多架P-38和Bf 109在低空进行难解难分的缠斗。威尔西中尉看到远处疾驶的卡车和奔跑的人群，听到了步枪在开火，以及子弹从他身边掠过的啸音。他连忙从机翼上跳下来，转进附近的树丛中躲起来。这时，在头顶的天空中，威尔西看到安德鲁斯中尉的P-38把起落架放了下来，正要降落到空地上！就像被巫术迷住了一样，惊呆了的威尔西一下子坐倒在地上，心想："我的上帝啊，他下来了，他要把我接走！"

这块空地的土壤相当柔软，刚刚犁过

一次，到处都是凹凸不平的土块；而且威尔西穿着厚厚的皮质飞行服，跑起来相当不方便，但他还是激动地朝着安德鲁斯的P-38尽力奔跑。

安德鲁斯在空中看到了威尔西的座机降落时在空地上划出的痕迹，他调整了一下飞机状态，顺着威尔西降落的方向，尽可能轻柔地把飞机降到了地面，停在一片玉米地的边上。飞机停下来以后，安德鲁斯把襟翼调整到起飞状态，让发动机保持每分钟1800次的转速，并刹住了起落架轮，这样P-38随时可以起飞。

与此同时，敌军步兵注意到这2架落到自己家门口的美国战斗机，开始向降落地点聚集，意欲抓获美军飞行员。于是，第82战斗机大队的P-38在和敌军战斗机交手的同时，还必须抽空扫射地面的步兵，阻止他们接近威尔西和安德鲁斯中尉。

当威尔西中尉跑到发动机轰鸣的P-38跟前时，安德鲁斯已经放下了登机梯，并把自己背着的降落伞扔掉，有如天神下凡一般伫立在机翼上。尽管跑得上气不接下气，威尔西还是努力地向前来搭救的同伴挤出了一个感激的微笑。安德鲁斯伸手把威尔西拉到P-38的机翼上，对他说：“你来开。”有如变魔术一般，2个飞行员迅速地挤进了P-38的驾驶舱里，姿势相当匪夷所思：安德鲁斯尽可能向后靠，威尔西则拼命向前挤，坐到了座椅的边上；由于驾驶舱右侧空间被操纵杆占据，安德鲁斯中尉的右脚架在了威尔西的右侧肩膀上，左脚则放在威尔西左手下面。

安德鲁斯把右侧风挡摇上，威尔西负责关闭左侧风挡，两人的动作在几秒钟内几乎同时完成！威尔西把螺旋桨调整为低负荷螺距，向前打开节流阀，松开刹车，P-38开始在松软的泥地上滑行。空地的宽度看起来勉强能够让飞机起飞，但尽头有几棵树挡住了路。于是威尔西把襟翼打到了战斗位置以提高升力，拼命向后拉操纵杆。P-38怒吼

■ 挤在P-38座舱中的安德鲁斯中尉和威尔西中尉。

■ 安德鲁斯中尉正在给内森·特维宁将军讲述他的战斗经历。

回了福贾基地，他们的经历被视为英雄故事广为传播。一批批高级军官前来会见2位勇敢的飞行员，包括第15航空队司令内森·特维宁将军，以及第306战斗机联队指挥官迪安·史特罗哲 (Dean Strother)。安德鲁斯中尉由于表现突出，被特维宁将军越级提升为少校，并颁发了银星勋章。

着从泥地上跃起，越过了树丛顶端。威尔西事后回忆说：“如果那丛树再高上10英尺，我们就会一头撞上去了！”

P-38奇迹般地重返蓝天，带着2名飞行员迅速离开战场，飞往乌克兰的波尔塔瓦基地。这段航程历时2小时30分钟，对挤在驾驶舱内的威尔西和安德鲁斯来说，几乎是有生以来最难受的一次飞行。安德鲁斯用碘酒对威尔西的伤口进行了消毒，但流血还是没有停止。为了鼓舞士气，2人轮流天南海北地讲笑话。凭借威尔西出色的驾驶技术，这架P-38居然第一个在波尔塔瓦基地降落，领先第96战斗机中队的其他飞机。准备就绪的地勤人员围了上来，他们看到2名美国飞行员先后从P-38的驾驶舱内爬出，一个个不由得愣了半天。

2天之后，威尔西和安德鲁斯安全地返回了福贾基地，他们的经历被视为英雄故事广为传播。

几天之后，美国陆航战略航空队 (U.S.Strategic Air Forces) 的欧洲战区司令官艾拉·埃克将军授予安德鲁斯少校一份特别嘉奖。这2位飞行员将继续在第82战斗机大队中战斗，一直到第二次世界大战的落幕。

猎杀“野马”

8月15日，盟军在法国南部发起登陆作战。第1和第14战斗机大队为滩头的步兵提供直接的火力支援，第1战斗机大队在这天执行了18次战斗任务，而第14战斗机大队的战斗任务数目为21次！与此同时，第82战斗机大队的P-38则从福贾机场起飞，为轰炸法国海岸线的轰炸机提供护航支持。到8月20日，3个战斗机大队一共出动1000以上架次的P-38升空作战。在为期5天的战斗中，美军损失了23架P-38。

时间进入9月，亚平宁半岛上空的德国空军几乎不见踪影。第14战斗机大队在南斯拉夫、匈牙利、德国、奥地利、捷克斯洛伐克和希腊展开了18次战斗任务，却没有遭遇哪怕一架敌机的反击。在整个秋天里，第82战斗机大队只击落了4架飞机，其中还包括1架P-51“野马”战斗机！事情的经过是这样的：

10月29日，第82战斗机大队掩护一队B-24执行对慕尼黑的穿梭轰炸任务。在它们到达和轰炸机会合的空域之前，有一架P-51从远处飞进了P-38的编队。这架P-51没有挂载副油箱，在李·卡尔（Lee Carr）中尉的座机旁边悄无声息地飞行。轰炸机出现了，P-38掩护它们飞抵慕尼黑上空执行轰炸，随即散开到低空，对地面目标进行扫射。这时那架P-51不见了，当P-38的弹药消耗得差不多时，他们重新组成编队返航。此时，霍桑中尉的座机被地面防空炮火打坏了一侧发动机，队友们在四周掩护着他。

这时，那架P-51又神秘地出现了。它面对P-38的编队进行了几次面对面的飞行，每次第82战斗机大队的飞行员都不为所动，继续保持队形，P-51只得闪开让路。最后，P-51向霍桑中尉受伤的P-38径直飞来，并一路猛烈开火！艾登·库尔森（Eldon Coulson）中尉当即把机头对准P-51，4门机枪和1挺机炮同时发射，子弹以45度的角度准确地从P-51的机头打到驾驶舱。P-51随即翻转进入尾旋坠毁。

P-38机群返航后，飞行员们将这一事件向上级提交了报告。那架P-51固然明显带有敌意，但万一库尔森中尉的射击被当作误伤友军进行处理，他可能由此被送上军事法庭。库尔森为此提心吊胆了好多天，直到他从司令部得到确认：10月29日当天，盟军没有派出P-51战斗机在慕尼黑附近地区作战。二战结束后，世人才得以知晓德军使用至少2架被缴获的P-51对盟军的轰炸机群执行骚扰任务。库尔森中尉击落的便是其中之一，这也被记入他的战绩当中。

鹰与熊的对决

在1944年8月底到11月期间，为辅助苏联军队在东线战场的进攻，第15航空队在南斯拉夫和匈牙利上空执行了超过35次战术任务，在地面上摧毁了621架敌军战机和大量列车，并大量杀伤德军地面部队。

美国陆航的对地攻击作战一向卓有成效，但1944年11月7日的战斗故事则颇为蹊跷。这次任务由艾德文森（C.T.Edwinson）上校——一位执行过27次战斗飞行任务，拥有4000小时飞行经验的指挥官——带领第82战斗机大队的P-38执行。对整场战斗过程，美国军方只对外公布了一些简略的信息：“本月（11月）上旬，第15航空队一个中队的P-38在前往目标区途中，以200英里/小时速度，在距离地面50英尺高度穿越南斯拉夫的山脉。P-38机

■ 前来参观的苏联军官惊奇地观察F-5侦察机。1个月之后，第306战斗机联队指挥官斯特罗瑟(D.C.Strother)将军带领第15航空军的70架P-38和50架P-51前往苏联进行穿梭对地攻击任务。

群多次遭受敌军防空炮火的袭击，并在错误的导航指引下误击一队苏联陆军部队。P-38遭到了雅克战斗机的还击，有2架被击落。在双方飞行员互相取得联系之前，P-38击落了2架雅克战斗机。苏联指挥官以过人的勇气接近美军战斗机编队，以表明身份。在双方飞行员确认对方身份之后，战斗随即停止。在这次误击事件中，苏联中将科托夫牺牲。”

李·卡尔中尉参加了这次全长4个小时的任务，对此他有另一番不同的叙述：“我们的战斗机大队一直根据俄国人的要求进行对地支援任务，这次也不例外。俄国人把德军打得落花流水，在上一次任务里，我们的P-38给敌军造成了巨大伤亡。

我们到达那个山谷上空时，领队的艾德文森上校命令第97战斗机中队降到低空扫射。剩余的2个中队继续飞行直到目标区，这是一个小村庄，我们确信这就是任务指定的目标，第96中队也这么认为。于是，我们的第95中队俯冲到低空，对地面目标进行扫射，96中队则留在高空掩护。我们打中了一列火车，然后注意到有一队步兵纵队正在接近村庄。这个纵队包括了士兵和车辆，看起来绝对是一支德国部队，而不是苏联军人。我们没有看到任何识别标志，也没有收到地面的任何信息，于是就认定了这是敌军队伍，开始攻击。P-38的火力给这队士兵造成了巨大的伤亡，其中包括了那位苏联将军。

当我们从低空扫射中拉起来时，有人在无线电中呼叫，有架来路不明的飞机打下了我们的1架飞机！96中队的1架P-38立即毫不犹豫地冲下来，把这架飞机击毁。

更多的飞机出现，一场混战开始了。我们的P-38刚刚在对地面目标的攻击中消耗了不少弹药，而且战斗是在低空进行，难以发挥出飞机实力，这救了不少对方飞行员的命。战斗在不断进行，我看到5－7架‘敌机’拖着火焰往下掉。这时无线电中有人在惊叫：‘我跟上了他们的1架飞机，看到了尾翼上的标识，那是一颗红星！’这时艾德文森上校的话也插了进来：‘这是俄国飞机，我们赶快跑吧！’这次行动我们损失了2架P-38，1架被雅克战斗机击落，另外一架的损失不明，不清楚它是被苏联战斗机还是地面防空炮火击落。战斗中，乔治·保尔 (Groege Bower) 中尉曾经咬住了1架雅克战斗机，它试图进行一系列慢滚机动逃脱。每次雅克战斗机将慢滚动作进行到底部，保尔中尉都能抓住机会向它开火。最后雅克战斗机逃到了低空，朝向它的地面部队飞行，希望自己的防空炮火能够把它尾巴后的P-38击落——就像德国空军飞行员经常玩的把戏一样。这时，保尔中尉看到正下方是一个遍布飞机的机场，他随即放过了雅克战斗机，转而扫射地面。从这天的战斗中所经历的一切来看，我敢说雅克战斗机没有哪方面性能比P-38强。”

除了被击落的艾登·库尔森中尉和菲利普·布鲁尔(Phillip Brewer)中尉的座机，其余的P-38均安全返回了福贾机场，战斗中基思·阿姆斯特朗 (Keith Armstrong) 中尉的1台发动机被地面炮火击伤，但他仍然凭借剩余的1台发动机驾机回到了基地。

苏联和美国的外交官员马上对此进行了唇枪舌剑的争吵。苏联方面强烈要求严重处置艾德文森上校，实际上他们甚至想枪毙艾德文森。在第82战斗机大队，每个参加了这次行动的飞行员都被单独传唤提问，以尽可能地再现冲突的起因。最后，人们通过多方面分析得出了调查结果：第82战斗机大队没有打错地方——苏联地面部队的进攻速度太快了，越过了预定的战线达100公里之多，而他们没有把这些信息及时通知远在意大利的美国盟友。

在这次误击事件中，P-38的对手是代表苏联航空工业顶尖水平的一代名机——雅克-9战斗机。虽然P-38表现出优于友军战机的性能，但双方的交手和误伤实在令人痛心。

对地支援

到1944年11月，驻扎在意大利的P-38主要执行对地火力支援任务。它们也时常掩护第5照相侦察大队的F-5侦察机深入德国刺探情报。第82战斗机大队接受了1架“塌鼻子”型P-38。

1944年12月，盟军空袭的目标开始转移到德国境内的炼油厂，对这个战略目标的攻击必然招致德国空军的拼死截击，因此盟军护航战斗机和德军截击机之间的战斗在德国上空激烈上演。

时间进入1945年，盟军地面部队开始着

手打破德军从去年9月开始就在意大利北部山区构建的防御阵线，为这个战略目标服务，P-38再次出动执行一系列的对地火力支援任务。在1945年2月期间，第14战斗机大队一共摧毁了超过100个火车头。第49战斗机中队的4架P-38掩护1架F-5侦察机深入慕尼黑地区活动时，遭到了1架Me 262喷气式飞机的拦截，虽然速度落后于对手，P-38依然成功掩护侦察机返回基地。敌军的喷气战斗机固然性能优异，但出现得太晚，数量也太少，已经无力挽回败局了。

盟军的空中力量完全控制了德国的天空。重型轰炸机长驱直入，对战略目标进行毁灭性打击。而P-38则继续执行对地火力支援任务，经过长时间对地面目标进行打击，P-38飞行员总结出了一条对地攻击定律，那就是："低空、快速、一次通过。"

1945年3月24日，第1战斗机大队派出P-38战斗机，参加了对柏林进行的轰炸任务。2个星期以后，盟军对盘踞在意大利北部的德军发动总攻，P-38一如既往地为地面部队提供直接的火力支援。在4月11日，40架P-38摧毁了84个火车头、43辆油罐车，并对位于高山上的敌军阵地进行了扫射。这个任务绝不轻松，处于绝境中的敌军往往能爆发出超常的潜能，在4月14日的战斗中，有14架P-38被击落，多架被击伤！

4月20日，意大利战场的P-38向北突进，对铁路线进行了持续的俯冲轰炸。在布仑纳隘道（Brenner Pass）以北，有40余处地段的铁路被炸断。P-38还攻击了因斯布鲁克（Innsbruck）和罗森汉（Rosenheim）之间的7个铁路枢纽，并一举炸断4座铁路桥。亚平宁半岛上的各个P-38部队便是以这样的方式给希特勒的最后一个生日送上一份大礼。第二天，罗森汉和慕尼黑之间的铁路同样遭到了P-38的

■ 第1战斗机大队第27战斗机中队的4架P-38正在以标准的四机编队飞行。

■ 最后的一击——1945年4月19日，第14战斗机大队对德国境内慕尼黑附近的铁路货运编组站进行袭击，注意照片下方飞越铁路线的P-38。

■ 第82战斗机大队第96战斗机中队的P-38正在投下炸弹。

大肆破坏。

1945年5月2日，随着德军宣布投降，接近100万德军士兵放下了武器，亚平宁半岛上的战火终于熄灭了。

从第15航空队组建直到战争结束，第15航空队的P-38在地中海战场一共起飞了44296个架次，其中有3814个架次由于天气、机械或其他原因被迫返航，由此可以计算得出：P-38在地中海战场的出勤率为84%。在战斗过程中，P-38一共和4004架次的敌军战机交手，并击落了其中的608架，击伤343架，并有123架可能击落的记录。P-38为此付出的代价是131架被敌军击落。平均每起飞100个架次，有1架P-38损失，损失的原因包括空战、地面炮火、机械故障、人为原因或者其他不明因素。在地中海战场，P-38的表现极为出色，无愧为第二次世界大战一代名机。

水土不服的欧洲战场

当人们审视P-38在欧洲战场的战果时，往往会发出疑问："为什么会这样？"确实，和地中海、太平洋等战场相比，P-38在欧洲的表现要逊色不少。下表是美国陆军航空兵的三大战机——P-38、P-47和P-51在欧洲战场的战绩统计。

从表格中我们看到：在欧洲战场上，P-38在空中一共击落了1771架敌机，但自身战斗损失数量为1758架，敌我损失交换比仅仅勉强超过了1：1。除此之外，P-38的损失率比P-51高40%，超过P-47足足有140%！如果单纯根据以上数字进行分析，任何人都会认为P-38是一种糟糕透顶的战斗机。

实际上并非如此，P-38在欧洲战场的战斗生涯相当短暂，这从起飞架次的数目统计中可见一斑。在后起之秀——P-47和P-51抵达欧洲战场之后，P-38很快将夺取制空权的重担卸下。在大部分时间里，P-38所肩负的使命为对地攻击等支援任务，并非在空中与敌机厮杀。这也可以从它的成绩中体现出来：在地面摧毁的敌机数量为1951架，高于击落数量。同时，平均击落1架敌机，P-38需要起飞73个架次，这固然比不上P-51的43个架次，但依然优于P-47。

在欧洲战场损失的1758架P-38中，有的在空战较量中失利、有的由于天气原因损失(就像"波利乐舞曲"行动时遗弃在格陵兰岛上那6架P-38F一样)、有的被地面防空炮火击落（对比P-38在地面和空中所取得的成绩，我们能体会到这部分损失占据了相当大的比重)。P-38的成绩单，绝对不是1架"闪电"拼1架敌机那么简单！

进一步说，如果对P-38在欧洲战场所面对的种种客观条件进行全盘分析，人们的疑问就会变成："它们怎么能努力做到这些？"

◆飞机硬件缺陷

驻扎在英国的大多数飞行员——至少大多数公开自己意见的P-38飞行员对这架飞机一直提出尖锐的批评，在很大程度上，他们的意见是正确的。批评的开始源于1943年到1944年之间的冬天，当时第20和第50战斗机大队装备的是最新的P-38H，从英伦三岛出击执行了最初的大规模作战任务。在那时的太平洋战场和地中海战场，P-38的G型和H型已经取得了优异的战绩，但在欧洲大陆，有几个重要因素导致了P-38

美国陆航P-38、P-47和P-51在欧洲战场的战绩统计

	P-38	P-47	P-51
起飞架次	129820	423435	213873
击落空中敌机数量（架）	1771	3082	4950
摧毁地面敌机数量（架）	1951	3202	4218
战斗损失数量（架）	1758	3077	2520
损失率(百分比)	1.7	0.7	1.2
起飞架次/击落敌机数目比	73.3	137.4	43.2

性能发挥失常。早期型号安装在机翼前端的发动机中间冷却器性能发挥已经超过了极限，P-38H为此共计损失了370马力的发动机功率。

■ 1943年12月12日，第55战斗机大队第338战斗机中队的P-38H-5准备起飞，它们的任务是掩护对欧洲进行轰炸的第91轰炸机大队。

除此之外，P-38系列使用的艾利森V-1710发动机技术上尚不成熟，存在种种缺陷。在中低空范围工作，V-1710的工作状况正常；在高空低温环境下工作时，发动机比较容易引发故障。需要区分清楚的是，在太平洋战场和地中海战场，P-38的活动区域一般是中低空地带，因此V-1710的性能发挥相当出色，P-38得以大展神威。在欧洲，P-38承担的首要职责是为高空飞行的重型轰炸机担任护卫。在高空条件下，V-1710的可靠性受到影响，从而牵连到P-38的作战效能。

◆飞机软件缺陷

在欧洲寒冷的冬季中，P-38被要求长期在高空执行作战任务，驾驶舱气温降低到常人和机械工作的极限。在低温环境中，早期型P-38风挡除霜系统的功率不足，导致风挡在高空中经常凝结霜冻，干扰了飞行员的视野，搜索和瞄准大受干扰。

更重要的是，早期型P-38的驾驶舱加热系统也无法满足高空飞行的要求，这个问题在阿留申群岛的战斗以及“波利乐舞曲”行动中已经暴露出来了。但在P-38J投入现役之前，驾驶舱加热系统的缺陷一直得不到根本的解决。

P-38冰冷的驾驶舱一直遭到绝大多数飞行员的诟病，与之相比，P-38的其他问题倒显得不那么突出了。在体温低于33摄氏度时，常人会出现嗜睡、记忆丧失、心跳和呼吸减慢、脉搏细弱、感觉和反应迟钝的症状。开P-38的飞行员们都是血肉之躯，如果手脚受冻变得麻木不灵，怎能和敌机进行瞬息万变的生死厮杀呢？

如果要改造P-38的座舱供热系统，这项工作对北爱尔兰的朗佛小村改装厂来说相当简单。由于后勤供应等种种原因，驻扎在英国的P-38机群一直没有进行改造工作。类似的事情也发生在“俯冲襟翼”的安装上：早期P-38由于压缩效应的影响，俯冲性能受到极大的限制。凯利·约翰逊研制出能够有效消除压缩效应作用的“俯冲襟翼”，并在1943年4月得到了验证。但是，第一副俯冲襟翼安装到欧洲战区的P-38上的时候，已经是1944年夏天了！

◆ 后勤供应

按照设计规格，艾利森V-1710使用的燃料应该为规格AN-7-28，标号100/130的汽油；规格AN-7-26，标号91的汽油也可以使用。在第二次世界大战中，由于补给线受到影响，英国的燃料供应一直无法得到正常保障。驻扎在英伦三岛的美国陆航部队——例如第8航空队的P-38大队使用过标号115/145的汽油。

使用标号过高的汽油，固然能够提升发动机输出功率，但是随之而来的问题就是发动机容易引发“滞燃”症状：在正常工作环境下汽油无法点燃，出现燃烧不完全现象，需要加大汽缸压力才可勉强工作。这对艾利森V-1710的结构造成严重的损害，同时也使得发动机出现故障的几率急剧上升。

◆ 士气因素

影响到第8航空队P-38战斗机在战场上发挥的，还包括在1943－1944年冬天期间在英国的P-38飞行员之间流传的谣言，以及因此而造成的士气低落现象。1944年1月，第50战斗机中队指挥官乔治·杜赫提 (George Doherty) 中校前往英国，受命组建一支照相侦察部队，所目睹的一切让他感到触目惊心：“到了英国，我才知道P-38的飞行员士气已经降到了谷底，他们被飞机的高事故率和行动的低生还率压迫得全无斗志……似乎每次升空作战，P-38飞行员都把这当作他们最后一次飞行……”

战后，曾在第20战斗机大队中驾驶P-38的罗伊尔·佛雷 (Royal Frey) 向记者吐露了他的心声：“艾利森V-1710一点用处都没有，纯粹就是个定时炸弹——我们对它就是用这个称呼的。风挡玻璃的霜冻也非常严重。在高空飞行时，驾驶舱冷到常人远不能忍受，环境几乎恶劣到了极点……”

实际上，对飞行员士气起到最大影响的是上级指挥官的意志。毫无疑问，美国陆航的指挥官都是勇敢的战士，他们一旦驾机升空作战，均能体现出非凡的表率作用。但在欧洲战场上，他们对P-38的态度则有待商榷。第8航空队的某些指挥官说P-38远不是一架“真正的战斗机”，甚至把它讥讽为“飞行的冷藏货柜车”。第20战斗机大队的指挥官马克·哈巴德 (Mark Hubbard) 上校的说法相对不那么难听，他说：“P-38是欧洲战场战斗机五强之一，排在P-51、P-47、Bf 109和Fw 190之后。如果我们在20000英尺以下高度飞P-38，它还是能打好仗的，但它实际上没有这个机会。”指挥官态度尚且如此，下级飞行员对P-38的消极心态就是完全可以理解的了。

回想在太平洋战争刚刚爆发的1941－1942年冬天，驻扎在菲律宾的第24战斗机大队熬过了最黑暗的一段日子。飞行员们面对的敌人有：性能和数量均占据压倒优势的零式战斗机、困守孤岛的恐慌、粮食短缺所造成的半饥荒。他们手头的武器只有千疮百孔的老式战斗机，由于缺乏零部件，飞机只能用木板和电话线进行简陋的修补！即便如此，飞行员们还是保持了旺盛的斗志。在他们给战斗机机身喷绘的文字上，体现出美国人大无畏的乐观主义精神和永远不会丧失的幽默感：“再给我们送架P-40来！这架已经满是洞眼了！”对比一下两地飞行员的精神面貌，我们可以清楚地看到士气对于战斗的胜负有着多么重要的作用。

◆ 训练

作为一架双引擎战斗机，P-38比其他的战斗机要复杂得多。因此，飞行员需要更多训练时间来适应P-38。驻英伦三岛的美国陆航部队——特别是第8航空队没有为新手飞行员提供任何驾驶P-38的训练课程。在美国本土学习飞行课程时，飞行员们驾驶的是AT-6这样的轻型单引擎飞机；一旦来到欧洲，他们就要马上换到P-38上进行作战——飞行员们实际上是在进行战斗任务的过程中一点点熟悉这架完全陌生的大飞机的！

例如，P-38J/P-38L和F-5B的中间冷却器安装了风门，在起飞和爬升阶段打开，在其他时间里风门应当处于关闭状态。飞行员驾机在高空巡航飞行时，经常会忘记关上冷却器的风门，引发“过冷却”效应。更糟糕的是，欧洲战场上的飞行员由于缺乏经验，经常在保持低进气压力的条件下使艾利森V-1710高转速运转，这会降低汽缸盖的工作温度。两个因素结合起来，润滑油的温度下降到正常工作水准以下，粘性显著增加，引擎故障的几率便大大提升。这些问题的引发，都是基于20世纪40年代尚未发展完善的发动机技术以及飞行员训练机会的缺乏。

如果飞行员们受到了良好的训练，便能以正确的方式来操纵P-38，不会经常产生那些容易引发艾利森V-1710故障的错误了——例如忘记关闭风门或者使发动机在低进气压力下高速运转等。对比一下罗伊尔·佛雷的抱怨，前文所提及的亚瑟·海登同样在第20战斗机大队服役，他学会了正确操作艾利森V-1710的方式。结果是：亚瑟·海登驾驶P-38执行了300小时的战斗飞行任务，发动机从未发生故障！这说明了只要运用得当，艾利森V-1710才不是什么“定时炸弹”！

下面一组数据或许能够说明充足的训练给战斗机部队带来的巨大帮助。在1942年刚刚服役时，P-38平均每10万飞行小时的事故次数为234次；随着美国陆航逐渐加强P-38部队的训练课程，到1945年，P-38平均每10万飞行小时的事故次数为78次——甚至比P-51（每10万小时79次）还要低！

通过以上几点，我们可以对P-38投入欧洲战场的客观条件有一个清晰的了解，再以

■ 第55战斗机大队343中队的 P-38H-1正准备降落。

此为依据衡量它的战绩，也许会得出和以前不同的结论。

艰苦的战斗

1943年9月，第55战斗机大队成为欧洲上空第一支投放战场的P-38部队，在它旗下包括了第38、第338和第343战斗机中队。第55战斗机大队驻扎在英国小镇赫特福特 (Hertford) 的纽桑斯蒂德 (Nuthampstead) 机场。1943年10月15日，第55战斗机大队对荷兰境内可能存在的敌军目标进行试探性的空中扫荡任务。飞到欧洲大陆上空之后，飞行员们没有找到目标，只得空手而归。

在第55战斗机大队之外，第8航空队司令部手下还有9个P-47大队投入战场，为轰炸德国的轰炸机群担任护卫。但P-47的航程有限，它们只能勉强护送轰炸机抵达德国边境，然后轰炸机群必须孤身深入德国上空，遭受蓄势已久的德国战斗机截击。在这样的形势下，第55战斗机大队的P-38将在6个星期后接过P-47的任务，担负德国上空的远程护航任务，为轰炸机清扫敌机的威胁。

战事对护航战斗机的需要日益紧迫，这在第55战斗机大队投入战场的前一天以近乎悲剧的形式展现出来。当天，美军第8轰炸机司令部派出291架B-17袭击施魏因富特(Schweinfurt)的滚珠轴承厂。在这次任务中有60架轰炸机没能返回基地，战损率达到令盟军无法忍受的20%！

对于P-38来说，为轰炸机群执行远距离护航任务的过程是，在第一阶段护航的P-47和“喷火”调头返航后，P-38要与轰炸机群会合，并陪伴其完成轰炸任务，直到返航的途中另外一批P-47战斗机接过护卫轰炸机的任务。

盟军以接替护航方式对德国境内的军事目标实施打击的计划是在1943年初的卡萨布兰卡会议上，英美两国领导人磋商的结果，并于当年8月开始实施。在会议上，丘吉尔首相和罗斯福总统一致同意：英国皇家空军将尽最大努力对德国进行夜间轰炸，而昼间轰炸任务则交给美国陆航完成。

第55战斗机大队在10月为盟军的轰炸机

■ 第20战斗机大队的驻地——国王崖机场。

执行护航任务，但却几乎没有遇到敌人的抵抗。此时，驻扎在北安普顿国王崖 (King's Cliff) 机场的第20战斗机大队也获得了16架P-38。第20战斗机大队将自己的P-38归入第55战斗机大队的任务中使用，这种飞行员和飞机的交流使双方均从中获取不少额外的经验。

美国陆航对德国军事目标轰炸的见效较为缓慢，但这些成绩将在未来的战斗中逐渐体现出来。1943年11月，第55战斗机大队执行了10次轰炸机护航任务，航迹遍布明斯特 (Munster)、不来梅、索林根 (Solingen) 以及德国西部的大量军事目标，法国境内的德国空军基地同样列入该大队的攻击目标名单中。每次行动，第55战斗机大队一般会派出8－10架P-38与轰炸机协同作战。护航任务遭受了德国空军的猛烈还击，初经沙场的美国飞行员遭受了惨重的损失。在10次任务中，第55战斗机大队以损失12架P-38的代价击落了18架敌机，而第20战斗机大队损失了5架P-38，自身没有取得任何战果。在这17架P-38当中，有不少是由于自身的机械故障而损失的。

11月29日，第55战斗机大队在不来梅上空打了第一场大仗，以7架P-38的损失击落同等数量的敌机，返回基地的P-38中有16架受到严重损伤。乔·梅尔斯 (Joe Myers) 是这场战斗的参与者，他回忆说：

“当时我正跟随小队在不来梅西南10英里的空域飞行。敌机在29000英尺高度，沿着210度方向进攻，一下子把我们的队形打散了。我看到1架Ju 88在26000英尺的轰炸机巡航高度飞行，它以4点钟方向冲进轰炸机编队中央。我们当即跟上前去，从他的后上方角度开火。Ju 88注意到我们的攻击，慌忙发射了所有的火箭弹，右转俯冲逃离。我在它背后一直追到500码距离，打了一个6秒钟的连射，它的右侧发动机冒起了浓烟。

在战斗中我们的高度不断地往下掉，为了获取高度优势，我从战斗中脱离，放过那架Ju 88，重新将飞机拉起。这时候，我发现僚机布朗中尉被一架Bf 109跟上了，就在他背后50码远。我用无线电告诉他小心，让他最好来个急刹车，我好追上去把德国人干掉。

布朗中尉用尽一切办法逃脱Bf 109的追杀，他俯冲、拉起、刹车、滚转……但是德国人还是形影不离地保持50码的距离跟在后头，时不时找准机会打上一两个连发。我在Bf 109的后面，把发动机的马力全开，拼命冲上去，把距离从400码缩短到150码。我打了两三个点射，都因为我和敌机之间的角度相差太远，落空了。

最后，布朗中尉来了个滚筒翻转机动，德国人在这个时候跟了上去，打了一个连发，命中了布朗中尉座机的右侧发动机，棕色的浓烟顿时冒了出来。在德国人开火的同时，我也等到了合适的角度，在敌机背后打了个5秒钟的连发。大团火焰和碎片当即从Bf 109的引擎罩迸发出来，四散落下。我把P-38拉到距离下落中的敌机50码的位置，看到火焰从引擎罩一直烧到驾驶舱。布朗中尉的P-38只剩下了一个发动机，不过还是安全返回了基地。”

■ 第55战斗机大队38中队的杰拉尔德·布朗(Gerald A.Brown)中尉，他在1944年夏天击落了3架Bf 109和2架Fw 190。

11月26日和29日，第55战斗机大队和第20战斗机大队均派出了所有能够升空的P-38，保护重型轰炸机编队重返不来梅以及鲁尔区的索林根进行轰炸。12月6日，轰炸机群深入敌境将近500英里，对波尔多 (Bordeaux) 倾泻了大量炸弹。在这天战斗的开始，P-47担任轰炸机群的护卫，它们在燃油消耗达到极限后撤退。接替P-47任务的是第55战斗机大队的P-38，它们在目标区上空悉心保护着轰炸机群。在P-38铸起的稳固防线面前，没有一架敌机胆敢出现。

整个1943年12月，欧洲战场的P-38没有打几次仗，原因是天气恶劣，双方战机少有出击机会。12月13日，第55战斗机大队对法国境内的德军目标进行了对地攻击任务。就在同一天，第9航空队354战斗机大队派出了最新型的P-51B“野马”战斗机，为前往基尔(Kiel) 港进行轰炸的B-17机群提供护航。

12月28日，第20战斗机大队得以全力以赴投入战斗中，从年底开始，他们要进行为期2个月的轰炸机护航任务，活动范围将从法国西北的瑟堡(Cherbourg)一直扩展到柏林。此时的第20战斗机大队由巴顿·拉塞尔(Barton

■ 这架第20战斗机大队79中队的P-38经受了德军高射炮火的洗礼。

Russell)上校主管，他是一名非常优秀的指挥官，对各种有关P-38的流言飞语毫不在意。拉塞尔上校得到了大批经历过北非战场的老练飞行员的鼎力支持。

1944年1月19日，拉塞尔上校领导第20战斗机大队参加了第8航空队发动的有史以来最大的一次攻击行动——超过900架重型轰炸机对法兰克福进行大规模轰炸。为轰炸机担当护卫的是12个战斗机大队——包括装备P-38的第55和第20战斗机大队、装备P-51的第354战斗机大队——他们将在目标区上空对轰炸机群展开重重防护。

11：21，第20战斗机大队的54架P-38到达与轰炸机会合的预定空域——就在目标区正西。此时轰炸机群已经陷入了敌人战斗机的拦截当中，第20战斗机大队的飞行员们当即冲上前去加入战斗。

林道·格拉汉 (Lindol Graham) 上尉咬住了1架从背后接近轰炸机编队的Fw 190，在它的正后方稳稳地打出一串子弹，当即将其打得粉碎。轰炸机到达目标区上空，投下所有重磅炸弹后返航。格拉汉上尉在编队后方，掩护几架在行动中受损掉队的轰炸机。在法国里尔上空时，机群周围冒出了2架Fw 190盯住掉队的轰炸机不停开火。格拉汉上尉冲上前去，在距离75码到200码之间给这2架飞机各来了一个急速连射，机枪和机炮无情地喷吐出死亡的火焰，2架Fw 190当即爆炸坠毁。在战斗结束后，地勤人员通过检查发现格拉汉上尉打下这3架敌机只消耗了583发机枪子弹和36发加农炮炮弹。相对美国陆航其他的年轻飞行员，格拉汉上尉射击的准确率之高令人咋舌！

在护航阶段的中期，拉塞尔·伯恩 (Russell Bone) 中尉和他的僚机罗伯特·弗林 (Robert Flynn) 中尉进行了一次漂亮的组合，用交叉火力击落了一架Me 210。但乐极生悲，2架P-38没有控制住方向而相撞坠毁，和它们的战利品一起翻滚掉落到地面上！

在伯恩中尉和僚机双双坠落的同时，第55战斗机大队中带领黄色小队的杰罗姆·塞罗

斯 (Jerome Serros) 上尉和他的僚机切斯特·哈尔贝格 (Chester Hallberg) 中尉正在解救1架被Bf 110纠缠的B-24轰炸机。在经受了4秒钟的长连发以后，Bf 110炸成了碎片，而哈尔贝格中尉驾驶P-38从飞散的碎片中昂然穿过！

理查德·欧特 (Richard Ott) 少校刚打下1架Bf 110，马上和沃克·怀特塞德 (Walker Whiteside) 中尉合力击落1架正在对队友穷追不舍的Me 210。这时欧特少校的P-38左侧发动机发生故障，立即招引了1架Bf 109前来拣便宜，但几个回合过去，Bf 109被怀特塞德中尉打得浑身冒烟，摇晃坠地。

罗伊尔·佛雷中尉则对1架Bf 110展开了一场死亡追逐。敌机后座机枪手的枪法又准又狠，将P-38的机头和右侧引擎罩打得支离破碎。佛雷中尉毫不胆怯，冷静地追逐敌机并稳稳地瞄准。一个连射打出去，Bf 110的后座机枪没有了声响，再来一个连射，敌机的油箱起火爆炸。佛雷中尉骄傲地驾驶着满身弹孔的P-38返回了基地。

在当天的行动中，盟军的轰炸机群遭到了120架敌军战机的拦截，包括80架单引擎战斗机和40架双引擎战斗机。各个战斗机大队通力合作，击落了42架敌军战机。其中第20战斗机大队击落了10架，第55战斗机大队也有6架进账，2个P-38战斗机大队取得的战果占据总共12个大队总成绩的接近4成！在行动中一共有9架P-38损失，其中包括相撞坠毁的拉塞尔·伯恩中尉及僚机。

很快，第20战斗机大队的飞行员们就会明白：恶仗还在后头。让我们来看一下上文那几位在1月29日击落敌机的P-38飞行员的命运。2个星期之后，罗伊尔·佛雷的P-38在行动中被击落，佛雷中尉跳伞被俘。一天之后，理查德·欧特少校牺牲。3月，林道·格拉汉上尉牺牲。8月，沃克·怀特塞德中尉牺牲。11月，杰罗姆·塞罗斯上尉牺牲！只有切斯特·哈尔贝格中尉幸运地在欧洲完成了300小时的作战任务，平安地退役。由此我们可以看出，美国陆航的飞行员们在欧洲大陆上空面对的是何等凶狠老辣的对手。

尽管遭到了巨大损失，美国陆航依然继

■ 1944年2月10日，罗伊尔·佛雷中尉驾驶这架P-38H-5在欧洲上空被击落，他跳伞后被俘，并最终在战争结束后获得解放。

续努力夺取欧洲大陆上空的控制权，并将人员和设备源源不断地送到了大西洋彼岸的战场。从1944年春天开始，英伦三岛得到了5个新的P-38大队：2月，第370战斗机大队加入第9航空队；3月，第474战斗机大队加入第9航空队，第364战斗机大队加入第8航空队；4月，第367战斗机大队加入第9航空队；5月，第479战斗机大队加入第8航空队。另外，从1943年11月开始，第8航空队的第7照相侦察大队装备了新型F-5侦察机。

1944年2月8日，第20战斗机大队的一队P-38前往欧洲执行轰炸机护航任务。在返航途中，P-38机群经过一个德军机场上空时，飞行员发现有前方1架Bf 109正孤零零地飞过来。1名飞行员立即驾机冲上前去，但由于风挡上结满了霜冻，无法精确地瞄准，一个极佳的攻击机会就白白地浪费掉了。

詹姆斯·莫里斯 (James Morris) 中尉随即调转机头，从背后咬住了德国战斗机，瞄准并开火。Bf 109立即散落出大片碎片，开始在浓烟中下坠，德军飞行员爬出驾驶舱跳伞逃生。莫里斯中尉继续驾机飞向基地，在色当 (Sedan) 上空，他注意到下方有2架Fw 190刚刚从跑道上起飞。未等德军战机完成爬升，莫里斯的P-38便俯冲下去，用2个点射将其中1架击落在地面上。目视确认敌机已经被消灭以后，莫里斯想继续寻找第二架敌机，但那架狡猾的Fw 190正在往一片低空的积雨云下钻，想借此逃脱追击。凭借速度优势，莫里斯驾机追了上去，击落了当天的第三架敌机。在莫里斯返回英国的途中，前方又出现了1架迎头飞来的Bf 109。双方几乎同时发现对手，一场近身缠斗随即展开，最后莫里斯找到机会，盯上了敌机的尾巴将其击毁。在这天战斗结束后，莫里斯中尉以击落4架敌机的成绩创造了第8航空队的单日击落记录。

1944年2月下旬，欧洲上空天气晴好，这给盟军提供了极好的轰炸机会，轰炸机群打了1个星期的大仗，即“伟大一周”行动。2月20－25日之间，驻扎于英国的第8航空队出动1000架重型轰炸机，驻扎在意大利的第15航空队出动500架轰炸机，对德国境内的飞机制造厂持续进行了毁灭性打击。在每次战斗中，第20和第55战斗机大队平均派出90架P-38对轰炸机群进行护卫。在这1个星期的时间里，P-38机群遇到了几次规模不大的战斗，大多数的空战则是爆发在P-47和敌机之间。当时的一份战情公报对此进行了分析：“从战斗结果可以得知，当P-38机群担任轰炸机护卫时，敌机并不主动攻击轰炸机群。最可能的原因为P-38的外形特殊，可从极远距离被认出……”

1944年3月3日，这是整个第8航空队的战士们都在期待的一个日子。在这天，盟军轰炸机将在德国首都柏林上空投下炸弹，第20和第55战斗机大队的P-38将担任护航任务。遗

■ 第55战斗机大队38中队的诺亚·雷·提普顿 (Noah Ray Tipton) 中尉和他的座机合影。这架P-38绰号为“诺亚方舟”，这也许能说明提普顿中尉对P-38的安全性能相当满意。

憾的是，由于天气过于恶劣，行动的机群被中途召回，作战被取消了。第55战斗机大队没有接收到返航的无线电信号，飞行员驾机飞到了柏林上空等待轰炸机前来会合，带队的杰克·詹金斯 (Jack Jenkins) 中校从而成为第一位驾驶美国战斗机飞临柏林上空的美国陆航飞行员。轰炸机迟迟没有出现，第55战斗机大队的飞行员只得驾机返航。在途中，詹金斯中校的座机一侧发动机发生故障，他只得把飞行高度下降到12000英尺空域，冒着被地面炮火击中的危险飞回英国。回家的旅途在这天显得异常漫长，詹金斯中校在座舱中经受了低温和高射炮火的长时间威胁。当P-38降落在英国机场时，詹金斯中校已经冻得几乎失去知觉了，地勤人员只得手脚并用把他拉出驾驶舱。

3月4日的天气转好，但首次在柏林上空进行轰炸机护航任务的荣誉被其他战斗机大队的P-51夺走了，这不能不说是P-38战史中一点小小的遗憾。

多种攻击任务

从4月10日开始，欧洲的P-38大队使用几架P-38J-15改装的“塌鼻子”改型进行作战任务，“闪电”家族多了一项新的使命。

“塌鼻子”的生产最早出自盟军位于北爱尔兰朗佛小村的改装厂。主持飞机改造和总装的军事检察官威廉·卡特选择了送交改装厂的23架P-38进行“塌鼻子”改装，并送还部队投入使用。美国本土达拉斯的改装中心也向部队交付了几架崭新的“塌鼻子”，其他的“塌鼻子”则是在前线机场就地改装，因此

托尼·李维尔的欧洲巡回演出

■ 正在进行欧洲之旅的李维尔，坐在他那架特制的P-38中供记者拍照。

到1944年春天，P-38在英伦战场的表现不尽如人意，飞行员之间开始流传这架新飞机的谣言，说它飞起来有多么危险。没有飞过双引擎战斗机的飞行员开始接触P-38，往往会触发很多本来可以避免的事故。许多P-38飞行员不是在和敌人的交战中牺牲，而是在飞机出现紧急情况时由于不知道如何应对而失去了生命。艾利森V-1710的可靠性不是非常高，因此飞行员们有必要掌握使用1台发动机飞行的技能。实际上，在欧洲大陆上空战事激烈的时节，每个P-38飞行员都有可能在战斗结束后面对只剩下1台发动机的飞机。为此，洛克希德公司试飞员托尼·李维尔和1架装备有俯冲襟翼的最新型P-38一起被派遣到英国，向飞行员们传授他们在陆军航空兵中学不到的知识，并尽可能地消除缠绕在P-38身上的谣言。

李维尔认为P-38在送到英国之前进行的高空试验次数远远不够，在部队中富有经验的飞行员数量太少，远远不能分配到各个单位，给广大新手飞行员起带头作用。

在到达英国之后，李维尔前往驻扎在和宁顿（Honington）的第364战斗机大队。飞行员们最初以为李维尔的意图只是为洛克希德公司作广告宣传，但很快他们发现自己猜错了。李维尔坦诚地和所有人交流意见，将P-38的所有不足之处如实详细说明。他也告诉飞行员们，一旦运用合理，P-38将能有如何优异的表现。李维尔为飞行员们进行了多次示范飞行，包括从高速俯冲中改平拉起。

李维尔继续来到第20战斗机大队的驻地国王崖机场继续他的巡回示范飞行。不过他的谈话并没有打动国王崖的所有的飞行员。事实胜于雄辩，李维尔驾驶他的P-38爬升到25000英尺高空，然后对准第20战斗机大队的军官俱乐部垂直俯冲而下。俱乐部中的飞行员从室内蜂拥而出，等着目睹这栋建筑物被李维尔的飞机摧毁的场面。让所有人吃惊的是，李维尔异常轻松地把P-38从俯冲中拉了出来，而且还关闭了一个发动机，在低空作了几个滚转！欧洲战场上的P-38系列还没有加装俯冲襟翼，李维尔竭力向所有人展示这套即将送交到他们手中的新装备。飞行员们终于相信：未来的德国战斗机在P-38面前，再也不可能像以前那么简单地通过俯冲机动脱离战场了！飞行员心中重新鼓起了驾驭P-38的信心，李维尔的示范飞行大获成功。

格斯希尔（Goxhill）机场是第1战斗机大队71中队的驻地，这个中队的指挥官原先是1名P-40飞行员，他非常不喜欢前卫的P-38，这个态度对71中队的飞行员造成了很大影响。李维尔在格斯希尔机场将P-38的性能发挥得淋漓尽致，他向所有人证明了P-38在欧洲表现欠佳的原因并非飞机本身设计缺陷，而是飞行员没有得到足够的训练，缺乏掌握P-38的能力。71中队的飞行员和指挥官从此消除了对P-38的成见。

李维尔巡回飞行的下一站是安多弗（Andover），第9航空队司令部所在地。第9航空队的P-38飞行员在美国国内训练时，驾驶的是单引擎的P-47战斗机，来到英国后再换成双引擎的P-38，这给他们带来了一定的困扰。李维尔为飞行员们展示了一系列机动，包括俯冲、低空单引擎倒飞、改出失速，甚至保持机腹朝上的倒飞状态绕着安多弗转了好几圈！整个基地的人员跑到空地之上，目瞪口呆地看完李维尔的空中表演。

李维尔的英国之行历时4个月，他取得了如此之大的成功，以致在经历了二战的老飞行员脑海里，李维尔的形象在多年以后仍深深铭刻，无法抹却。获得过优异飞行十字勋章，以上校身份退役的鲍勃·凯里（Bob Carey）当时驻扎在格斯希尔，他回忆起往事的时候说：

"李维尔的飞行表演是我的战斗机飞行员生涯的开始。在那以前，我对P-38已经持有相当的信心了；但在李维尔进行了他的飞行表演之后，我更是毫无保留地信任这架飞机。李维尔玩出了一些我没有看到其他任何飞行员实现过的花样。即便在今天，我闭上双眼，当时的整个表演过程仍然历历在目。

格斯希尔是一个典型的英国基地，机库的尺寸相当巨大，它们足足有300英尺宽，400或者500英尺长。格斯希尔有2个这样的机库，面对面地布置在一起，中间是一个很大的斜坡。李维尔起飞后，驾驶P-38绕着这两个机库进行8字回旋飞行，一直保持在机库周边范围之内！

在表演的过程中，P-38一直保持在危险的失速速度状态。李维尔还能前后拉动驾驶盘，让P-38就像小石片弹过水面一样上下波动飞行！在整个表演的所有时间里面，李维尔一直都在1000英尺以下的高度进行各种动作。有时候他还降到200－300英尺的高度，围绕着2个机库，进行高G的机动！

那真是了不起，太漂亮了！李维尔的表演告诉了身为飞行员的我：P-38可以做出任何我想的动作，尽管放心驾驶，无需担心。

作为表演的另一个结果，所有人都在讨论他们是如何爱上了这架飞机。李维尔来之前，格斯希尔人人意志消沉；不到1个星期，所有飞行员都被分配到了第474战斗机大队，或者其他P-38或者P-47大队。在李维尔的表演之后，和德国空军较量时我就再也没有害怕过，无论对手是Bf 109还是Fw 190，即便是处于劣势的情况下，我也能把局势扳回来，因为我的飞机能够胜过它们！"

不过，在短期内，英国的P-38飞行员还无法获得装备有俯冲襟翼的新型飞机。洛克希德公司很快准备了400套俯冲襟翼，送往北爱尔兰的改装厂，以便对欧洲战场的P-38进行改装。运送这批俯冲襟翼的是1架C-54运输机，在它即将飞到英国的时候，1个粗心的英国皇家空军战斗机飞行员将它误认为德国空军的Fw 200并开火击落！这次误伤事故意味着P-38在欧洲战场上的谢幕。没等洛克希德公司准备好下一批俯冲襟翼，杜立特将军就做出了决定，用他喜爱的P-51将P-38替换下来。直到1944年4月，才有一部分单位换装了新型的P-38J-10和P-38J-15。"闪电"家族杰出的后期型号失去了在欧洲大展雄风的机会。

规格根据需求有所区别，有的改型甚至在机头保留了若干机枪！很快，"探路者"的改型也将问世。

4月10日当天，第55战斗机大队执行了第一次"塌鼻子"任务。1架"塌鼻子"在前方领航，2个中队的P-38紧随其后，它们的2个挂架上分别挂载1枚1000磅炸弹和1副165加仑副油箱。另外还有1个中队的P-38为同伴护航。原定这次行动的目标是圣迪济耶(St.Dizier)，但行动当天，目标区上空覆盖着厚重的云层，不适合轰炸。领队的杰克·詹金斯中校随即带领3个中队转而对巴黎附近的科隆尼尔斯(Coulonniers)机场进行了袭击。P-38将炸弹投下以后，其中1个中队跟着詹金斯中校的座机俯冲到低空，对机场上的建筑、飞机和设备进行扫射。詹金斯在进行俯冲时，他的P-38风挡上的霜冻还没有化开，严重影响了瞄准。他只得把飞机拉起，等待时机到来后再进行第二次俯冲，这时机场上的德国人已经拿起了他们所有的对空武器进行猛烈开火。詹金斯的P-38有多处被击中，只得在机场附近迫降。詹金斯中校因此被德军俘虏，战争结束后得以重获自由。

第20战斗机大队当天也执行了他们的"塌鼻子"任务，42架P-38各自挂载重磅炸弹，由"塌鼻子"带领轰炸了德国古特斯劳地区的军用机场。

1944年4月，为了系统化打击德国空军力量，第8航空队制定了"赌注"行动。按照行动计划，德国被划分成多个数百英里方圆的区域。每个战斗机大队都被分配到位置一南一北的两个区域，负责对这个区域内的德国空军机场进行攻击行动。

第一次大规模的"赌注"行动在4月15日实施，刚刚进入欧洲战场不到2个月的第364战斗机大队也参与其中，但这个大队还仍缺乏足够的战斗经验——尤其是对地攻击任务的技巧。第364战斗机大队指挥官罗伊·奥斯本(Roy Rosborn)上校对4月15日当天的战斗是如此评述的："当我们的机群飞到预定的地区之后，整个大队的P-38就猛扑到低空，向视野中所有目标射击。整个目标区到处都是高射炮

■ 天刚破晓，第20战斗机大队55中队的小伙子们就要驾机升空，为轰炸机护航任务进行准备了。从这个角度拍照，P-38颇具神秘的机械美感。

火，各单位的飞机被它们分割开来。再加上导航错误的影响，飞行员们发现他们正处在戒备森严的大城市郊区——例如汉堡和不来梅周围。德国空军的机场排布非常不规则，在通常情况下，跑道上1架飞机都没有，有的只是欢迎我们的高射炮火。战斗结束后，我们没能把队伍集合起来，各个飞行小队就分散返回基地了，有的钻进云层躲避敌军追击，有的在北海上空紧贴海面低飞。由于天气的干扰，只有36架P-38抵达预定会合点并返回基地。当降落到跑道上后，我们发现有23架受到损伤，其中7架已经被炮火摧残得无法继续使用了。而这天战绩是击毁4架敌机，而且其中只有2架是在地面上击毁的！”

使用和“赌注”行动相同的战区划分，第8航空队制定了新的“查塔努加”行动，只不过这个计划的目标更换为德军的交通系统。1944年5月21日，“查塔努加”行动的第一天中，第8航空队一共摧毁了91架火车头。第55战斗机大队包办了其中的15架，并顺带在地面击毁了6架德军战机，在空中击落1架。在德军的防空炮火面前，第55战斗机大队遭受到严重的损失，一共有6架P-38没有返回基地。

1944年5月和6月之间，驻欧洲P-38大队的主要任务还是为轰炸机护航，其余的俯冲轰炸任务、对地扫射任务、“塌鼻子”任务则穿插期间。这时的P-38由于进行过多次对地轰炸，而赢得了一个“B-38轰炸机”的雅号。“塌鼻子”和其他P-38通常在20000英尺高度水平投弹。炸弹一旦落下，它们随即四散俯冲，以高速度在超低空对其他有价值的目标进行扫射，随之离开战场。

第9航空队474战斗机大队在1944年4月开始执行战斗任务，第328战斗机中队的劳埃德·文策尔中校执行了包括“塌鼻子”和“探路者”在内的多种任务，他回忆起往事的时候说：“我们对飞机的挂架进行了改装，使其具备2000磅的承受能力，这样它就能装上总共4000磅的炸弹了。这个重量超过了正常使用范围，使飞机难以进行机动，而且投放时也容易引发问题，后来我们只能放弃了4000磅载弹量的尝试。到德国投降时，第474战斗机中队是欧洲战场唯一还在使用P-38的单位。在其他中队将飞机换成P-51的同时，飞行员们请求上级把他们的P-38留下来，因为我们对这架飞机的感情太深了。他们解决了P-38由于中间冷却器功率过大而引发的过冷却问题——他们将中间冷却器风门的开关拆下，再和机枪扳机一起装到驾驶盘上，这样在飞行中就不会忘记关闭风门了。”

在诺曼底登陆期间，上千架盟军战机在英吉利海峡上空、诺曼底滩头以及法国内陆执行了14000架次的战斗飞行。这些战机都喷涂有特殊的黑白相间的涂装，以便盟军的对空炮火能将其迅速识别出来。在诺曼底登陆当天和之后的1个星期时间里，考虑到P-38的外形特殊容易被己方人员识别，第8和第9航空队派出了几乎所有的P-38，在英吉利海峡上空为盟军庞大的运输船队提供空中掩护。飞行员们热情满怀地等待着德国空军战斗机的到来，但是他们只经历了几次小规模战斗，倒是有几架P-38被神经高度紧张的盟军高射炮手所伤。

就在诺曼底登陆前不久，第8航空队接收了第4个，也是最后一个P-38单位——第479战斗机大队，随即将其投入战场。欧洲对于初来乍到的飞行员来说，需要一段时间好好适应。在6月19日的战斗中，第479战斗机大队在诺曼底地区为盟军地面部队提供火力支援的时候损失了8名飞行员！第82战斗机大队为此向他们支援了一批久经战火考验的老练飞行员。有了老前辈言传身教，第479战斗机大队的飞行员们很快进入了状态，并取得了良好的战绩。他们和兄弟单位一起，为阻击德军对诺曼底海滩的增援做出了杰出的贡献。

第20和第55战斗机大队的飞行员们抱怨过上级没有给他们足够机会和敌军交手，在他们之后进入欧洲战场的P-38大队更是难得碰上一次德军战机。曾经在欧洲大陆上空逞凶一时的德国空军已经江河日下了，P-38的飞行员们日复一日地为轰炸机执行护航任务，他们的任务总结几乎都有着千篇一律的格式，不是“在P-38护航下无敌机攻击轰炸机”，就是“未发现敌机”。

1944年6月底，洛克希德公司的俯冲襟翼历经波折，终于送到了欧洲战场。但在最开始，俯冲襟翼的数量不足，只能给部分P-38进行改装——例如第20战斗机大队司令官塞·威尔逊 (Cy Wilson) 上校的座机。亚瑟·海登回忆起威尔逊上校在战斗中第一次施展俯冲襟翼的情形时说：

“太阳刚刚落山，威尔逊上校带着我们飞到了巴黎附近的一个机场上空，在这里我

■ F-5侦察机在诺曼底登陆期间所绘制的特殊的黑白相间涂装。

们发现了一队Bf 109正在活动。威尔逊盯上了1架敌机开火，Bf 109和往常一样进行大角度俯冲，以逃脱P-38的追逐。不过今天德国人一定非常吃惊，因为威尔逊的P-38毫不犹豫地进入了俯冲，跟在Bf 109后面以几乎垂直的角度冲向了下方黑沉沉的大地！我的P-38没有装上俯冲襟翼，所以只能小心翼翼地跟着降低高度，一面避免触发压缩效应，一面急切地想知道交战结果。这2架飞机很快从我的视野中消失了，过了好一会儿，我看到地面上冒出一团火光，那意味着有1架飞机撞到地面上了。是德国人被击落了，还是我们的P-38坠毁了？我在无线电中焦急地呼叫威尔逊上校。谢天谢地，威尔逊上校的声音传了过来，说他情况良好。不一会儿，他的P-38就飞出了黑暗，回到队伍中。事后，威尔逊上校和我们说，那天跟在Bf 109后面俯冲，就像从小孩手中抢糖果一样轻松自如。"

但不到1个月时间，第20和第55战斗机大队就飞完了他们最后一次P-38任务，时间是1944年7月21日。8天之后，第364战斗机大队也紧随其后，用P-51将P-38替换下来。在第8航空队中，只有第479战斗机大队还在坚持使用洛克希德公司的这架大飞机。

对第9航空队来说，情况稍有不同，在这里P-38主要用于对地攻击任务。P-38密集的机头火力使其对任何地面目标均能构成准确致命的打击，即便如此，第9航空队的P-38还是和德国空军打了不少大仗。

1944年8月25日，第367战斗机大队的一群P-38完成了当天的对地攻击任务，正在返航路途中。这时，无线电中传来了急切的呼叫——一队兄弟单位的飞机正在附近遭受大批德国战斗机的骚扰！P-38机群立即前往支援。美国陆航的飞行员面对的敌手是德国空军的JG 6，双方在低空进行了一场激烈而又疯狂的机动角逐。在战斗中，第20战斗机大队打散了Fw 190的围攻，一共击落了20架德军战斗机，并涌现出一位在一天战斗中击落5架战斗机的"单日王牌"——劳伦斯·布卢姆（Lawrence Blumer）上尉。由于在这场战斗中表现出色，第20战斗机大队获得了总统单位嘉奖（Presidential Unit Citation）的荣誉。

从1944年9月上旬开始，第479战斗机大队开始用P-51将P-38替换下来，不过这个过程相当缓慢，这个大队因此执行过一些P-38和P-51共同参与的任务。例如9月28日在蒙斯特/霍尔滕(Munster/Haltern)地区上空的战斗飞行。在这次任务中，第479战斗机大队击落了29架德军战机。但2天之后，所有的P-38就从这个大队的编制中消失了。

1945年2月，第367和第370战斗机大队把P-38分别替换为P-47和P-51。只有第474战斗机大队一直使用P-38，直到战争结束。

P-38在欧洲战场上只活跃了短暂的一段

时间，这主要归咎于第8航空队司令吉米·杜立特将军。杜立特在1944年春天就职以后，就竭力用P-51将第8航空队所有的P-38和P-47替换掉，他的决定是可以理解的，因为在过去的一个冬天中，欧洲战场的P-38早期型号和P-47的表现确实不尽如人意，而P-38J要等到夏天之前才能够进入现役。与此同时，西南太平洋战区的乔治·肯尼将军和地中海战区的内森·特维宁将军都对P-38的性能青睐有加，他们在竭力争取获得尽可能多的P-38。

由于命运的捉弄，在欧洲战场的东线，P-38也失去了展翅翱翔于苏联空军队列中的机会。在北冰洋航线上涉险前行的运输船队中，曾有1艘商船装载着美国政府为东线战场提供的援助——超过400架以上的P-38战斗机！它的目的地是摩尔曼斯克港，但最终没有躲过德国潜艇的无情捕杀，带着400架P-38沉入冰冷晦暗的海水之中。东线战场上始终没能出现P-38矫健的身影。对比一下性能相对逊色的P-39在苏联空军中的出色表现，很难想象如果这400架P-38能够平安送达目的地，将会对东线的战争进程造成如何巨大的影响。

多个因素综合在一起，促使P-38战斗机过早过快地从欧洲的战斗机大队消失，杰出的后期型号——P-38J和P-38L失去了在欧洲战场大放光彩的机会，只有侦察型“闪电”一直活跃在战场各处。与此同时，在其他战场上，P-38还在继续谱写着辉煌的战斗篇章。

1944年3月23日，杜立特将军驾驶这架P-38H-5进行了短暂的试验飞行。

中缅印战场

第449战斗机中队

P-38在中缅印战场上的故事要从1943年6月的地中海战区说起。在这个月的6日，盟军开始为远东刚刚成立的第14航空队筹备人员和装备。大多数志愿进入新战场的飞行员来自在北非战场中大展神威的3个P-38大队，也有不少刚刚走出美国的新手飞行员报名参战。7月中旬，飞行员、地勤人员和战斗机经过长途运输，经过印度到达中国。

1943年7月25日，第一批5架P-38在昆明机场上降落，这也是美国陆航的这种先进战斗机首次出现在中国战场上。飞机在跑道上停了不到半天，日军的机群就飞临昆明上空进行骚扰。2架P-38紧急起飞升空拦截。面对在中国肆意横行多年的日军飞行员，美国飞行员们显然还欠缺经验，在第一次战斗任务中，有1架P-38被击落。不过劳登·艾因森中尉为盟军扳回一分，他击落了1架日军战斗机，取得了P-38在中国上空的第一个空战胜利。

直到7月31日，美国陆航才以这批P-38为基础，正式组建第449战斗机中队，并将其划归入第23战斗机大队。8月14日，第449战斗机中队转移到零陵机场。当年10月，该中队转入第51战斗机大队。

在1943年的接下来几个月里，第449战斗机中队执行了各种不同的战斗任务。P-38凭借超远距离航程在广袤的中国大地上如鱼得水，执行从华中地区到香港的护航任务完全是小菜一碟。除此之外，拦截前来骚扰的日军战机、轰炸华南地区的敌方目标也是P-38的

■ 昆明机场，一群中国士兵正在参观第449战斗机中队的P-38。

■ 在第二次世界大战中，美国只向少数盟国输出了P-38，包括中国、法国，以及在1943年9月投降之后的意大利。

例行任务。

1943年感恩节，第449战斗机中队的P-38参与了对台湾新竹机场的空袭，这个被日本侵略者盘踞多年的堡垒将第一次尝到美国陆航的炸弹滋味。8架P-38组成最早的攻击波，8架P-51和14架B-25紧随其后。当449中队飞抵日军机场上空时，完全出乎敌人的意料，他们正在为当天的任务进行准备，一排排飞机整齐地排列在跑道两边等待起飞。战斗机群先进行一轮扫射，压制敌人防空火力，随后B-25再投下一连串炸弹。这次联合攻击一共摧毁了42架地面上的日军战机，其中有10架要归功于449中队——这还不包括在P-38在空中击落的12架战机！

1944年2月，449中队转移到江西遂川。这是美国陆航在中国最东南边的机场，同时也是最靠近日军占领区的一个，449中队所担负的任务分量更重了。日军不断向遂川步步紧逼，所有的美军战斗机都要随时准备起飞作战。5月，为了配合打通大陆交通线的战役，日军地面部队对遂川进行了一系列大规模攻击，企图夺取这个占据重要地位的空军基地。449中队为中国的地面部队提供了强有力的空中支援，日军的进攻被暂时打退了。

时间进入6月下旬，日军的攻势一波比一波强烈，中国军队已经无法抵挡，开始节节败退。遂川基地是否还能坚持下去，已经是一个严重的问题了。在449中队继续对日军进行攻击的同时，撤离遂川基地的计划也在开始准备中了。6月24日，449中队失去了它们的指挥官——乔治·迈克米伦 (George McMillan) 中校。在战斗中，迈克米伦中校的P-38被日军炮火击伤，在返回基地的途中被迫进行机腹降落。飞机没有控制住，在迫降过程中坠毁，迈克米伦中校牺牲。

7月中旬，449中队的P-38撤退到中国西南，分散在包括云南在内的多个机场中。安顿下来以后，美国陆航的飞行员们即刻开始

这架F-5刚刚完成一次全程3200英里、对日本八幡市的长途侦察任务，返回了中国的零陵机场。地勤人员正在取出机头内的胶片盒。

■ 又完成一次任务！威廉·比尔兹利（William Beardsley）上尉和地勤人员一起给安全返回的P-38喷涂任务标记。这架绰号为“金鹰”（Golden Eagle）的P-38G-10结束北非上空的战斗后，前往太平洋战区继续打击轴心国力量。

了对日军的反击。7月29日，13架P-38掩护一队B-24轰炸机飞临海南岛上空，轰炸岛上的日军基地。有25架日军战机升空拦截，在P-38面前，它们的反抗是徒劳的——B-24顺利完成轰炸任务，7架日军战机被击落。

从飞抵昆明到1944年夏天，第449战斗机中队在一年时间里击落74架敌机，击伤25架，另有21架可能击落的记录。

第459战斗机中队

第10航空队中，第459战斗机中队于1943年9月1日组建，成为第80战斗机大队的第4个中队。这个中队的飞行员和地勤人员主要来自于第80和第311战斗机大队，飞机以P-38为主，另装备少量P-40。459中队的P-38在引擎罩上喷涂着一条喷吐着火焰的双头东方飞龙图案，使战斗机显得格外凶悍，中队因此获得了“双龙”的绰号。1943年秋天，459中队整装待发，并于11月20日执行了第一次战斗任务。

和活跃在中缅印战场上的其他兄弟单位一样，459中队几乎每天都要飞不同的任务。日军的供应线和通讯中心是P-38经常要光顾的对象，护航任务和俯冲轰炸攻击也是家常便饭。12月9日，459中队首尝胜利滋味，汉普顿·博格斯（Hampton Boggs）和汤普森（W.R.Thompson）各自击落1架日军战斗机。12月26日，459中队对缅甸眉苗（Maymyo）的日军机场进行了一次空中打击，这次攻击的成效是如此出色，以致在3个月之内天空中几乎没有日军飞机出现！利用这段难得的空闲，459中队的飞行员们转移到孟加拉和缅甸边界的吉大港（Chittagong）机场，并驾驶P-38进行了充分的射击训练。新机场距离日军前线更近，飞行员们明白这意味着更激烈的战斗。

1944年3月11日到5月26日，459中队一共有58天时间在天空中作战，一共击落了60架敌军战机，在地面上击毁68架。这2个月的打击再一次把日军战机从缅甸上空赶了出去，日军不得不将自己的战机撤离前线机场，转移到后方的仰光基地，以避免和P-38作战。这就是说，如果日军战机要对前线的地面部队提供火力支援，它们就得在中南半岛上空飞越近1000公里的距离！长途跋涉飞到前线之后，敌机已经没有多少燃油剩下了，这无疑大大削弱了日军战机的作战实力。

■（上）吉大港机场的地勤人员正在给这架第459战斗机中队的P-38J-10挂载炸弹。

■（下）1944年3月4日到当年年底，第459战斗机中队的P-38均挂载3发一组的4.5英寸M-8火箭筒执行任务。

459中队在3月11日对日军发动的那次突袭堪称经典。卢灵 (Luering) 上尉带领12架P-38飞临昂邦 (Aungban) 机场上空之后，时间已经是早上08：00了，但日军的警戒系统没有做出任何反应。直到P-38开始逐个射击跑道上排布的机群，日本飞行员才慌忙登上飞机升空拦截。这些可怜的日本战斗机冒着身后P-38的密集火力挣扎着从跑道上起飞，但P-38机群就像打鸭子似的，一个接一个地把它们打下来。只有几架战斗机能飞离跑道，但它们还没有爬升到足够的高度，就被P-38全部击落了，机场外的原野上到处都是冒烟的残骸。卢灵上尉充分发挥了美军战斗机的高速优势，带领12架P-38以密集队形反复在昂邦机场上空来回穿梭射击，直到整个空域再也没有1架日军战机在活动。459中队在这场大快人心的战斗中，一共击落了12架日军战机，同时在地面上最少击毁7架战机。

虽然459中队隶属于第80战斗机大队，但在多数情况下，中队仍为一个独立的单位，战斗任务由中队指挥官自行决定。1944年3月13日，美国陆航将459中队指派给英国第3战术航空队听候调遣。

在气候恶劣、不适于飞行的雨季到来之前，459中队一直对日军基地进行持续而致命的打击——不管是地面还是空中。这给日军飞行员的心中植入了深深的恐惧，他们对美国的“双身恶魔”恨之入骨，却又无可奈何，只能拼命避免和P-38交手的可能。有一次，一名459中队的飞行员驾驶P-38从10000英尺空中向日军盘踞的希赫 (Heho) 机场俯冲。他看到跑道上有1架Ki-43隼式战斗机正在滑行，随即对准它射击。身穿黑色飞行服的日军飞行员立即手脚并用地爬出驾驶舱，跳离Ki-43逃生，听凭无人驾驶的战斗机继续滑行直到一头冲出跑道！

雨季前的最后一场大仗在6月6日爆发。459中队派出18架P-38再次袭击日军的希赫机场。日军在战斗中全力以赴，双方势均力敌。在打下2架战斗机之后，459中队也损失了古得里奇 (Goodrich) 中尉的座机。考虑到弹药和燃油消耗已经接近极限，P-38机群开始撤离战场，凭借速度优势将机场上空一大群日军战机甩在背后。

回程的在路上，第10航空队首席射手，拥有10架击落记录的沃尔特·杜克 (Walter Duke) 上尉发现他的僚机失踪了。如果僚机还在战区滞留，他将受到占据数量优势的日军战斗机的无情追杀。想到这些，杜克上尉通知459中队的其他战友，他要转回头去寻找僚机。杜克上尉调转机头，独自飞往杀机四伏的希赫机场，从此再也没有人见过他。杜克上尉的僚机后来安全返回基地，但杜克上尉本人却一直不知下落。

战争结束后，美军情报官员调用了1架DC-3运输机，跑遍了缅甸战区的所有飞机场，向投降的日军飞行员调查有关杜克上尉的下落。真相终于浮出水面：在6月6日的战斗中，有一个小队的日军战斗机在高空活动，一直没有和459中队交手，保持着充足的弹药和燃料。P-38机群撤退之后，他们发现了单枪匹马返回战场的杜克上尉，随即从高空扑下，将杜克上尉的单机团团包围。杜克上尉毫不畏惧，驾机和日军战斗机展开搏杀。寡不敌众的P-38最终被击落，杜克上尉牺牲了。

但在极端不利的态势下，杜克上尉还是击落了3架围攻的日军战斗机！在美国陆航的官方记录上，杜克上尉的最终战果是击落10架敌机，但只有和他交过手的日军飞行员才会明白：这位勇敢的美国人的真正战绩是13架击落纪录。

在1944年夏天，459中队继续执行各种作

■ “双龙”中队的传奇——沃尔特·杜克上尉。

战任务。但在6月6日的战争结束后，随着雨季的来临和日军的溃退，天空中越来越难看到日军飞机的踪迹了。缅甸的天空，从此被牢牢地掌握在美国陆航的手中，直到战争落幕。

西南太平洋战场1944－1945

盟军进攻菲律宾的战斗是一场规模宏大的战略包围，这包括一系列两栖作战计划，由3支得到空中力量支持的部队进行。美国陆航第7航空队掩护美国海军和海军陆战队在太平洋中部沿着吉尔伯特岛、马绍尔群岛、加罗林群岛一线构筑了包围圈的东侧和北侧部分。另外一支美军部队在第13航空队的支持下，沿着所罗门群岛一线进发，构成了包围圈的南侧部分。而麦克阿瑟将军率领的由美国、澳大利亚和新西兰士兵组成的部队则得到了第5航空队的支持，他们沿着新几内亚一直打到摩罗泰 (Morotai) 岛，即将扣上包围圈西侧的大门。

日军在西南太平洋上的2个军事要塞——位于新不列颠群岛的拉包尔基地和位于加罗林群岛的特鲁克基地均被牢牢控制在包围圈中，孤岛上的日军得不到人员、装备和物资的补给，更无法逃出盟军的包围圈。面对盟军的3路进攻，日军进行的反抗徒劳无益，反而损失了大量军舰、飞机以及人员。在整个1944年上半年，随着日军的一路溃退，P-38起降的基地也一直在向西推进。在天空中，日军战机的踪迹越来越稀少，双方只是偶尔发生小规模战斗。

1944年9月15日，麦克阿瑟将军的军队攻占了摩罗泰岛，将进攻矛头推进到菲律宾以南275英里。就在同一天，尼米兹将军将陆战1师送上了帕劳 (Palau) 群岛上的贝里琉 (Peleliu) 岛，位置就在摩罗泰岛东北500英里。7个月以来，麦克阿瑟的军队长途跋涉1500英里，从阿德默勒尔蒂群岛 (Admiralty Islands) 一路打到摩罗泰岛，而尼米兹更是完成了从夏威夷到贝里琉岛长达4500海里的征程。以这些通过血战攻陷的外围岛屿为前进基地，盟军将在1个月之后发起对菲律宾的攻势。

在这10个月的时间里，西南太平洋战场上盟军的空中力量配置发生了一些变化。1943年12月，第49战斗机大队9中队和第35战斗机大队39中队的P-38被调换到第475战斗机大队。第49和第35战斗机大队因而成为了全部装备P-47的单位，而2个战斗机中队的飞行员对此怨声载道，因为他们已经习惯并喜欢上P-38这架表现出色的大飞机了。

于是，在1944年春天，第5航空队内只保留了一个全部装备P-38的单位——第475战斗机大队，下属有第431、第432和第433中队。此外，第8战斗机大队80中队还在飞P-38。到了1944年4月，第8战斗机大队的另外2个中

■ 1架第475战斗机大队的P-38在马克汉姆山谷 (Markham Valley) 上空飞行。

第13航空队中18战斗机大队在所罗门群岛地区打了不少仗，他们的飞行员一个个身经百战，但配备的还是老式的P-40。到1944年8月，第18战斗机大队的飞行员们收到了最好的礼物——整整1个大队的P-38！他们将和第347战斗机大队一起，被派往新几内亚岛，为即将到来的进攻菲律宾作战进行准备。

第5航空队的指挥权交给了恩尼斯·怀特黑德 (Ennis Whitehead) 中将，而第13航空队的司令官则是克莱尔斯·奇特 (Clair Street) 少将。这两支部队都隶属于新组建的远东航空队 (Far East Air Forces)，听候乔治·肯尼将军的调遣。

现在，肯尼将军旗下的部队装备着近500架P-38战斗机，还有全部装备“闪电”侦察机的第5航空队第6照相侦察大队以及第13航空队第4照相侦察大队。拥有足够多的P-38之后，肯尼将军对此相当满意。此时，他手下队——第35和第36中队全部换装了崭新的P-38。这样，第5航空队的P-38战斗机大队就增加到了2个。

1个月之后，第49战斗机大队9中队获得了最新的P-38J-15，而另外2个中队——第7和第8中队还在继续飞P-47。直到1944年8月，第49战斗机大队才来了个彻头彻尾的大换血，下属3个中队都装备了最新的P-38J-25。

■ 照片摄于1945年早期，这架第475战斗机大队431中队的P-38L平时由约翰·梯利 (John A. Tilley) 上尉驾驶。

的飞行员也都非常开心。卡罗·安德森 (Carroll Anderson) 回忆起那段时光的时候说：“……完成一次任务，结伴飞回基地途中，我们一个个兴高采烈。在快到家时，我们决定玩一点花样：4个小队16架P-38一起把速度降低，翼尖对着翼尖，肩并肩尽可能紧密地排列在一起。现在，地面上所有人都看到了：我们的‘万能机’ (Possum) 中队是整个大队里面飞得最漂亮的！”

“万能机”是第475战斗机大队433中队的绰号。在盟军夺取摩罗泰岛之前，第475战斗机大队从新几内亚岛上的基地转出，移师新几内亚岛西北的诺门弗 (Noemfoor) 岛机场。此时，整个太平洋战场上有7名美国陆航飞行员拥有20架以上的击落敌机记录，而第475战斗机大队就拥有其中2名，而且还在3个飞行员之间引发了争夺美国头号王牌飞行员的竞赛，他们的名字是：理查德·邦少校、托马斯·迈克盖尔 (Thomas McGuire) 少校和托马斯·林奇 (Thomas Lynch) 中校。

1944年10月，最新也是最后一种P-38改型——P-38L出现在广阔的太平洋上空。在得到飞行先驱——查尔斯·林德伯格的指导之后，前线部队的飞行员们开始广泛采用使艾利森V-1710保持高歧管压力状态低转速运转的驾驶技术。这项技术的推广虽然姗姗来迟，但其成效令人瞠目结舌：P-38的航程提升了接近一半，在太平洋战场更显强者风范！

与之相反，日军的战斗机已经远没有2年前那么猖狂了，宽广的太平洋上空已经被盟军的空中力量牢牢控制。

收复菲律宾的战役在10月20日打响，麦克阿瑟挥军跨过莱特 (Leyte) 海峡，在塔克洛班(Tacloban)登陆。盟军步兵部队占领塔克洛班的机场后，工程兵随即进入，为机场2800

■ 照片摄于1944年，查尔斯·林德伯格（右）和托马斯·迈克盖尔（左）在霍兰迪亚(Hollandia)机场合影。

英尺长的跑道铺设钢板，以便重型战机能够降落。10月27日中午，最后一块钢板刚刚铺设完毕，第49战斗机大队的34架P-38就迫不及待地从空中呼啸而下，在跑道上降落。这是1942年5月菲律宾落入日军控制下以来，第一批重返这片土地的美国战机。在这批飞行员当中，就包括理查德·邦。

当天下午，5架日军战斗机对塔克洛班机场的美军飞机发动了一次袭击，试图在美军立足未稳时从中捣乱。第49战斗机大队的精英飞行员争先恐后升空迎击。杰拉尔德·约翰逊（Gerald Johnson）中校打下了2架，这使他的个人击落纪录上升到了16架——最终将达到24架。鲍勃·莫里斯中校和理查德·邦少校各击落了1架敌机，只有1架日军战斗机得以逃脱。第二天，邦少校又打下了2架Ki-43隼式战斗机。

肯尼将军将他的大批战机部队调入塔克洛班周边地区，为对菲律宾进行的攻击行动进行准备，这里很快被铺天盖日的飞机所淹没。第475战斗机大队加入了第49战斗机大队的队列，共同在莱特湾海域执行任务。最终拥有5架击落纪录的王牌飞行员约翰·提利也参加了这期间的战斗，他说："10月30日，我所在的第431战斗机中队被派到了莱特岛。我们所谓的机场其实是一块被棕榈树林环绕的泥地，全长2800英尺。起飞的时候，地勤人员要把我们的飞机从隐蔽机库中拖出来，然后拖到跑道的一端，把飞机的尾撑塞进棕榈树之间。起落架轮的刹车在泥浆中完全不起作用，所以只要发动机一启动，我们就得把节流阀打满，马上上路！没时间检查仪表，我们得立即在这短短的距离内飞上天去。当在跑道上滑行了一半时，我们就得把襟翼放下一半，向后拉驾驶盘，然后开始祈祷。谢天谢地，虽然每次都有点不可思议，但我总是能在飞机撞上棕榈树之前把它拉起来。

着陆的时候，飞机的襟翼要全部放下，螺旋桨要打到低负荷螺距，滑油和冷却器的开口全部打开，以尽可能多地增加阻力。如果我的两个手可以放开，我甚至想把侧面风挡摇下，把双手伸出驾驶舱外，期望这能够给飞机多一点阻力。飞机下降的时候，速度要尽可能慢，我们几乎是擦着棕榈树的树梢

■ 第49战斗机大队第9战斗机中队的杰拉尔德·约翰逊正在塔克洛班的跑道上驾机滑行，他最终将拥有24架击落纪录。

■ 西南太平洋前线常见的机场环境。

一头扎到泥浆里头的。和跳水一样，这会激起一大片泥浆，劈头盖脸地把那该死的飞机整个洗了一遍。当飞机停下来以后，我们得马上关掉发动机，地勤人员会把我们拉出来，把飞机拖走好给下1架降落的飞机让出地方。”

10月下旬，第8战斗机大队的活动地区依旧是摩罗泰岛范围。10月30日，该大队的第36中队由肯尼·吉洛克斯(W.K.“Kenny”Giroux)带领，对婆罗洲(Borneo)岛北端的山打根(Sandakan)机场进行突袭。11架P-38战斗机排列着密集的队形，在机场上空来回扫射，一共有6架日军战机在地面上被击毁。看到跑道上已经不存在有价值的目标之后，吉洛克斯带领着P-38机群飞离机场，对停泊在附近港口中的2艘油船展开一通猛打。吉洛克斯将自己的座机下降到与油船甲板平齐的高度，朝向目标猛冲。油船上密集的高射机枪子弹有如泼水一般打来，但吉洛克斯毫不畏惧，稳稳地把握着驾驶盘，对准油船持续开火。当P-38掠过油船上空，正要拉起进行第二波攻击时，一阵猛烈的冲击波伴随着震耳欲聋的爆炸声从水面上爆发，猛烈地撼动着飞机——P-38的子弹引爆了油船上的弹药！数百英尺长的船体被爆炸的威力瞬间抬起，再落回水面上。P-38飞出巨大的气浪后，吉洛克斯发现这架飞机居然还能够正常飞行！吉洛克斯回头瞥了一眼油船，看到它已经断成两截，正在沉没。36中队的其他战友对另一艘油船展开了轮番进攻。等到P-38机群弹药耗尽飞离战区后，那艘油船依然燃烧着大火在海面上漂流。

击沉油船仅仅只是一个开始，在11月2日和4日的2次护航任务当中，吉洛克斯分别击落了3架拦截的日军战斗机。在不到1个星期的时间里，吉洛克斯就以击落6架飞机，击沉1艘油船的成绩，成为了王牌飞行员的一员。

在盟军登陆菲律宾后6个星期，日军向莱特岛地区派出了大批增援部队以增强防御实力。菲律宾地区天气恶劣，双方在地面展开苦战。莱特湾海战打响之后，第49和第475战斗机大队为盟军在滩头的部队执行火力支援任务，对日军目标进行轰炸和扫射。11月2日，第49战斗机大队击落了26架日军战机，而第8和第347战斗机大队则联手对菲律宾内陆巴科洛德 (Bacolod)、阿利坎特 (Alicante) 和宿务岛 (Cebu) 等地的日军机场进行了空袭，在地面上击毁了75架敌机。在莱特湾上空被击落的战斗机中，有1架由日本王牌飞行员古郡五郎驾驶，他在被击落前拥有30架击落记录，其中包括2架P-38。

在这些战斗中，第13航空队的王牌飞行员，罗伯特·维斯布鲁克 (Robert B. Westbrook) 中校将他的个人成绩提升到20架击落纪录，其中13架为驾驶着P-38取得的。但在11月22日，维斯布鲁克中校在和第18战斗机大队一起执行对敌军舰船的扫射任务时，因座机被击落而牺牲。

■ 第13航空队的头号王牌——罗伯特·维斯布鲁克中校。

11月22日，侦察部队发现一支日军运输船队在飞机掩护下，正在开往莱特地区塔克洛班以南。所有的P-38都被派去拦截。迈克盖尔在这次战斗中击落了2架日军战机，使得个人击落纪录上升到26架。在战斗中，迈克盖尔的P-38也受到严重伤害，1架敌机被他打得凌空爆炸后，爆炸的碎片把P-38的座舱盖击破了！由此可以想象当时2架飞机的距离是何等接近。随后迈克盖尔在扫射运输船队时，一个发动机被防空炮火击中，但迈克盖尔还是驾驶着满身伤痕的P-38返回了基地。

在整个西南太平洋战区范围，几乎所有的P-38都被派往菲律宾战场。第347战斗机大队收到命令，在11月7日、20日和22日分别出击，攻击集结于印度尼西亚苏拉威西岛的玛加沙 (Makassar) 海峡的敌军空中和海上部队。在出色完成任务的同时，第347战斗机大队还用高爆炸弹和燃烧弹攻击了日军位于塔拉根港和婆罗洲的炼油厂。为此，第347战斗机大队被上级赋予优异单位嘉奖的荣誉。

1944年12月7日，太平洋战争进入了第4年，盟军对奥莫克 (Ormoc) 市地区展开两栖进攻，P-38、P-47、P-40和海军的F-4U在行动中担任空中支援任务。

第49和第475战斗机大队负责粉碎日军的空中力量，其余的P-38则挂载炸弹，为地面部队提供火力支援。海军上将金凯德对P-38的表现大加赞赏，说这是他在西南太平洋战场

■ 照片摄于1944年10月10日，第49战斗机大队的小伙子们刚刚对巴厘巴板（Balikpapan）的炼油厂进行了一次成功的袭击。

9个月的时候结束了。

12月25日圣诞节那天，以空袭克拉克空军基地为序幕，盟军展开对马尼拉的进攻。在25日和26日的战斗中，托马斯·迈克盖尔一共击落了7架战斗机，使他的个人击落记录上升到38架。但在1945年1月7日的战斗中，迈克盖尔因飞机失事牺牲。至此，美国陆航最出色的2位飞行员的精彩演出在南太平洋上空落下了帷幕。

上见到过的最精彩的空中支援。查尔斯·麦克唐纳中校带领第475战斗机大队在滩头上空执行了4次战斗任务，并打下了3架敌机。这使他个人击落纪录上升到22架，并最终达到28架。在12月7日一天之内，有53架日军战机被击落，莱特湾上空变成了日军飞行员的修罗场。

11月17日，理查德·邦在民都洛(Mindoro)岛上空打下了1架Ki-43隼式战斗机，取得了他个人战斗生涯中第40架击落记录。对所有美国陆航飞行员来说，这是一个不可逾越的记录。出于多方面考虑，肯尼将军将邦调派回了美国，他的战斗生涯就在距离大战落幕还有整整

时间进入1945年，盟军逐渐将在中国战场上的力度放缓，而将进攻锋芒指向了小笠原群岛中的硫磺岛以及琉球群岛中的冲绳岛。规模空前的海空力量在日本列岛的门口集结，战火即将点燃。

1944年11月，太平洋战场上又增添了一个P-38单位。这就是第7航空队318战斗机大队，他们原本主要装备P-47战斗机，任务是

■ 第28照相侦察中队的F-5B-1即将起飞对日军展开侦察行动。

掩护从塞班岛机场起飞的第20航空队的轰炸机。相对太平洋战场的环境，P-47航程不足。飞行员们普遍认为单引擎的P-47在海面上飞行时，不能给他们足够的安全保障，他们强烈要求上级分配P-38战斗机。飞行员的愿望得到了满足，第318战斗机大队获得了30架P-38，并分配给下属的第19、第33和第73中队。只经过了4－5个小时的训练，第318战斗机大队的飞行员们就跳进P-38的驾驶舱，升空掩护26架B-24空袭特鲁克！

机群到达目标上空后，只有1架孤零零的浮筒式战斗机起飞拦截B-24，不屑一顾的飞行员随即驾驶着P-38散开，去帮助1艘正在遭受多架零式战斗机骚扰的美国运输船。战斗中，飞行员们惊喜地发现他们的新飞机性能实在优秀，完全超过了预先的想象！第19中队的指挥官，杰克·威廉斯少校只用了4次短促射击，就将1架零式的尾部从机身上打落。P-38猛烈的火力更是出乎约翰·赫西 (John Hussey) 少校的意料，他的20毫米机炮只开了一次火，就把另外1架零式的左侧机翼完全打断！在这次交手中，第318战斗机大队一共击落了5架零式战斗机——要记住，这是他们第一次驾驶P-38执行战斗任务！

也许受到了第7航空队P-38优异表现的启发，第20航空队将手头所有的P-38集合在

■ 照片摄于1944年11月，塞班岛上的军用机场。第318战斗机大队的地勤人员正在给这架P-38L-1挂载300加仑副油箱，这意味着这架P-38即将进行远程转场飞行。

一起，组成了一个临时“闪电”大队。这个大队在1944年12月一共执行了500小时的战斗任务，包括3次在硫磺岛上空、1次在特鲁克岛上空的飞行——这些任务的往返航程足有1500英里之多，充分发挥出P-38的远程飞行能力。

1945年1月5日，临时“闪电”大队再次掩护B-24展开对硫磺岛的轰炸。对大多数人来说，这只是一次平安无事的例行战斗任务，但对弗雷德·厄贝里（Fred Erbele）中尉来说，他在这天的曲折经历完全可以拍成一部好莱坞电影。在硫磺岛上空，厄贝里中尉驾机对地面进行扫射时，他的P-38被一发高射炮弹击中，左侧引擎罩当即被撕掉，左侧螺旋桨控制失灵。没等厄贝里中尉反应过来，第二发高射炮弹把他的右翼打得燃起大火，副翼操纵失效！P-38速度顿时骤减到150英里/小时，厄贝里努力发动了左侧发动机，在发动机过热之前驾驶着飞机爬升到5000英尺高空。这时右侧机翼的火焰熄灭了，从驾驶舱看出去，厄贝里看到机翼前沿有一个大洞。

这时P-38编队开始返航了，厄贝里想跟上队伍，但他的左侧螺旋桨控制失灵，带来的附加阻力使P-38的速度下降到危险的135英里/小时。归途航程遥远，队友们没有办法和他一起保持如此低速飞行，厄贝里只能目送他们远去。这时候，有2架B-24飞了过来，它们把襟翼放下，一左一右在厄贝里的P-38附近伴随飞行。轰炸机驾驶员告诉厄贝里，他们要这样把受伤的P-38一直送回基地！

此时，厄贝里座机的左侧螺旋桨被死死卡住，无法顺桨，这给飞行带来了极大的阻力。而且，P-38的风挡被炮火掀掉，仪表盘被震得乱七八糟，这让厄贝里陷入绝望当中，如果没有B-24的鼓励和支持，他有可能就永远在太平洋上空消失了。

厄贝里的麻烦还没有完，在这支3机小队的前方，一团强烈的热带风暴正在形成，盘踞在回家的道路正中！厄贝里竭力把接近半瘫状态的P-38飞到风暴上方，但还是被浓厚的云层吞没了。奇迹发生了，P-38挣扎着飞出了风暴，除了敞开座舱中的厄贝里被浇成了落汤鸡之外，其他一切正常！这时，一队P-47战斗机前来接应，它们把P-38平安无事地引导到了机场，并在跑道上降落。这段生死航程花了厄贝里中尉4小时20分钟的时间，在他从P-38的驾驶舱爬出来的时候，机内燃油只够继续飞行20分钟了。

在其他战场，类似厄贝里中尉的故事比比皆是。实际上，在整个第二次世界大战的历程中，有上千名飞行员驾驶着被打得千疮百孔的P-38安全返回基地，有的飞机和厄贝里中尉的座机一样身负重伤，有的甚至更加严重。

P-38坚不可摧的皮实体格引发了更多的传说。据说在盟军进攻马尼拉的战役期间，第49战斗机大队的一名P-38飞行员在座舱中听到有人用无线电急切地呼叫："我的引擎被打中了！冷却液在泄漏！我该怎么办啊！"P-38飞行员告诉他："冷静下来，让螺旋桨顺桨。"无线电中传来绝望的声音："见鬼，上帝啊，我开的是野马啊！"

在盟军登陆硫磺岛的前一天，第28照相侦察中队的F-5侦察机对岛上的日军设施进行了最后的拍照。日军的防空炮火凶悍异常，于是，2架F-5侦察机在12架P-38战斗机的掩护下，排列成紧密的队形，以50英尺的高度在硫磺岛上空飞了3个来回！

1945年1月19日，美国海军陆战队的2个师开始在硫磺岛登陆。第318战斗机大队的所有P-38为滩头的美军提供火力支援。经过连日苦战，盟军夺取了硫磺岛上的空军机场，第7航空队在3月底将大批战机降落在硫磺岛的跑道上，此时岛上鏖战正酣，第7航空队的行动也许太早了点。

■ 1945年3月，第28照相侦察中队的F-5，注意机头侧面密密麻麻的是表示完成任务数量的标志。

3月27日夜间，利用盟军兵力调配上的空隙，盘踞岛上的日军残余部队对硫磺岛机场发动了一次自杀攻击。第7航空队的飞行员、军官和地勤人员在黑暗中和日军展开了近距离厮杀。事实证明：飞行员们在地面上也是优秀的步兵。战斗结束后，地面上留下了333具日军尸体。第7航空队也遭受了不小损失，有44人牺牲，88人受伤。

1945年4月1日，盟军对冲绳发动登陆作战。日军在冲绳构筑了迷宫一般复杂而坚固的防御工事，冲绳岛要到6月21日才被全部占领。

6月28日，在马尼拉解放4个月之后，第5航空队移师冲绳岛，和第7及第20航空队准备对日本本土的攻击。

在第二次世界大战的最后几个月里，日军的空中力量已经几乎可以忽略不计了。但所有的P-38单位仍然和以前一样，寻找一切和敌军交手的机会。结果是，它们往往只能在地面上发现并摧毁日军战机。

第49战斗机中队在第二次世界大战中一共击落了678架敌机，它最后的击落日军战机记录由前文所提到的乔治·拉文创造。在太平洋战争的早期，拉文就驾驶着P-38活跃在阿留申战场上。1945年6月21日，拉文的座机在台湾上空进行狩猎活动，等待日军战机的迎击。不

■ 乔治·拉文驾机在宽广的太平洋上空飞行。

久，他发现了1架日军的川西二式大型水上飞机，面对这架体积超过P-38三倍的大怪物，拉文毫不手软，很快把它从天空中打掉。这是拉文少校的第五个击落记录，同时也使他成为第二次世界大战最后一名P-38王牌飞行员。

回顾乔治·拉文的战斗生涯，我们发现这不仅仅意味着5个击落记录，还恰如其分地反映出P-38及驾驶它的飞行员在第二次世界大战中的贡献：在长达3年的连续战斗中，乔治·拉文击沉了数以千吨计的敌军舰船，在对地轰炸和扫射任务中击毁了69个火车头，更有59次驾驶1台发动机被打坏的P-38安全返回基地的记录！

在整个第二次世界大战的征程中，P-38并非是盟军最出色的制空战斗机，但它一直兢兢业业地担负起空战、对地攻击、侦察等任务，为战胜轴心国力量贡献了不可磨灭的一份力量。“闪电”家族为人类的正义事业所做出的进步贡献，将永远铭记在历史的丰碑中。

第三章
“闪电”骑士
——驾驶P-38的英雄们

理查德·邦

1920年9月24日，威斯康星州白杨镇恬静的农场中，理查德·邦出生在一个瑞典移民的家庭。

学生时代的邦表现非常优秀，他在学校里参加了棒球队、篮球队和曲棍球队，在学校乐队中吹奏单簧管，而且还是教堂唱诗班的一分子。回到家里，邦帮助父母干完农活之后，闲暇时间多半都在钓鱼，或者用来复枪打猎，因此练出了一手好枪法。和许多同龄少年一样，邦对航空科技相当入迷，是个航模爱好者。

邦在18岁高中毕业，他随后进入州立高等师范学院深造。邦依旧没有放弃儿时的梦想，他加入了美国民间飞行训练团，并多次参与了飞行课程。1941年，邦参加了美国陆航飞行预备团。

从1941年6月开始，邦来到加利福尼亚州加德纳 (Gardner) 机场，在初等航空学院学习初级飞行训练课程。接下来的高级飞行训练课程在亚利桑那州的卢克 (Luke) 机场进行，在这里，邦掌握了单引擎飞机的驾驶技术。他在巴里·戈德华特 (Barry Goldwater) 上尉的指导下，通过驾驶AT-6教练机逐步提高水平。在回忆起邦的时候，戈德华特上尉说：“我负责教导邦射击技术，他是一个非常聪明的学生。最有说服力的证据是一位P-38驾驶员的评价，他说邦是天生的飞行员，是他见过最优秀的一个。在空中，即便邦驾驶的是低速的AT-6，也没有人能够甩掉他的追逐。”

1942年1月9日，邦终于实现了童年的梦想：通过美国陆航的资格认证，成为一名正式飞行员。由于技术优秀，获得少尉军衔的邦留在卢克机场担任助教，负责指导新飞行员进行射击训练，而他仅仅比这些新飞行员早来几个月而已！

4个月后，1942年5月2日，邦被调到旧金山的汉密尔顿机场，使用P-38进行战斗训练。对邦来说，P-38就是1架强劲有力的大玩具，他的顽童天性在旧金山上空被彻底地激发出来：驾驶P-38在金门大桥下穿过、在商业街上

■ 照片摄于1943年3月11日，第9战斗机中队的这4个小伙子刚刚击落了5架敌机。镜头前，击落2架敌机的邦却在满不在乎地低头翻看画册。

之前，从我办公室里头滚出去!”

1942年9月上旬，已经有相当驾驶经验的邦接到上级通知，离开美国，奔赴太平洋战场接受战火的洗礼。

邦抵达布里斯班后，被分配到第49战斗机大队第9中队——这个大队的绰号是“飞行骑士”。1942年11月11日，邦被调换到另一个单位——第35战斗机大队39中队，在这里他取得了个人第一次空战胜利。1942年12月27日，邦驾驶着他那架美国陆航序列号42-12624的P-38F-5-LO，在新几内亚东北海岸的多波杜拉 (Dobodura) 上空击落1架九九式轰炸机和1架零式战斗机，邦为此获得了一枚银星勋章。

2个星期之后，1943年1月11日邦返回第9战斗机中队时，他已经拥有5架击落记录，成为一名王牌飞行员了！这次，邦在第9中队一直飞到1943年11月11日，直到他获得上级特别批准的60天假期，以及升迁到新几内亚的第5航空队司令部任职的机会。邦返回威斯康星州的家中修养，并遇见了他的未婚妻——

来回低空飞行，甚至把民居后院晾晒的衣服吹落在地。有位家庭主妇向美国陆航告状，为此邦的上司，第5航空队司令乔治·肯尼将军把他叫到办公室狠狠地训斥了一顿：“星期一早上，你到奥克兰的这个家庭去报到。如果女主人洗好了衣服，你就帮她把衣服挂起来，然后在旁边一直等到衣服晾干。这时候你要帮忙干点家务——修剪草坪或者别的什么的。衣服干了以后，把它们都收到屋子里面去，如果有哪怕一件掉到地上，你都得把它们全部再洗一遍！我要让这位夫人知道，美国陆航除了骚扰老百姓以外，还能干很多好事！就这样！在我没有气疯或者改变主意美丽的玛姬·维特达尔 (Marge Vattendahl)。

1944年1月，邦重返太平洋前线继续战斗，前往第5航空队司令部报到。肯尼将军授予邦自由飞行的特权——邦可以随时随地参加任何战斗，而无须请示上级批准!

■ 邦和座机“玛姬”，机头上绘制着邦的女友玛姬的大幅画像，从机身上的击落标记来看，此时邦的个人战绩已经上升到击落25架敌机。

这时洛克希德公司已经向各个战区提供新型的P-38J战斗机了，邦也领到1架闪耀着银光的P-38J-15-LO (美国陆航序列号42-103993)。坠入情网的邦用未婚妻的名字给新座机命名为“玛姬”，并将玛姬·维特达尔的大幅画像绘制到P-38的机头。“玛姬”成为第二次世界大战中最有名的1架P-38。在交战中，每当日本飞行员看清机头那张微笑女郎的画像时，他们就知道自己招惹上大麻烦了。

■ 1944年6月，邦来到伯班克，向洛克希德公司的员工发表演讲，感谢他们为这架杰出战斗机所做出的贡献。

1944年4月，邦取得了28次空战胜利，从而打破了第一次世界大战中美国著名的王牌飞行员艾迪·里根贝克 (Eddie Rickenbacker) 的26架纪录。

肯尼将军再次把邦从战场上调回美国，并将他提升为少校。里根贝克获知这个消息后，给邦写了一封热情洋溢的信：“我刚刚收到消息，得知你成为首位打破我在第一次世界大战中击落记录的美国飞行员。我也知道了你因此获得升职，这对你的成绩来说再合适不过了。我在此向你表示诚挚的祝贺，真

■ 在对洛克希德公司进行参观的同时，邦和吉米·马特恩一起对P-38的新改型进行讨论。

超过200次战斗任务，战斗飞行时间达500小时，40次空战胜利的纪录更是美国陆航历史上不可逾越的一座高峰。

邦性格温和，平易近人，一点王牌飞行员的架子都没有。和他一起战斗过的飞行员都说，邦害羞的微笑和友善的眼神使他看起来更像威斯康星州的乡下农家孩子，而不是冷酷无情的空中杀手。

心祝愿你能把击落记录翻2番，甚至3番。请继续发挥你的飞行天赋，我们希望在战争结束之后你能够安全回家。” 里根贝克送给邦整整一箱苏格兰威士忌作为礼物，肯尼将军也给他送来了一箱香槟酒表示祝贺。

邦被指派到得克萨斯州福斯特 (Foster) 机场的轰炸训练场 (Bombing Range)，负责分析并指导最新的枪械射击方式。1944年9月10日，邦返回太平洋战场，前往第5航空队司令部报到。上级委派给邦的任务是指导新手飞行员进行射击训练，但他还是以验证训练效果为由，频频出现在婆罗洲和菲律宾群岛上空的作战机群中。结果，到1944年12月16日击落1架Ki-43隼式战斗机为止，邦参加了30场空战，又击落了12架战斗机，成为美国陆航历史上战绩最为辉煌的飞行员。

自从成为军队的一分子以来，邦参加了

对于一般的飞行员来说，他们最关心的是自己的击落纪录以及成绩排名，他们被人类与生俱来的战斗本能和虚荣心促使，一味在空战中猛打猛冲。邦则完全不同，他将飞行视为乐趣——一种让生命充满激情的游戏。邦从不在意击落了多少飞机，他关注的是空战中的飞行过程本身。即便在打破里根贝克的击落纪录之后，邦还是多次自嘲枪法差劲，可能是整个陆航中最烂的。实际上，邦的射击技术相当出色，根据战后评估计算，他有着91%以上的命中率！也许是得益于儿时的狩猎经验，他总是能够在扣动扳机之前计算出最佳的开火时机。

在升空飞行时，邦知道如何将飞机性能最大限度地发挥出来；他的驾驶风格也不是极尽华丽之能事，他清楚地洞悉P-38的性能限制，从不进行超出飞机承受能力的动作。在

理查德·邦战斗生涯记录		
日期	成绩	内容
1942.12.27	2	新几内亚岛多波杜拉机场上空击落1架九九式轰炸机和1架零式战斗机
1943.1.7	2	莱城机场上空，击落2架Ki-43隼式战斗机
1943.1.8	1	莱城机场上空， 成为王牌飞行员
1943.3.3	1	俾斯麦海战役期间，击落1架零式战斗机
1943.3.11	2	击落2架零式战斗机
1943.3.29	1	击落1架一式轰炸机，提升为中尉
1943.4.14	1	在防御日军进攻米尔恩湾（Milne Bay）的战斗中击落1架轰炸机，总成绩10架，成为双料王牌，并获得飞行勋章
1943.6.12	1	击落1架零式战斗机
1943.7.26	4	执行护航任务时在莱城上空击落4架战斗机，并获得优异服务十字勋章
1943.7.28	1	为B-25护航时，在新不列颠岛上空击落1架Ki-43隼式战斗机。飞机受损
1943.8.24		提升为上尉
1943.9.6	0	声称击落2架轰炸机，但未得到证实，飞机在迈里南（Mailinan）机场迫降
1943.10.2	1	盖斯马塔（Gasmata）上空，带领绿色飞行小队击落1架Ki-46侦察机
1943.10.29	2	在拉包尔基地上空击落2架零式战斗机
1943.11.5	2	在拉包尔基地上空击落2架零式战斗机
1943.12—1944.1——返回威斯康星州，并遇见玛姬·维特达尔		
1944.1.15	1	在新不列颠岛的霍斯金斯角（Cape Hoskins）上空，驾驶“玛姬”首开战果，击落1架Ki-61飞燕战斗机
1944.1.28	0	在韦瓦克的跑道上击毁1架满载军官的运输机
1944.3.3	2	在新几内亚岛上空击落2架Ki-21重型轰炸机
1944.4.3	1	在霍兰迪亚(Hollandia)上空击落1架战斗机
1944.4.12	3	超过艾迪·里根贝克的26架击落纪录
1944.5—7——返回美国		
1944.10.10	2	攻击婆罗洲的炼油厂时击落2架战斗机
1944.10.27	1	莱特湾上空击落1架战斗机
1944.10.28	2	莱特湾上空击落2架Ki-43隼式战斗机
1944.11.10	1	奥莫克海湾（Ormoc Bay）上空击落1架Ki-43隼式战斗机
1944.11.11	2	被提名获得国会荣誉勋章
1944.12.7	2	掩护美国部队在奥莫克海湾登陆时击落Ki-46和Ki-44钟馗战斗机各1架
1944.12.15	1	击落1架Ki-43隼式战斗机
1944.12.16	1	民都洛岛上空击落1架Ki-43隼式战斗机

空中，P-38仿佛就是邦身体的一部分。邦热爱驾驶P-38的感觉，和他一起战斗过的美国陆航飞行员都证明了这一点。

还有一条经验相当重要：邦以平常心对待胜负，一旦局势对己方不利，他会和队友一起坦然脱离战斗，决不死缠烂打。

1944年12月12日，菲律宾塔克洛班机场，在12名双料王牌飞行员的队列面前，麦克阿瑟将军亲自为邦佩戴上美国军人的最高荣誉——国会荣誉勋章。麦克阿瑟抛开了事先写好的讲演稿，热情洋溢地说："邦——从新几内亚到菲律宾之间整个天空的主宰——我现在证明你为勇者中的勇者，拥有佩戴美国荣誉勋章的权利。"两人随后紧紧握手。

军方对邦的嘉奖令内容如下："本奖励因1944年10月10日－11月15日之间，西南太平洋上空战斗中所表现出来的非凡勇气而颁发。虽然被指派为射击教官，不要求进行作战任务，邦少校多次自愿主动要求参加战斗任务，包括巴厘巴板、婆罗洲和菲律宾莱特地区异常危险的战斗飞行。凭借旺盛斗志和无畏胆略，他在这个时期内击落8架敌军飞机。"

■ 麦克阿瑟将军为邦授勋现场，话筒后穿风衣的站立者就是麦克阿瑟将军。

在2年的服役生涯中，邦获得的荣誉包括：国会荣誉勋章，优异服务十字勋章，银星勋章、优异飞行十字勋章、飞行勋章以及大量其他的嘉奖。

也许为了避免在战斗中出危险，影响飞行员的士气，邦被永远调离了战场，作为美国头号王牌飞行员，为筹集战争资金在美洲大陆展开巡回宣传。身着干净的衣服穿行于各种社交场合、千篇一律地重复预先写好的讲演稿、再也闻不到熟悉的汽油和火药味——这对邦来说无疑意味着无穷无尽的折磨。在五角大楼，邦遇见了同样也是王牌飞行员的鲍勃·约翰逊 (Bob Johnson)，就向他抱怨自己是如何被带着到处演讲。邦把一肚子苦水全都倒了出来；"这些天我的耳朵里头被塞得满满的。见到你真是太高兴了，只有你才能理解我的感受——这真比被1架零式咬住尾巴还要糟糕。"

在巡回宣传结束之后，邦返回威斯康星州的家中，与玛姬·维特达尔举行了正式婚礼仪式。在加利福尼亚州度过无忧无虑的蜜月假期之后，邦被调到莱特机场担任试飞员工作，负责测试各种新型单

■ 邦和玛姬坐进洛克希德公司的“背驮式”升空翱翔。这也许是P-38在第二次世界大战期间最浪漫的一次飞行了。注意座舱盖上为了保护后座成员而安装的泡沫塑料块。

引擎和双引擎战斗机的性能。1945年6月，邦前往莫哈韦 (Mojave) 沙漠中的慕洛克机场，为洛克希德公司的新型P-80“射击星”喷气战斗机项目进行试飞工作。

受到德国空军Me 262喷气战斗机出色性能的刺激，美国陆航对P-80寄予很高的希望。但由于发动机原因，P-80在试飞期间一直毛病不断——在邦之前，有多名飞行员在试飞P-80的过程中牺牲。邦明白这是一项九死一生的工作，自己完全有可能成为下一个牺牲的飞行员，但他还是义无反顾地肩负起自己的责任。

1945年8月6日，慕洛克机场，邦钻进跑道上1架P-80A-1-LO的座舱，开始例行的测试飞行。查尔斯·朗马克 (Charles Langmack) 上校当时在场观看，他回忆起当天的情形时说：“邦和我一起执行试飞任务，他驾驶P-80在前面飞行，我在1架跟随的C-47上进行观察，记录飞机各种状况。

那天邦驾机起飞时，我的C-47停靠在几条跑道的交叉口，我正在飞机上检查一些记录数据的仪表。我看到P-80平稳地从跑道上起飞，并开始爬升。1－2秒钟过后，P-80开始在50－60英尺高度向右转弯。忽然之间，发动机停止运转，P-80瞬间失去了动力，当即进入失速状态！短短的几秒钟时间里，P-80被重重摔到地面上，引发巨大的爆炸。邦根本没有机会跳伞逃生。

P-80的发动机是通用电气公司的I-40，美国陆航对此进行了调查，但没有发现发动机失灵的确切原因。”

就在这一天，美国的B-29轰炸机向日本广岛投下了原子弹，这一历史事件顿时占据了各大报纸的头版头条。在整个地球都在为这件新式武器的威力而惊叹不已的时候，很少有人注意到，美国陆航最优秀的飞行员在同一天离开了这个世界。

托马斯·迈克盖尔

1944年11月1日的莱特湾上空，一队由20架P-38组成的战斗机群即将在塔克洛班机场降落，以补充美军在菲律宾战场上的空中力量。这时，飞行员们的视野里忽然闯进了1架日军的中岛Ki-44钟馗战斗机，敌机明显要趁着美军战斗机降落的机会，前来捡便宜。

一名飞行员立即向队友们打了声招呼，以闪电般的速度将P-38的节流阀打满、收起襟翼和起落架，驾机一个转向直扑Ki-44。整个塔克洛班机场上的人群都在看着这架P-38径直向Ki-44对头飞行，飞行员仅仅用一个点射就漂亮地打掉了敌机。Ki-44冒着浓烟歪歪扭扭地下坠，一头撞毁在塔克洛班机场外的原野上，燃起熊熊大火。此时，结束它生命的那架P-38在人们的欢呼声中，稳稳当当地降落在塔克洛班机场的跑道上。托马斯·迈克盖尔少校爬下了他心爱的“胖妞五号”，冲大家咧嘴一笑——为他取得的第25次空战胜利。“这样的前线很对我胃口”，迈克盖尔说，“你在自己的机场降落前还得先干掉1架日本鬼子的飞机”。

击落敌机——这就是托马斯·迈克盖尔生命的意义。他身高5英尺7英寸（170厘米），上唇留有一撇小胡子，以使自己显得更加成熟。迈克盖尔具备强烈的攻击欲望，他渴望击落更多敌机，登上美国陆航头号王牌飞行员的宝座，并在退役时佩戴着荣誉勋章衣锦还乡。迈克盖尔也是一位具备强烈自尊心的战士——在第一次空战中，他和1架日军战斗机迎头对决，2架飞机相对猛烈开火，越飞越近，但双方谁都不愿意第一个偏转机头，因为那是懦弱的表现！直到最后一刻，迈克盖尔和他的对手才同时让步，2架飞机擦肩而过！等迈克盖尔降落之后，地勤人员不得不

■ 托马斯·迈克盖尔少校。

用钢刷，才能将日军战斗机在他的P-38机身留下的油漆痕迹擦掉！迈克盖尔是第475战斗机大队431中队的指挥官，他手下的飞行员都说：一旦被迈克盖尔所驾驭，P-38就能飞出各种匪夷所思的动作。他的驾驶技术是如此高超，以致几乎重新定义了P-38的性能参数。迈克盖尔对自身的实力和P-38的性能均有着充足的信心，这也是他克敌制胜的法宝之一。和理查德·邦相比，托马斯·迈克盖尔的风格完全不同，但他们两人都驾驶P-38取得了其他美国陆航飞行员无法比肩的成绩，这不能不说是一个奇迹。

1920年8月1日，托马斯·迈克盖尔出生在新泽西州的瑞吉伍德（Ridgewood）。在他还是个孩子时，双亲早早离异，迈克盖尔跟着母亲搬到佛罗里达州的塞伯陵（Sebring），在那

里长大成人。由于家境富裕，童年的迈克盖尔拥有许多令邻居孩子羡慕不已的玩具。在所有的玩具中，迈克盖尔最喜欢的就是风筝和飞机模型了。儿时对天空的无限向往成为迈克盖尔奠定日后成就的基石。

有意思的是，和邦一样，迈克盖尔中学时期也在乐队中吹奏单簧管。但迈克盖尔顽皮的性格相比邦来说则有过之而无不及——他经常驾驶汽车以骇人的高速穿越塞伯陵的街道，并因此从朋友那里得到了一个“地狱赛手”的诨名！高中毕业后，托马斯·迈克盖尔进入乔治亚工业学院深造，他和邦一样，在课余时间接受了飞行训练。在圣安东尼奥(San Antonio)进行训练的日子里，迈克盖尔结识了他后来的妻子玛里琳 (Marilynn)。玛里琳是一位美丽明朗而富有魅力的姑娘，但不知为何，她从朋友那里得到了一个完全对不上号的昵称：“胖妞”(Pudgy)。

1942年2月，迈克盖尔以少尉军衔加入美国陆航。只要有仗可以打，他乐意前往任何战区服役，于是迈克盖尔被分配到美国本土的最前沿——阿拉斯加战区。迈克盖尔驻扎在阿拉斯加州的诺母(Nome)小城，飞的是P-39。很显然，在日军登陆阿留申群岛之后，P-39的航程不足，使其成为这场北太平洋空战中的配角——担任主力的自然是洛克希德公司的P-38。由于没有多少仗可以打，迈克盖尔要求换到其他战区。1942年晚期，他被调离到路易斯安那州的哈丁 (Harding) 机场，并在当年12月和玛里琳结婚。下一次调动则让迈克盖尔前往加利福尼亚州，学习P-38的飞行技术。迈克盖尔全身心地投入到学习和钻研中，只要一有机会，就驾驶这架美国陆航的最新战机升空飞行。

1943年3月，迈克盖尔被派遣到西南太平洋战场的第5航空队，加入第49战斗机大队，在这里他结识了理查德·邦——当时整个大队最出色的头号杀手。7月中旬，迈克盖尔前往新成立的第475战斗机大队报到，成为第431战斗机中队的一员。第475战斗机大队是第5航空队司令特别成立的全部装备P-38战斗机的新部队，乔治·肯尼将军的撒手锏。第475战斗机大队聚集了肯尼将军手下最优秀的飞行员，“绝不空手而归！”——这是第475战斗机大队中流传的一句口号。

第475战斗机大队驻扎在新几内亚的莫尔兹比港，装备的是新型的P-38H。迈克盖尔给他的座机起了个和妻子玛里琳一样的昵称——“胖妞”！迈克盖尔每次更换新的座机，都会依次给它起“胖妞”的名字：“胖妞二号”、“胖妞三号”……

为了提高技术，迈克盖尔一有空就在跑道上游荡，观察其他飞行员驾驶P-38起飞和降落，思考自己如何能够做得更出色。第431战斗机中队指挥官尼克斯 (Nichols) 上尉注意到这个好学的飞行员，觉得他是个可造之才，

■ 迈克盖尔和“胖妞三号”在一起，此时从机头的击落标记来看他击落的敌机数量为21架。

于是就把迈克盖尔提升为中队的助理工程师。这个升迁使得迈克盖尔有了更多的机会接触和认识P-38，但也引起了一些流言飞语。有人说迈克盖尔太想在上级面前表现自己，是一个削尖了脑袋拼命往上钻的家伙。但第431战斗机中队的军官和迈克盖尔的朋友则不这么认为，他们看到的是一个聪明好学的飞行员，想实实在在地尽可能多做工作。

1943年8月，迈克盖尔和他的战友们第一次执行战斗任务。麦克阿瑟将军的部队在新几内亚北部海滩向日军阵地大举进攻，第475战斗机大队的P-38为这次作战提供直接的掩护和空中支援，并对日军在韦瓦克的机场进行打击。8月18日，迈克盖尔在战斗中第一次和日军战斗机交手，蓄势已久的他将能量全部爆发出来，淋漓尽致地发挥出自己的风格：尊贵的气质——和日军战机迎头对决，毫不退缩；高超的实力——据迈克盖尔声称，他一共击落了5架敌机！

第一次参加空战就成为王牌飞行员，这将成为航空史上一个奇迹！但迈克盖尔有2个击落记录没有能通过军方认证，迈克盖尔的这场战斗只能以击落3架战斗机——包括2架零式战斗机，1架Ki-61飞燕战斗机——的成绩录入美国陆航的档案。即便如此，首次空战便击落3架敌机，对于一个新飞行员来说已经是非常难得的了。

3天之后，第431战斗机中队再次对韦瓦克机场发动攻击。在战斗中迈克盖尔干净利落地击落2架零式战斗机，如愿以偿地成为王牌飞行员！仅凭2场战斗就跻身王牌行列，迈克盖尔超凡的实力令其他所有飞行员刮目相看。在迈克盖尔的带动下，他的队友们的发挥也相当出色。在前10天的战斗中，第475战斗机大队一共击落了40架敌机，这个成绩令肯尼将军尤为自豪。

有如脱缰的野马，迈克盖尔的成绩一路直线上升，2个月不到，“胖妞”的机头就涂

■ 迈克盖尔的“胖妞四号”，机身上的击落标记已经达到了22架。

上了13个空战胜利的标记。迈克盖尔成为了双料王牌——这个速度几乎是邦的2倍！

迈克盖尔胆大过人，在空战中几乎无所顾忌，这样的战斗风格多次将他推到悬崖边缘。1943年10月17日，迈克盖尔借用富兰克林·尼科 (Franklin Nichol) 少校的P-38升空作战。在奥罗海湾 (Oro Bay) 上空的战斗中，迈克盖尔在敌机群中来回冲杀，击落了3架零式战斗机，使他个人击落记录上升到16架。

这时他发现了1架队友的P-38被击伤了，正在遭受多架敌机的围攻，迈克盖尔立即冲出战圈前往救援，不顾将自己的背后空档留给敌人。一旦找到机会，3架零式战斗机有如闻到血腥味的豺狼一样，紧紧咬住迈克盖尔座机的背后猛烈开火。子弹穿过驾驶舱背部装甲，将P-38的仪表盘打得四分五裂！左侧发动机爆出一团大火，飞机顿时失去一半的动力。迈克盖尔的腰部也被零式战斗机的7.7毫米机枪子弹击伤，但他仍然冷静地推动驾驶盘，驾机向着海面垂直俯冲，以试图逃脱敌机的包围。

呼啸的20毫米炮弹无情地咬上了P-38，将机身撕开一个又一个大洞，右侧的艾利森V-1710也冒出了滚滚浓烟……飞机后半部分的座舱盖在子弹的蹂躏下支离破碎，飞散的碎片在迈克盖尔的身上留下了5道深深的伤口。驾驶盘在激烈晃动，P-38已经完全不听使唤了。这时候迈克盖尔的脑海中只有一个念头：“噢，天哪，尼科少校一定会骂死我的！”

在12000英尺高度，托马斯·迈克盖尔决定弃机逃生，但他的双脚被缠在驾驶舱里头。经过一番挣扎，P-38落到5000英尺高度时，迈克盖尔打开了座舱盖，跳出飞机。广阔的蓝色海面迎面扑来，迈克盖尔在空中飞速下坠，当他要拉动降落伞时，发现降落伞的开降绳被敌机的子弹打断了！面对生死攸关的险情，迈克盖尔相当镇静，他在身上迅速摸索了一番，从背后找到一根绳子代替了开降绳。在距离地面只有1000英尺的高度，降落伞打开了！

落到水面上之后，迈克盖尔才知道他的救生阀也被打得千疮百孔，完全无法使用了。救生阀很快就沉到了海底，迈克盖尔挣脱所有束缚，设法在鲨鱼出没的水面上坚持了40分钟。终于，一艘美军鱼雷艇开了过来，将迈克盖尔救出险境，送往陆地上的医院。

1943年11月，邦返回美国进行长达2个月的休假，迈克盖尔渴望利用这个机会将他们之间8架击落纪录的差距扳平，甚至赶超！但坏运气不偏不倚地降临到他头上——受到热带地区的疟疾和登革热的双重折磨，迈克盖尔在这段时间里一直泡在医院里头，无法升空作战。

1943年12月26日，托马斯·迈克盖尔从病床上稍微缓过劲来，就立即参加了战斗——带领第431战斗机中队为盟军在新几内亚岛格鲁斯特角 (Cape Gloucester) 滩头作战的部队提供空中掩护。迈克盖尔和战友们遭遇了超过50架的日军战斗机，随之与其周旋。几个回合过后，迈克盖尔发现有一队日军俯冲轰炸机飞临登陆场上空，即将对盟军舰船投下炸弹。迈克盖尔当机立断，带领2个飞行小队的P-38放弃捕杀日军战斗机的机会，转而攻击日军俯冲轰炸机。这2个飞行小队一共击落了10架俯冲轰炸机和3架战斗机，更重要的是，由于它们的战斗，使得盟军部队免于遭受轰炸带来的伤亡损失。

迈克盖尔上尉回忆说：“它们正要飞往我们的1艘驱逐舰上空进行俯冲投弹，很快就被我的飞行小队追上了。为了逃生，九九式舰载轰炸机被迫早早地在8000－10000英尺的高度将炸弹投下，完全没有炸到它们的目标。我瞄准1架九九式舰载轰炸机打了一个短点射，它立即冒出浓烟，朝向下方的水面坠落，最后撞到海滩上坠毁。打下这架飞机后，我冲着日军机群来回穿梭，进行了8次攻击，但1架飞机都没有打下来。我终于抓到了一个机会，咬上了1架敌机尾部，用几个点射将它凌空打爆。随后我又继续进行往复穿梭，抓住一个机会，把第三架飞机击落在海面上。这次，我和我的小队彻底失去了联系。我看到了1架落单的九九式舰载轰炸机，把它打得冒烟。这架飞机开始拼命朝岛上飞，1架第36战斗机中队的P-47加了进来，我们交替对着敌机开火。我在正下方紧跟上九九式舰载轰炸机，给它来了一个准确的点射。碎片飞了出来，我看到它掉下去，撞到一棵大树上。”虽然迈克盖尔上尉声称他击落

■ 第475战斗机大队的4名顶尖飞行员，左起第二为迈克盖尔。

报告不要看过一遍就放下，请一次又一次地反复阅读。在战斗前你学得越多，在战斗中你将能学到的会更多，你会争取到更多的机会能让自己继续学习。”

盟军反攻的锋芒沿着西南太平洋的岛群向西一路推进，第475战斗机大队的战场也在一天天扩大。到1944年12月13日，迈克盖尔一共击落了31架敌机，与邦之间仍有7架的差距。4天之后，邦终于将自己的成绩提升到空前的40架击落纪录。为了让他不被击落影响飞行员士气，肯尼将军将邦送回国内，为筹集战争基金进行募捐。

1944年圣诞节，迈克盖尔带领15架P-38为一队轰炸马尼拉日军机场的B-24机群提供掩护。正当他们的编队飞越吕宋岛上空时，从地面上杀出了20架日军的零式战斗机前来拦截。这场交火过后，迈克盖尔的战绩表上又增添了3架敌机。第二天，他又参加了一次过程几乎完全相同的任务，唯一的差别就在于：这次他击落的敌机数量为4架！

此时，迈克盖尔的战绩已经达到38架击落记录了，距离王牌榜单上排名最高的邦只有2架的距离，而邦的这个记录已经被永远地锁定了。对迈克盖尔来说，再击落3架战斗机，成为美国陆航头号王牌飞行员，仅仅是

了这架敌机，但这个战绩还是算在那架P-47上。

鉴于这天战斗中所体现出来的领导能力以及勇气，迈克盖尔被上级授予优异服役十字勋章的荣誉。但迈克盖尔的坏运气接踵而来：日军的空中部队遭受到严重打击，在很长一段时间之内西南太平洋上空几乎没有敌机出现。从1944年初到5月中旬，托马斯·迈克盖尔没有获得过哪怕一次击落敌机的机会！

在此期间，为了让美国陆航的新手飞行员们能够更快地适应前线环境，迈克盖尔将自己的战斗经验编撰成一份题为《西南太平洋战区空战战术》的报告，该报告于1944年5月4日由第5战斗机司令部印刷出版。迈克盖尔的上司查尔斯·麦克唐纳中校对这篇报告大加赞赏，他亲自为其撰写了前言：“……迈克盖尔少校的这篇报告罕有地清晰透彻，却又包含了大量有价值的信息……新兵们，这篇

一个时间问题——因为菲律宾上空还有那么多的日军战斗机，像待宰杀的火鸡一样在等着迈克盖尔！迈克盖尔并没有为此而放松心情，他知道自己很有可能也像邦一样被调回国内。他的时间已经不多了，因此必须抓紧每一次机会！肯尼将军对这个情况也十分清楚，他知道凭着迈克盖尔的冲劲和技术，打破邦的记录不需要太多时间。为了避免迈克盖尔在空战中损失，或许也是为了不影响邦以头号王牌身份进行的募捐，肯尼将军使用强制手段将迈克盖尔扣留在跑道上，一直到1945年1月6日。

1945年1月7日06:15，迈克盖尔带领一支4机小队出发，挂载165加仑的副油箱升空，准备对内格罗斯岛 (Negros) 上的日军机场进行扫射骚扰任务。迈克盖尔的僚机是埃德温·韦弗 (Edwin Weaver) 上尉；另外的分队中，长机是杰克·利特梅耶 (Jack Rittmayer) 少校，僚机是道格拉斯·特洛普 (Douglas Thropp) 中尉。

这4名飞行员都是身经百战的老兵，而托马斯·迈克盖尔的座机也换成了“胖妞五号”——1架崭新的P-38L。出发后不久，有1架日军战斗机向他们进行了骚扰，但很快就被打退了。4机小队保持在10000英尺高度飞临内格罗斯岛上空，高空厚重的云层极大降低了能见度，它们随即降低到6000英尺高度飞行。迈克盖尔带领这支小队在日军机场上空1700英尺的高度来回盘旋，期待有日军战机升空与他们交手。但10分钟过去，天空中依然只有4架P-38在飞行，机翼下的跑道一片寂静。迈克盖尔随即带队飞向内格罗斯岛西部海滩上的另一个机场。途中在穿越一片云层的时候，利特梅耶少校收了一下油门，这个动作使他的座机和小队其他3架P-38拉开了距离，消失在云层的另一侧。迈克盖尔通过无线电命令利特梅耶少校归队，利特梅耶少校报告说他的发动机出现故障。于是，3机小队重新安排了队形，特洛普中尉的座机顶替利特梅耶少校的位置。

忽然，韦弗上尉发现正前方1000码远处有1架日军战斗机朝P-38小队冲来，其高度在3机小队下方500英尺。这是杉本明准尉驾驶的Ki-43隼式战斗机。没等双方来得及反应，Ki-43就从迈克盖尔的P-38下方交错飞过。此时，福田军曹驾驶着1架Ki-84疾风战斗机，正要在机场上降落。他看到杉本明准尉即将陷入P-38的围攻之中，随即拉起机头准备投入战斗。

杉本明准尉驾驶Ki-43咬住了特洛普中尉的P-38，开火打掉了一侧的涡轮增压器，发动机开始冒烟。按照通常空战的惯例，特洛普中尉应当投下副油箱，与敌机交手。但在这次飞行之前，迈克盖尔对此类情况做出过命令：除非万不得已，不许投掷副油箱，以免无谓损失燃油减少留空时间。于是特洛普中尉只能咬牙硬挺，驾驶着挂载165加仑副油箱的P-38进行机动飞行。

救兵终于来到了，利特梅耶少校的P-38回到了队伍中，并占据了有利位置，对准Ki-43一阵猛打，以解救特洛普中尉的困境。杉本明准尉没有逃跑，而是通过几个巧妙的动作咬住了韦弗上尉。韦弗上尉的座机顿时被几个长连射打中，情急之下他呼叫迈克盖尔救援。

迈克盖尔立即驾机向左急转，但在这个关头“胖妞五号”出现了问题，开始发生震颤，随时可能失速坠毁。迈克盖尔依旧加速转弯，以期在进入失速前能向Ki-43开火，将韦弗上尉解脱困境。“胖妞五号”没有依照迈克盖尔的意愿行动，它已经没有动力，向左失控翻转。其他小队成员看到它机腹朝上、机头向下30度往下坠落，随即在视野中消失。几秒钟之后，韦弗上尉看到丛林中迸发出一团火焰，托马斯·迈克盖尔充满戏剧性的战斗故事从此画上了句号。

然而，内格罗斯岛上空的厮杀才刚刚开始。利特梅耶少校和特洛普中尉的双机编队合力将杉本明准尉的Ki-43击伤，并一路追击到内格罗斯岛的北端。杉本明准尉企图驾机在丛林中迫降，但特洛普中尉设法在Ki-43着陆之前向它打出了最后一个连发。杉本明准尉被6发12.7毫米机枪子弹射穿胸膛，当即毙命。这时，福田军曹的Ki-84加入了战斗，朝着特洛普中尉的座机对头冲来。他很快发现自己面临着1：3的劣势：韦弗上尉和利特梅耶少校加入了战斗。在3架P-38的夹击下，Ki-84左躲右藏，居然鬼使神差地钻到利特梅耶少校座机的侧翼。这是一个非常有利的射击位置，福田军曹毫不犹豫地开火。P-38在空中猛烈颤抖，坠毁在一个小村外——几分钟之前，迈克盖尔的座机就坠落在这个区域。

韦弗上尉的P-38成为福田军曹追逐的下一个目标。当他发现已经追不上的时候，福田军曹转向特洛普中尉的座机。特洛普中尉驾机钻进了附近厚重的云层中躲避，心态稍事平静之后，他重新冲出了云层，寻找Ki-84再决雌雄。让特洛普中尉感到诧异的是，云层下方空空荡荡，只有原野上零散的3堆冒烟的飞机残骸证明这里曾经发生过一场难分难解的恶斗。

韦弗上尉和特洛普中尉先后回到了美军机场，并向上级报道了战斗情况。由于整个空战过程短促而激烈，他们两人的陈述存在相当多的分歧，直到第二次世界大战结束后，经过与日军飞行员的联合调查之后，迈克盖尔这一场最后的战斗的前因后果才得以真相大白。

为了纪念迈克盖尔的事迹，军方给他追授了国会荣誉勋章——迈克盖尔一直在苦苦奋斗的目标。托马斯·迈克盖尔是天才的P-38飞行员、是优秀的战术理论家、同时是一位

托马斯·迈克盖尔战斗生涯记录			
日期	任务地点	战绩	内容
1943.8.17	第一次战斗任务		
1943.8.18	韦瓦克	3架	
1943.8.21	韦瓦克	2架零式	获得银星奖章
1943.8.29	韦瓦克	2架	
1943.9	转移到多波杜拉，获得飞机，“胖妞二号”		
1943.9.28	韦瓦克	2架零式	打光所有子弹并失去了一个引擎
1943.10.15	奥罗海湾	1架	空战在多波杜拉上空进行，被地面上所有人员所目睹
1943.10.17	奥罗海湾	3架	借用尼科少校的飞机，跳伞后受伤
1943.10—12	在澳大利亚住院治疗		
1943.12	提升为上尉，每天执行2次飞行任务，但没有接触到敌人		
1943.12.26	格鲁斯特角	3架	
1943.12.29	很少接触战斗，5个月之内无新战绩	提升为第431战斗机中队行动指挥官	
1944.1		飞行时间27小时	
1944.2		飞行时间60小时，转移到芬施哈分(Finschhafen)	
1944.3		分配到“胖妞三号”——1架P-38J-15；转移到那达扎布（Nadzab）	
1944.4		在475战斗机大队的几场大仗中运气欠佳	
1944.5		转移到霍兰迪亚(Hollandia)	
1944.5.16	诺姥佛岛（Noemfoer）	1架Ki-43	5个月以来第一次击落
1944.5.18	马诺克瓦里（Manokwari）	1架Ki-44	总战绩18个击落纪录，提升为少校
1944.6.16	杰夫曼（Jefman）	2架	1架Ki-43和Ki-51
1944.7.上旬	第475战斗机大队转移到比阿克（Biak）		
1944.7.下旬	哈马荷拉斯（Halmaheras）	1架Ki-43	
1944.8	“胖妞三号”损坏，分配到“胖妞四号”		
1944.9	分配到“胖妞五号”——1架新的P-38L		
1944.10中旬	巴厘巴板	3架	转到第9战斗机中队执行护航任务
1944.11.1	塔克洛班	1架Ki-44	
1944.11.10	塔克洛班	1架Ki-43	
1944.11.22		2架零式水上侦察机	
1944.12.7	奥莫克海湾	2架Ki-44	和邦一起飞行
1944.12中旬	宿务岛	1架	
1944.12.25	马尼拉	3架	
1944.12.26	马尼拉	4架	
1945.1.7	内格罗斯岛		最后的任务

深受下属拥戴的领导——但他不是美国陆航头号王牌飞行员。这个遗憾，也许能在生命的最后一刹那让托马斯·迈克盖尔的心头微微一颤。

托马斯·迈克盖尔传奇一生中的每个故事一直为后人所津津乐道。在新泽西州，一个空军基地以他来命名，以永远铭记这位杰出的战士。

P-38王牌飞行员前十名（Goto Top）

姓名	击落记录	荣誉
理查德·邦	40	国会荣誉勋章
托马斯·迈克盖尔	38	国会荣誉勋章
查尔斯·麦克唐纳	27	优异服务十字勋章
杰拉尔德·约翰逊	22	优异服务十字勋章
杰伊·罗宾斯	22	优异服务十字勋章
托马斯·林奇	20	优异服务十字勋章
比尔·哈里斯	16	
乔治·韦尔奇	16	优异服务十字勋章
爱德华·克雷格	15	
西里尔·霍默	15	

西南太平洋战区空战战术

托马斯·迈克盖尔少校

1944年5月4日，第5战斗机司令部印刷出版

1944年10月20日，远东航空兵再版

前言

如果要为初涉战区的新兵面授机宜，常人的思维往往会被众多急待陈述的复杂信息所困扰。所有部分都不可或缺、绝大部分都至关紧要，全部元素综合在一起，绝非能以几段报告的篇幅使听众吸收。然而，迈克盖尔少校的这篇报告罕有地清晰透彻，却又包含了大量有价值的信息。

俗语曰：布丁好坏，一尝便知。在西南太平洋战区，迈克盖尔少校所在的战斗机大队用8个月的时间击落了329架敌机。他所陈述的正是这支战斗机大队，以及它旗下那些优秀飞行员的战术。

新兵们，这篇报告不要看过一遍就放下，请一次又一次地反复阅读。在战斗前你学得越多，在战斗中你将能学到的会更多，你会争取到更多的机会能让自己继续学习。

查尔斯·麦克唐纳

美国陆军航空兵中校

编队和战术

概要

P-38中队的标准编队是由4支4机小队组成16架飞机的阵形，4机小队是进行攻击和防卫的基本单位。跟随着领队飞机，小队的其余成员以大约45度角的方位排列成直线，小队成员之间的水平距离维持在1到3倍的机身长度之间。领队飞机的僚机可以跟随在上方或下方的位置，小队的另外一支长机-僚机分队位于它的对面、领队飞机的上方位置。不管位于上方或是下方的哪个位置，小队成员之间都必须保持1到3倍机身长度的水平距离以及领队飞机身后45度角的方位。

这种编队为4机小队的所有成员保证了最大的可见度，完全覆盖视野的各个方向：领队飞机可以确认4机小队处于紧密编队的状态，而他也处在小队其余成员的视野范围之内。编队具备相当的灵活性，足以在转弯或交叉换位机动时使飞机保持节流阀控制不变，同时又不会给4机小队的效力带来影响。小队尽可能保持队

形，便可拥有相互支援的优势，而这种编队架构足够松散，可以使领队飞机在进行突发的转弯、俯冲、战斗中爬升至具有显著优势的高度时，不会被队友落下或失去联系。在这里需要着重指出的是：跟随领队飞机、离开它的视野盲区，这是小队其他成员的职责。编队的“灵活性”并非随意的代名词，稍稍飞离领队飞机的视线，便有可能影响领队对4机小队态势的掌握，从而干扰其做出战术部署，进而威胁到小队的安全。

不管执行任务的内容是掩护、巡逻还是搜索，不管采用何种编队，4机小队都应该始终如一地保持队形。队形的设计意图为获得最大限度的防御能力，决不可将其变为线形横队，只有在战斗中，方可将其变为线形纵队。

和小队编队一样，中队的阵形具备同样的灵活性以及广阔视野，每一个跟随的小队都能和中队的领队飞机以及前方小队保持目视接触。领队的第1小队在前方保持最低的飞行高度；第2小队跟随在左后方或右后方；第3小队跟在前两支小队后方、并尽可能和第2小队保持对称；第4小队跟随在第3小队的左侧后方，偏离第1小队正后方的位置。在垂直面上，各支小队交错向上展开，小队之间的高度差在500到1000英尺之间。中队编队之内，各小队可以在转弯或交叉换位时避免过多的调整节流阀。这个编队运用在所有作战任务当中，它不仅能够保护自身，而且还能通过最简单的步骤转换成攻击阵形。

战斗编队

在战斗中，例如护航任务中，4机小队是基本的作战单位。战斗的基本原则是：将小队成员之间的间隔保持在3－6架飞机长度范围内，集中力量进行打击。中队里的各支小队后移变阵成线形纵队，之间相隔半支小队的长度、同时稍稍交错。对于中队编队或者小队编队，稍稍交错的线形纵队的优势在于：既能保证向领队指定的目标投射密集的火力，又可避免误伤前方的队友。

然而，这条原则往往只在第一回合的交手中发挥作用，第一回合过后，一支16机的战斗机中队几乎不可能保持原有的密集队形。中队里所有的小队都会继续在同一个空域内活动，距离足以保持相互支持，但已经无法保持线形纵队。不管是进攻或者防御，在大多数情况下，各小队会在交手后散开到各个方向。这时，4机小队的真正优势便开始展现。小队中的4架飞机必须尽可能地保持队形，如果攻击目标是敌军轰炸机，则完全没有必要将队形散开。对小队指挥官来说，没有比攻击一支轰炸机小分队之后、小队成员四散分开更尴尬的事情了。对于小队指挥官来说，直面少量敌机的危险程度无法与交火时散乱的队形相比，那会导致自己处在队友交叉火力的包围之中。

和敌机打过一次照面之后，小队指挥官要尽力带领队伍进行一次小角度的俯冲或者爬升，以使他的队友能够跟上，并保持原本的队形。这阵容齐整的3架飞机能够给小队指挥官最佳的支持。小队末尾的飞机为前面的队友提供警示，当它受到攻击时，小队指挥官可以掉转机头给予掩护。

如果交战的对方是敌军战斗机群，那么4机小队会有可能被切割成两支双机分队，但不能再进一步分离。分队的僚机没有任何借口离开它的长机，双机分队必须成为任何环境下战斗的最小基本单位。这个最小的定义，是以我方取得胜利的目标为准绳的。在战斗中，我们损失的95%人员要归咎于单机作战、脱离小队其他成员。如果我们在任务中遭受人员伤亡，诸如“他最后一次出现时距离编队其余成员有一定距离”此类的语句便会在战斗报告中一次又一次地出现。

几个月之前，我们在拉包尔上空经历的一场遭遇战便是对以上文字的完美诠释。在飞抵目标区之前，第1小队便有1架飞机损失，为此第3小队指挥官便顶替了中队指挥官的位置。第3小队损失2架飞机之后，3支小队12架飞机的阵容便削减为9架。在中队掩护的B-25轰炸机群完成了对目标的低空轰炸、开始返航之时，有60—70架日军战斗机出现，拦截轰炸机和护航机群。敌机的第一轮攻击过后，第1小队的2号机被打散、和大部队失去了接触，其余各支小队均被分割成双机分队的形式作战。这样，代理中队指挥官便失去了僚机的掩护，被敌军重点照顾、遭受轮番攻击。看到这一幕，第2小队的1分队长机（同时也是第2小队指挥官）便带领他的僚机掩护中队指挥官。在他们进行第一次开火之后，长机便击落了1架“齐克”(Zeke，美军飞行员给零式战斗机的绰号)，他的僚机朝向另外1架“齐克”打出了一个长点射，将其赶走。该分队的第二次开火是对头攻击，长机再次击落了1架“齐克”，另外1架“齐克”也被打跑。第3次交手的敌人来自11点低空方向，此时长机消耗光了弹药，而“齐克”又从左边咬住了它。长机命令僚机向自己的方向射击，结果是“齐克”在烈焰的包裹中坠落。

这时，又有2架“齐克”战斗机从后方逼近中队指挥官，第2小队的这架长机向它们冲去，做出攻击的假相，并最终迫使敌机拉起转到相反的方向。我方视野范围内还有5架敌机，其中的1架从右侧发起90度偏转角的攻击。长机调转机头对准敌机，这架“齐克”又被它已经打光子弹的枪管吓跑。如果没有第2小队的这支双机分队提供尽忠职守的掩护，中队指挥官定会在战斗中牺牲。正是严密的近距离防护挽救了他的生命。

不要贸然出击、扮演孤胆英雄的角色，那意味着你要押上自己和你要保护的队友的生命为赌注。你可能会走运一两次，但不要忘记：你离开队友超过一分钟之后，你和他的好运气就要到头了。

由于4机小队的最后一架飞机无人监管，飞这个位置的飞行员需要抵挡强烈的诱惑，才能抑制自己的冲动、不脱离编队自行其是。因此，在这个战区内的一个普遍战斗经验便是让编队中最可靠的僚机（可靠意味着有足够的经验尽忠职守）来飞4机小队中最后一架、也就是四号机的位置。同时，第1小队和最后的第4小队一般都是中队里最强的两支团队。小队末尾的四号机是至关重要的成员，如果你被指派到这个位置上，请尽力完成自己的职责。对你来说，这并非出自谦逊和礼貌，而是个人重大的义务和责任。

战术——为轰炸机群护航、抵御敌军战斗机的战术

重型轰炸机，近距离掩护

近距离掩护通常指一个中队的战斗机安排在轰炸机群两侧、1个中队在前方、1个中队断后，不过这要取决于轰炸机群以及预计中拦截敌机的数量。掩护24架以下的轰炸机群不需要出动全部4个中队，但随着轰炸机数量增加，护航战斗机群的规模也随之增长。到轰炸机数量达到100架以上时，它们将编组成一个整体，我们需要出动3－4个中队进行近距离掩护、2个中队进行中－高空掩护，以及可能还需要1个中队进行高空掩护。

近距离掩护的战斗机在轰炸机群上空100－400英尺高度飞行，不断左右摆动航线以保持前进速度降低到和轰炸机群一致。如果轰炸机的编队较为松散，则要提高警惕，密切注意外侧的空域。当轰炸任务完成，开始返航之时，受伤的或者三三两两掉队的轰炸机需要安排一支小队的战斗机进行掩护。

重型轰炸机，高空掩护

为轰炸机群提供有效的高空掩护是相当棘手的工作，因为拦截的日军战斗机掌握着作战的主动权，而且能够挑选最适合它们的位置进行攻击。在轰炸机群以及它们的近身护卫之上4000－8000英尺高度，高空掩护的战斗机群在跟随着前进方向左右摆动航线。日本人基本上从来不进行真正的拦截作战，他们只是想用一、两架战斗机的出击干扰我们的编队。不过，在轰炸机群进入投弹航线或者投弹完毕之后，他们偶尔也会派出三三两两的飞机进行拦截。几乎每次拦截作战前日军战斗机都会占据优势高度。他们会来一个半滚机动，从头顶俯冲杀向轰炸机群，然后向侧面拉起飞离，最后回到他们原先的高度。轰炸机编队对此不会来得及还击，因此唯一可能的对抗战术便是由高空掩护的战斗机群分成4机小队的形式，在日军战机的攻击开始之前就俯冲而下将其赶跑。对于这些四散逃窜的日军战斗机来说，没有什么标

准战术来对付他们，也不能指望能够全部一网打尽。因此，只要日军战斗机一露面，就要做好动手的准备。

有时候，高空掩护的战斗机群也会承担一些近距离掩护的职责。这通常发生在敌机从高空开始俯冲的同时，往往有一些战斗机从下方展开攻击，它们的目标通常是B-24轰炸机。这时，近距离掩护的战斗机群便要降低高度对付这些新的威胁（这就在轰炸机群旁边留出了需要填补的空隙）。

记住，日军战斗机最喜欢的目标是它们最容易得手的猎物。当离开目标区返航之后，便要将注意力放在受伤掉队的轰炸机之上。一架受伤的轰炸机无法经受5－6架“齐克”的轮番攻击，为预防这些险情发生，中队指挥官必须指派旗下各支4机小队，将受伤的轰炸机置于战斗机的掩护范围之内。

掩护执行低空任务的攻击机或者轰炸机

为低空作战的攻击机或者轰炸机提供护航时，战斗机中队与其的高度差要比掩护重型轰炸机编队略大。通常情况下，战斗机位于轰炸机或攻击机编队上方的200－600英尺高度。高空掩护编队的飞行高度也要随之提升，大概在近距离掩护编队之上8000到10000英尺高度。由于敌军不可能从更低的高度出现，我们的战斗机群主要职责就是在敌军战斗机准备动手，接近轰炸机或攻击机编队之前把它们打散。拦截攻击机时，日军战斗机通常以接近垂直的角度俯冲到或者俯冲过攻击机编队的高度，随即大角度爬升飞离。有一些日军战斗机会以攻击机相同的高度进行水平拦截，但在这个高度性能上的劣势往往使敌军的努力变为徒劳，除非最狂热的攻击者。在这里，战斗机中队的编队也将分散开来，以在各个不同的方位抵御并化解敌军的动作。在战斗开始时，4机小队通常会分散为双机分队的形式作战，这是因为保护落单的轰炸机比掩护整个编队的优先级更高。

在这种任务中，尾随追击穿过攻击机编队、还没有恢复高度的敌机是一种常见的诱惑。实际上这种行为是愚蠢而毫无作用的，它将削弱中队以及小队的实力，破坏护航任务的效果。在这样的环境下，轰炸机和攻击机群要发动攻击；你必须为它们保障完好的工作环境、尽可能清除敌军的干扰。

战术——拦截敌军轰炸机的战术

和我们一样，日军也非常明确地知晓密集编队的优势。日军的轰炸机编队会顽强地保持队形；如果有队员被击落，它们会将队形收缩，以尽可能减少受攻击的机会。对于这种战术，我们的答案是在第一个回合攻击时运用全部16架飞机的兵力，将敌机编队打散。这可以最大程度地集中我们的力量，敌军也会被迫分散他们的兵力。我们的职责是驱散敌机编队，阻止其抵达轰炸目标。当编队被打散之后，零星的敌军轰炸机便成为战斗机小队或者分队的好目标。

中型轰炸机

攻击敌军中型轰炸机编队的最佳方式是：从敌机前方左右两侧以40－50度的偏转角进行射击，随后保持在敌机编队的同一侧转弯脱离。通过转弯机动重新占据敌机前方左右的位置，进行下一轮攻击。整个战斗机中队要始终如一地保持队形，如果敌军护航战斗机从中作梗，战斗机中队将拆分为4机小队的形式进行应对。

另外一种同样有效的攻击方式是：从高空垂直俯冲而下，保持45度偏转角射击并脱离接触。这可以使我们的战斗机远离日军中型轰炸机尾部20毫米机关炮的射击范围，也能使整个中队保持队形。

当你杀向轰炸机群时，不要和敌军战斗机交手。敌人的战斗机不会对轰炸目标造成任何伤害。因此，击落轰炸机比击落战斗机更能削弱敌军的空中打击力量。个人的战绩可能不会非常明显，不过，当你击落或者赶走敌军轰炸机，这将整体上提升团队的成果。避免和敌军战斗机交手，除非它们的存在完全无法忽略。

轻型和俯冲轰炸机

根据接敌态势，我们可以选择对头或者侧面攻击，不过对轻型和俯冲轰炸机最佳的攻击方式是从正后方展开。我们很少碰到轻型轰炸机，但对机轮放下的俯冲轰炸机非常熟悉，几乎有种亲切的感觉。在现代战争中，这些速度缓慢、火力贫弱、无装甲的飞机是再好不过的移动靶子，而它们的战斗队形似乎就是为了让自己尽可能多地被击落而定制的。在15000－18000英尺之间开始俯冲，“瓦尔”(Val，美军飞行员给九九式轰炸机的绰号）可以达到300－325英里/小时之间的最大速度，投下炸弹后，它们会向右转弯在海平面高度拉起。在这里，它们将分散编队，以不同的方向返航。P-38能够轻易赶上它们的俯冲，不费吹灰之力地迫使它们在飞近轰炸目标投弹之前就早早把炸弹抛除。从俯冲中拉起改平之后，“瓦尔”的速度飞快下降、在水面上掠过，这时追杀它们的P-38可以跟上去给予致命一击。

护航的敌军战斗机通常会像一群昆虫一样，在轰炸机编队的上空排布成一个大型的松散阵形。它们不会进行平行或者交叉的编队飞行，也不会阻挡一次明显的拦截，除非处在具有压倒性数量优势的前提下。日军战斗机飞行员更倾向于在交火双方的边缘游弋、不时咬上单个的目标，或者从云层中冲出、来个突然袭击，随即尽可能快地钻回云层的掩护当中。

当掩护俯冲轰炸机时，日军的战斗机几乎不跟着它们降低高度进行护卫。看起来，俯冲轰炸机只是作为诱饵来吸引我方火力，而并不能得到保护。“齐克”和

“奥斯卡”(Oscar，美军飞行员给隼式战斗机的绰号) 会保持高空飞行，期待我们的战斗机会上来和交手，而不敢降低高度以使自己更容易受到攻击。不要招惹它们——跟着俯冲轰炸机飞下去就成，你会几乎看不到日军战斗机来阻挡你。

这张1943年12月26日的作战态势表是日军空战战术的一个有趣范例，当时敌方派出一队轰炸机群意欲袭击我军在格鲁斯特角的登陆部队。我军进行巡逻的一支战斗机中队被命令前往一处可疑空域进行侦察，但当它们抵达时，却发现该处空空如也。当这支中队回到登陆场的舰船集结点上空后不久，它们被指派到另一处又是完全不见敌机踪影的空域 (雷达部队称这是“淡出”现象)。造成这个情况的原因是日军战斗机投下了大量小型降落伞，挂着干扰箔条，以迷惑我军雷达系统，引诱战斗机飞离巡逻区上空。当战斗机中队再次回到舰船集结点上空时，发现正在23000英尺高度上接近的日军战斗机群。战斗机中队随即爬升拦截，同时，另外一群日军战斗机朝向这支战斗机中队俯冲。我方战斗机中队在敌机下方转弯，开始小角度俯冲。此时，中队指挥官发现在18000英尺高度，有一队大约30架日军轰炸机准备攻击我方舰队。战斗机中队没有主动与头顶上空的日军战斗机交手，而是在指挥官的带领下攻击日军的这群俯冲轰炸机，尾随着它们俯冲，并迫使大部分敌机过早抛弃挂载的炸弹。与此同时，日军的“齐克”和“奥斯卡”维持在高空中，与其他中队的P-38捉对厮杀。上文提及的那支P-38中队驱赶日军俯冲轰炸机一直到最低的高度，从正后方追上开火、一鼓作气击落14架敌机，并没有受到任何敌军战斗机的拦截 (其他中队追击其余的俯冲轰炸机，亦有斩获)。如果这支战斗机中队被日军诡计所迷惑，转而与上方的“齐克”交手，敌军的轰炸机群便能长驱直入至低空、顺利投下炸弹，从而重创我军舰队。对日军战术的了解以及迅速的判断，这使得中队指挥官可以做出最佳的选择。他知道：将这个中队带入易受攻击的低空空域并不会引来日军战斗机、危急中队的安全，因为日军战斗机群不会跟到低空之中。他同样知道：在“瓦尔”进入最佳的投弹位置之前便将它们驱散，这是更好的作战方式。一场成功的战斗并非取决于你面对的敌人类型，而是你在战斗中避免或者造成的伤害总量。

日军飞机，飞行员战术

日军战斗机

唯一机动性劣于P-38的日军战斗机是双引擎的“尼克”(Nick，美国飞行员给Ki-45屠龙战斗机的绰号)。当陷入敌我之间的相互追逐时，你应该尽量避免进行小角度俯冲、爬升或者转弯，因为没有哪条教科书上的缠斗伎俩能被P-38发挥得超过日军战斗机的。

在追击敌机时，绝对不要以30度以上的仰角拉起，因为飞机速度的损失将使日军飞行员用一个筋斗机动咬上你的尾巴。当你尚处于上风时就要考虑脱离战斗，不要把机会等到敌人占据战场的主动权。要将战斗按照己方的节奏来展开，而并非敌军的节奏。

短期内的日军空中力量，包括日本陆航以及日本海航，都将装备更先进的高速战斗机。据信，日军此举的重点将投放在陆航的“弗兰克”(Frank，美军飞行员给Ki-84疾风战斗机的绰号）以及海航的“乔治”(George，美军飞行员给紫电战斗机的绰号）上。以上这些飞机均属于时速400英里/小时以上的高速战斗机的范畴。随着最大平飞速度的提升，以往典型单引擎日军战斗机所体现出来的异乎寻常的机动性被迫做出了一定程度的牺牲。简而言之，日军战斗机的高空性能会有进步。一个有趣的事实是：到目前为止，我们掌握的情报表明没有任何一种日本海航战斗机加装了防弹装甲以及油箱防护。高压氧气瓶运用在日本海航的所有战斗机上，它们通常被安置在驾驶舱的正后方。同时，油箱总是安装在机翼根部。

与之相比，日本陆航战斗机通常安装有油箱防护以及氧气生成装置，减轻了在爆炸或者火灾中飞机的危险性。在后期的战斗机中，陆航通常会加上厚重的防弹装甲，位置在飞行员的后方以及下方。

武器方面，日本陆航很喜欢在战斗机上安装12.7毫米机枪，它的结构和机械特性几乎等同于我们的点50口径勃朗宁机枪。这种机枪得益于机械缓冲装置，具备更高的射速，但射程要比勃朗宁机枪略短，通常使用加装有引信的子弹。7.7毫米口径的机枪被陆航和海航的战斗机采用，以战斗中的表现来评价，其弹道特性和维克斯（Vicker）点303口径机枪相同。在大口径武器方面，日本海航更倾向于厄利孔(Oerlikon）机炮，该型号最近得到了改进，新部件的运用使炮弹获得了比旧型号上更快的膛口速度。这将在未来成为日军的标准装备。

为了方便新手飞行员的训练，以下将给出日军各式战斗机的详细性能说明。这份概要文档可视为美国陆航西南太平洋战区正式教程的补充。

“奥斯卡”

在这款陆军版的零式战斗机上，2挺通过射击协调器同步的12.7毫米机枪穿过机头的螺旋桨射击。其驾驶舱周围的装甲尤其薄弱，只安置有少量防弹钢板来保护飞行员。油箱之外，包裹有极其简陋的防渗漏材料。

“齐克”

机翼安装有2门20毫米机炮，2挺7.7毫米机枪穿过机头的螺旋桨射击。这架最著名的日本海航战斗机在速度和爬升率上稍稍胜出“奥斯卡”。它最薄弱的环节位于驾驶舱周围。如果由水准相当的飞行员驾驶，它可以视为一个接近时需要多加小心的高爆炸药包。

除非零式的距离已经非常接近，一般情况下利用高度和速度上的优势，（美军战斗机）被“齐克”和“奥斯卡”追击时，最佳的规避方式是节流阀全开、进行高速的小角度爬升或俯冲。如果你拉开了和背后日军战机之间的距离，你可以调转机头反击，不过要避免转身过早。如果日军战斗机具备较快的俯冲速度，让你的飞机只管埋头俯冲、直到375－400英里/小时之后再改平拉起。如果你对速度具备良好的判断力，在“奥斯卡”和“齐克”没有显示出快速跟上的迹象之前，一个小角度俯冲就足以甩掉它们了。

“托尼”(Tony，美军飞行员给Ki-61飞燕战斗机的绰号)

通常的武器配备是机头2挺12.7毫米口径、通过射击协调器穿过螺旋桨射击的机枪，机翼每侧各有1挺12.7毫米机枪。配备上更厚重的防弹钢板以及质量尚可的自封闭油箱之后，这个型号不像“奥斯卡”和“齐克”那样容易被子弹打爆或者着火，除非被相当准确地命中。作为类似P-40的直列式液冷引擎战斗机，“托尼”并不具备高度优势，但在水平飞行时，速度比“齐克”要快，而俯冲速度方面的优势更为明显。如果正处在俯冲动作当中，那么规避这种飞机的成功战术便是俯冲中右转弯。在高速条件下，“托尼”右转弯的操纵性相当糟糕，因此日军飞行员想转向这个方向将遭遇上大麻烦。

如果你被敌机在同一高度上从后方追逐，那么一个非常高速的、小角度爬升会拉开敌我之间的距离，你通常都能这样甩开敌人。

这个诀窍是我们的一名飞行员以非常艰难的方式发掘出来的。有一次，他正从对韦瓦克（Wewak）的作战中返航，被3架“托尼”截击。他当时的高度为20000英尺，随即进行小角度俯冲，往南一直飞了接近100英里接近海岸，而那些“托尼”还继续在后面穷追不舍。飞行员被迫改变战术，他开始进行高速的小角度爬升，那些“托尼”很快便不见踪影。他是第一位用这种战术对付“托尼”的飞行员，这次探索得出的经验帮助我们许多战友避免了同样的错误。

如果你位于低空，可以高速向右侧急转弯逃离，这是紧急情况下的规避动作。要注意，不到万不得已应避免考虑这个战术，同时要小心不要把自己送到敌人枪口上。

“东条”(Tojo，美军飞行员给Ki-44钟馗战斗机的绰号)

对这种具备优秀爬升率以及在18000英尺达到370英里/小时速度的新飞机，我们还知之甚少。根据那些接触过“东条”的飞行员描述，对这种飞机的最佳规避动作是进入高速俯冲。

“尼克”

在当前战区内，这种双引擎战斗机出现的机会不多。由于性能上差距明显，P-38和其他美军战机飞行员发现自己的坐骑能够在转弯、速度、爬升等方面的比试上超过“尼克”。“尼克”机体架构坚固，它的俯冲追击能给我们造成麻烦。不过，除非它靠近了你的尾巴，否则不用担心这些。

“弗兰克”

“弗兰克”正在逐渐取代陆军中开始过时的“奥斯卡”的位置，最近几次的拦截行动揭示了它的战术运用。与“奥斯卡”师出同门，“弗兰克”被认为具备与它的前任类似的机身轮廓，也和“东条”颇为神似。它和“东条”在外观上的相同点曾经导致了我方飞行员数次误认，后者被认为用于填补“奥斯卡”与后续的标准配备——“弗兰克”入役前的空隙。

“弗兰克”配备有18缸发动机，以及甲醇喷射系统。对其坠毁残骸的研究揭示了“弗兰克”的机头装备有2挺12.7毫米机枪、安装在引擎罩正面11点以及1点钟位置，由于射击协调器的作用，机枪射速受到了影响。在机翼上，安装有2门20毫米机炮，其结构与勃朗宁12.7毫米机枪非常相似。“弗兰克”的飞行员被半英寸厚的防弹装甲严密保护，其机身油箱的防护则相对差劲。

“杰克”(Jack，美军飞行员给三菱公司雷电战斗机的绰号)

据信，“杰克”是作为日本海军的标准单引擎战斗机而设计的。它配备有一台可以提供几乎2000马力输出的18缸发动机，引擎罩进行了流线处理。要获知该型号的识别方法，可以查阅美国陆航的情报概要，它同样为作战人员提供了他们所属战术单位所应了解的技术资料。不幸的是，到目前为止，我们还没有机会对“杰克”进行测试，因此，有关它的技术资料也未能得到彻底的验证。当前的情报揭示了“杰克”的机头整流罩内安装有2挺7.7毫米机枪，两侧机翼各有1门20毫米机炮。武器配备也有可能更改为两侧机翼各安装2门20毫米机炮，取消机头通过射击协调器工作的机枪。飞机装备了高压氧气瓶，油箱没有防护措施。

“欧文”(Irving，美军飞行员给中岛公司月光战斗机的绰号)

“欧文”是日本海航装备的夜间战斗机。这种双引擎飞机配备有雷达，以适应夜间飞行，同时还安装有常规的武器。“欧文”的机头整流罩内安装有2挺7.7毫米机枪以及1门20毫米机炮。

其背部以及垂直方向的机枪配置可谓独一无二。2门交错排布的20毫米机炮以

35度角固定安装在机身背部，沿着飞行方向朝前上方射击。另2门20毫米口径的机炮同样以固定的35度角安装在机身腹部，沿着飞行方向朝前下方射击。

“欧文”的油箱具有保护措施，飞行员背后安置有防弹装甲。机翼前沿的翼缝被证明为“欧文”带来了低速时优秀的机动性以及失速操纵性。

日军飞行员

日军飞行员倾向于单机作战，不喜欢编队飞行或是以中队和小队的规模发动攻击。不过，最近的作战中发现了日军战斗机开始模仿我方4机小队的编制来为它们的轰炸机群护航。

虽然总体上日本海航飞行员的素质要高于日本陆航，但日军飞行员的水准完全不可预知，包括了富有经验的老手飞行员以及完全的菜鸟。这与我军均衡的人员素质没有可比性。想估摸一下对方的实力，唯一较为可行的办法是辨认他的座机造型——类似“齐克”或“奥斯卡”、在银色或灰色的机身上涂有旭日标志的是日本海航战斗机；而采用绿色、棕色或者迷彩涂装的“尼克”、“托尼”是日本陆航战斗机。

在战争早期，日军飞行员凭借个人技术以及进攻性名噪一时，他们不费多少功夫便将这个名声延续下去，只要自己的对手是我们老旧的P-39和P-40战斗机。自从P-38和P-47战斗机进入这个战场、海军的F4F和F6F战斗机开始在所罗门地区入役之后，日军飞行员开始学会了警觉，警觉到了懦弱的地步。即便在自己的机场上空，他们也会尽力远离战斗。

对此，一个明显的体现便是日军飞行员对于对头攻击的反应。他们很不喜欢这种作战方式，十个当中有九个会首先把机头偏开，即便自己已经飞到了武器射程之内。的确，对于一架火力弱、装甲薄、射击弹道不集中的战斗机来说，对头攻击不是一种值得推荐的战术。但，传说中日军飞行员那些“万岁”的狂热呼喊和自杀冲撞又是怎么一回事呢？对此未有耳闻，因为在敌营之中，日军飞行员并未获得生活的乐趣，也不想为其丧命。相反，他们会从对头攻击中偏转机头、转到后方想咬住你的尾巴。P-38飞行员只需要保持当前的速度，或者来一个小角度俯冲，便能使他们的伎俩化为泡影，因为敌机在转弯中损失的速度会马上拉开敌我之间的距离，以致无法跟上后方形成威胁。因此，在进行对头攻击时，有经验的飞行员从来都是保持速度，最多简单地压杆俯冲。日军飞行员的战术也是一成不变。此外，对头攻击还有一条不可违背的准则：除非背后完全无威胁，否则不要转弯。

有人认为日军飞行员的射击技术优秀，但事实并非如此。日军战机的枪械质量差、弹道缺乏交汇点，这几点综合起来，使得许多我军飞行员在遭受日机射击时幸免遇难。但无论如何不要轻视日军飞行员的射击技术。

日军空战战术

当被我方追击时，日军飞行员通常依靠半滚机动进行规避，而且几乎总是向左翻滚。所以，当你咬上敌机的尾巴时，要瞄准它稍微偏左的位置，而且要准备随时转向左侧射击。如果小队或分队指挥官迫使日军战机进入一个半滚机动，那么，对于一个警觉的僚机飞行员来说，他有一段短暂的时间可以压低机头，朝敌机进行高偏转角射击。这个机会稍纵即逝，如果未有准备，很难抓住。如果你以前没有看到过，那必须先观察仔细敌机的半滚机动。一架“齐克”可以在700英尺到1000英尺的范围内做出半滚机动或者半滚倒转机动，除非你亲眼目睹，否则很难相信它具备如此杰出的机动性。

有时候，飞行员会有机会预计到日军的下一个战术。如果日军飞行员没有进行半滚机动，而是拉起规避，他通常都会向左拉起，然后失速改出。不要跟着它拉起。不过，如果你具有高度优势、看到敌人开始拉起，那你有机会在敌机达到失速点时刚好赶到，给它一次漂亮的射击。

日军中型轰炸机

日本海航著名的双引擎“贝蒂”(Betty，美军飞行员给三菱公司一式轰炸机的绰号）和日本陆航的“海伦”(Helen，美军飞行员给Ki-49怒龙轰炸机的绰号）均为日军的第一线攻击/轰炸机。它们通常组成密集的V形编队，在20000英尺到25000英尺的高度展开进攻。有时候，它们也会被发现采取线形纵队飞行。这两种型号的速度均相当快，可以达到300英里/小时的真实空速。“贝蒂”偶尔会作为鱼雷攻击机使用。和日军战斗机一样，他们的中型轰炸机火力不足、缺乏防弹装甲，同时占据了整个机翼长度的油箱没有自封闭保护措施。“莎莉”(Sally，美军飞行员给Ki-21轰炸机的绰号）是一种二线轰炸机，很少在战斗中出现，故在此无需提及。

“贝蒂”在机背安装有1个电动的20毫米炮塔。机尾炮塔同样采用20毫米口径机炮，不过为手动操纵，机头和舷窗的武器全部为7.7毫米口径的李维斯 (Lewis) 型机枪。在攻击“贝蒂”的编队时，从后方接近是一种非常危险的方式，因为机尾炮塔的威力较大。不过，如果机尾炮塔的操作人员已经被你敲掉，那就是另外一个故事了。尽管如此，最有可能取得战果的攻击方式还是对头攻击，或者从高空向侧面进攻。当这样一架轰炸机进入你的射程时不要慌张，面对薄弱的自卫火力你可以从容地给它几梭子。“贝蒂”的机翼油箱极其容易起火，而驾驶舱周围的氧气瓶会要了日军飞行员的命。

日军轻型及俯冲轰炸机

日军轻型轰炸机在这个战区内的使用主要限定在侦察以及夜间轰炸方面。俯冲轰炸机很少大规模行动，除非攻击我方大规模舰队、需要比密集编队更具备穿透力的攻击方式时。在轻型轰炸机中，“莉莉”(Lily，美军飞行员给Ki-48轻型轰炸机的绰号）出现次数较多，但速度慢、易受攻击（最近，6架该型战机在低空被一个中队的P-38撞到，在2到3分钟之内便被全部击落)。

“黛娜”(Dinah，美军飞行员给Ki-46百式侦察机的绰号)

该型号是日军最为活跃的昼间侦察机。这是一种设计出色的飞行器，速度快(具备350到375英里/小时的真实空速)、实用升限达到380000英尺。它获得高速度的代价是削弱了机体结构强度、去除了所有防弹装甲以及大部分武器，只剩1挺7.92毫米口径的机枪。

“瓦尔”(Val，美军飞行员给九九式轰炸机的绰号)

这种露面频率曾经最为频繁的俯冲轰炸机正在迅速被“朱迪”(Judy，美国飞行员给彗星轰炸机的绰号）所取代。“瓦尔”是延续日军狂热分子为了帝国杀生成仁的机种。在完成俯冲投弹攻击之后，“瓦尔”积累了250英里/小时的速度、四散到海平面高度，返回基地。就这一点来看，单架“瓦尔”成为让飞行员白白送死的自杀机器。

“朱迪”

该型号是日本海航成规模列装的最先进俯冲轰炸机。它配备有一台液冷发动机，机身线条干净流畅，在很多方面和我们的P-40极为相似。这种战机速度较快(接近330英里/小时)，在机头安装有2挺7.7毫米机枪，通过射击协调器穿过螺旋桨射击。同时，机背还有1挺7.7毫米活动机枪。该型号没有配备自封闭油箱，也没有安装防弹装甲。

“弗兰希斯”(Frances，美军飞行员给银河轰炸机的绰号)

在日本海航中，这种双引擎多用途轰炸机的出现机会正在日益增加，它被用于水平轰炸以及鱼雷轰炸。在干净流畅的机体上安装两台2000马力的18缸发动机之后，该型号的最大平飞速度达到了350英里/小时。机头的机炮有电力驱动，为20毫米口径。飞机的油箱得到了良好的保护，而只有飞行员的后方才安装有防弹装甲。

“吉尔”(Jill，美军飞行员给天山攻击机的绰号)

该型号为运用最为广泛的单引擎鱼雷攻击机。由于缺乏自封闭油箱和防弹装甲，飞机极其脆弱。引擎罩的顶部安装有2挺7.7毫米机枪，机背安装有1挺可活动的7.7毫米机枪，机腹也有1挺7.7毫米机枪。因此如果你从后下方接近该型号，需要多加小心。

战斗导引

一名飞行员的战斗准备是基于飞机驾驶技术之外更多事物之上的。足够的战斗准备应该包括主动求教于经验丰富的老手飞行员，即便这可能意味着多次地聆听同一个战斗故事。各种细碎的信息通过这种方式聚集起来，将比一整套正规教程更为行之有效，因为它和你可能遭遇的战斗息息相关。战斗准备还包括简报室内展示的各种地图，如果你不得不独自返航，这将为你提供有用的情报。你得自己去研究地形——当在糟糕的天气中飞行时，一小段熟悉海岸线的短促一瞥会帮助你迅速确定自己的方位。你还得学习在这个战区内的天气变化趋势，天气是造成我们任务损失的一个重要因素，如果你对此有足够的了解，那么你就可以在返航时给自己减少许多麻烦。不要迷信天气预报，不要对座舱内的仪表过于信任，这将把你带入非常尴尬的境地。

同时，你还要知道自己手中这架飞机的局限性和潜力。你必须牢记在心的是该型号飞机在以各个速度进行机动时的所有性能数据，同时还有手中这架飞机的任何细微特性。如果你不想把这架飞机的最佳性能发挥出来、或者挑战它的不可能之处，那你多半不会遭遇到麻烦。不要滥用发动机的功率、维持过高的歧管进气压力，让它保存实力直到你需要的那个时刻，它不会让你失望的。同时，如果飞机表现出一些细小的毛病，不要轻易以机械故障为缘由放弃任务。任何理应位于目标区上空但却中途放弃任务的飞行员只能使他的团队力量受到削弱，徒然增加队友的压力。随便放弃任务的习惯会让飞行员更容易获得坏名声、排挤甚至被迫从单位中调离。

在这个战区当中，P-38飞行员执行的是长时间的任务，从4小时到6小时不等。在任务当中，你的屁股得一直坐在折叠起来的降落伞包之上，背后偏中心的位置顶着一个急救包。在任务之前，确保自己坐得舒服；检查你身上的设备，不仅仅为了避免遗漏，而且是为了给自己在驾驶舱内整出最大的空间。这样，你的能量便不会在狭小的空间之内迅速流失，你可以在到达目标区准备战斗之时处在最佳状态。

在起飞之后，要很快检查你的瞄准镜，确保它运作正常。记住任何细小事物都可能影响到你，除非你自己足够优秀。

在前往目标区的途中，不要沉迷于不必要的无线电通话。如果你不知道自己该不该说话，那就闭上嘴巴！如果在错误的时间开口说话，你会错过重要的指示或者警告。要对战斗机的呼号系统了如指掌。如果你在海面上飞行，即便无法看到陆地的状况，你最少也应该知道自己身处哪个区域。如果其他飞行员向你发送情报，你可以了解到这条消息的来源。在目标区上空，使用时钟系统来呼叫其他飞行员，加上偏高、同水平或者偏低等高度描述。在报告敌机或者可疑情况时，你要清晰地向队友报告自己的身份。以下这种呼叫不会有任何作用，只能使你的编队分得更散：“P-38，你的背后有一架零式。”

当你接近目标时，要注意云层之内的动向，日军战斗机很喜欢以云层作为掩护进行突然袭击。同时，要记住云层对进攻和防御具备同等的价值，因为在飞机受到损伤时，或者形势迫使你飞离战场时，可以借助云层的掩护。

一位飞行员在拉包尔上空经历了下面这段故事。他的座舱盖、无线电隔舱、左侧和右侧的油箱都被子弹击中，还有1枚20毫米炮弹把他的左侧发动机打出了一个方形的口子，当即造成发动机停车以及着火。2架“托尼”和3架“齐克”从后方咬上了他的飞机，但飞行员设法进行规避，并努力飞向最近的云层。他成功了，然后努力控制飞机，熄灭火焰。此时，飞机的左侧发动机已经完全烧毁了，右侧发动机开始喘震。他一开始试图向西南方的基地返航，但都被那5架敌机发现。于是，他在云层中爬升到8000英尺，改道朝正南飞行。日军战斗机没有注意到云层的那个方向，于是飞行员驾驶P-38俯冲向海面，一口气向正南方飞了20英里，然后再掉头返航。如果战斗时天气晴朗，这位飞行员是没有机会逃脱的。运用了自己的头脑以及当时可以利用的云层之后，他驾驶着瘸腿的战斗机返回了基地，放下起落架降落，随后将飞机交付后勤部门进行维修。

在目标区上空，要注意保持队形。僚机的任务便是保护他的长机，哪怕为此一发子弹也没打出去。只要有可能，你的长机会让你开火射击，因此没必要自己主动出击（有一位飞行员获得了击落8架敌机的成绩，全部都是在飞僚机位置，没有离开长机的条件下取得的）。你是团队的一分子，保持队形事关你们团队的生死存亡，如果这不是为你自己，那也是为了其他人。只有最佳的团队合作才能取得顶尖的战果，最高的个人成绩属于那些具备团队精神的人。依靠单打独斗来积累个人战绩并不能持久，因为单枪匹马挑战日军空中力量很难存活下来。美军的战机和编队是为迫使日本人以我们的节奏来交手而设计的。在这个战场上，我们对抗日军取得胜利的最重要的因子之一便是以沉重代价抵抗日军入侵达尔文港的P-40飞行员总结出来的双机分队战术，这得到了沃特史密斯将军的发展以及大力推广。这种战术在整个战区成为标准训练科目，因为没有更好的方法能够达成敌高一我低的损失比例。

一旦进入战斗，不要将你的注意力全部集中在自己攻击的目标上。注意周围空情，这是一条需要反复重申的定律。作为人之常情，飞行员往往喜欢看着自己的攻击目标，知道它坠落下去。不要这么做！一旦你完成了一回合的射击，应当环视四周，这是为了寻找下一个目标，同时也可以避免有其他敌机咬上你。在扣动扳机之前，首先确保自己处在安全位置。

速度非常重要！有人说他不能在机动性上压倒日军战斗机，但很明显存在其他打赢日本人的优势条件，那就是速度。如果有可能，战斗中要把你的速度保持在300英里/小时以上。绝对不要在交手时把速度降低到250英里/小时以下。曾经有不少飞行员在战斗中把速度降了下来，但他们永远没有机会告诉你这么做有多么危险了。

新手飞行员会在训练学校中练习枪械射击，但进入战斗之后，他们会发现自己需要锻炼更高的技能。如果瞄准镜使用70迈的标尺，那么在300码之外，一架敌军轰炸机将填满整个瞄准镜的范围，一架敌军战斗机将占据瞄准镜一半的尺寸。除非它们在瞄准镜中显示出上述大小，否则不要开火；在300码以外你打不到敌人。另一方面，你距离敌人越近，攻击效果越好。你击中目标的机会以及造成的破坏会随着距离的减少而等比例增加。所以，再接近一些，如果你觉得自己已经够近了，还要再接近。大多数战果斐然的飞行员遵循着最短距离射击的原则，因为那几乎没有机会射失子弹，同时还能发挥最大限度的火力。当你拉进距离时，不要一路开火，打几发1到3秒时间的短点射。长点射容易导致膛口堵塞以及过热。你是在瞄准一个目标，而不是向着一块空域泼水。如果你进行高偏转角射击，把你的瞄准镜对准敌机的飞行路线。和不正确的提前量相比，射击越标或过近会浪费更多的子弹。总体而言，射击时要保持飞行平稳，飞机越平稳，射击效果也就越好。一次平稳的点射，其战果要优于很多次紧张、急促的点射。在你扣动扳机之前，试着深呼吸一次；或者在准备射击之前，给自己任何心理暗示以保证在这简短的时间里保持镇定。

你不会有很多机会扮演进攻方的角色。如果你被敌人占据高度优势、从侧面攻击，那么等到他最终出手之后，在敌机下方转弯。这迫使他进行一个更急促的转弯，减少了通过时射击的有效范围，同时在他转弯时，你会得到径直飞出逃离的机会。如果敌机进行一个照面的攻击，你的飞机受损，不要太快恢复他的正常控制。让你的飞机装得受损相当严重、失控下坠的样子。这样一来，敌机就不会牺牲其高度来对付你了。如果你改平得太早，他会跟着你冲下来，要把你结果掉，到那时，他将拥有足够的优势来干这件事。

如果战斗发生在低空，敌机显示出明显速度减缓、引诱你靠得足够近时，要多加小心。如果他位于自己的机场上空，他会很有可能把你引导到高射炮火的位置，让你成为轻型和中型高射炮火的猎物。或者，他会让你咬得足够近，以致你过于渴望打上一梭子、从而忘记自己距离地面有多么接近；然后，日本人会来一个滚转机动，诱惑你跟着进行这种P-38无法在低空施展的动作。

当你完成一次成功的任务，从战斗中凯旋归来，不要干这件最后的蠢事——不要玩胜利滚转动作。这架飞机可能遭受了不为你所知的伤害，在胜利滚转中产生的过度应力有可能扯断一根已经相当紧绷的控制索，或者损坏飞机的控制面。如果这一切发生了，你就永远也等不到回家的船票了。如果你真的非常开心，那么请驾机着陆，在地面上把它检查完毕，再把它飞起来。向地勤人员们展示自己的飞行技术何等高超，这固然很好，但不要为了这个拿这架价值125000美元的战争机器以及消耗在你身上25000美元的训练费用来冒险。

最后，我们在这里探讨了进攻、警戒、飞行技术、射击等一个飞行员应该具备的技能。如果尚未获得以上的全部技能，你应该在被指挥官认定为不适合战斗任务的类型、必须调离职位之前努力长进，早日获取飞行员的资格。

第四章
“闪电”隐去

第二次世界大战结束之后，美利坚合众国——这架曾经全速开动的战争机器骤然间停止了运行。为了最大限度地节省开支，生产武器装备的厂家接到了取消合同的通知，士兵们被早早遣散，退伍归家。

在对日战争胜利之际，美国陆航拥有225万名军人和32万名文职人员。4个半月之后，美国陆航的实力已经降至89万名军人和11万名文职人员。大量装备丢失、被盗、散落或因缺乏保养而生锈损坏。35万名航空机械师中90%以上的人员离开了部队。战时有多达50%－60%的作战飞机时刻做好战斗准备，战后只有18%。1945年8月15日，陆军航空兵共有各类大队218个，其中大多数做好了战斗准备。16个月之后，到了1946年12月，陆军航空兵只剩下52个大队，其中只有2个做好了战斗准备！

在这样的情况下，完全不顾P-38在战争做出的巨大贡献，美国陆航将“闪电”家族迅速清理出队伍。在美国本土，部分P-38被封存备用，有的以1000美元出头的象征性费用卖给当地的航空博物馆，更多在海外基地服役的P-38则被就地拆毁遗弃！

从美国人的立场来分析，历史将证明美国陆航的这一步棋走错了：在5年之后朝鲜半岛上爆发的战争当中，因为美国空军——独立后的美国陆航——缺乏有效的对地攻击力量，而不得不启用脆弱的P-51来执行危险的低空轰炸/扫射任务。一架又一架的P-51在朝鲜上空冒着黑烟坠落，面对此情此景，有人在

■ 洛克希德公司的工人们正在欢呼日本投降，第二次世界大战的结束。但不久之后，这些工人会由于美国政府取消大批P-38订单而失去在洛克希德公司的工作。

■ 在菲律宾克拉克空军基地被拆解的P-38J。

放在众多优秀的单发战斗机群中，供人评头论足。

二战中的所有单引擎战斗机设计的初衷均相当明确：要夺取制空权。经过改装，单引擎战斗机也可以挂载火箭和炸弹执行对地攻击任务，或是加装照相机执行侦察任务，但没有哪种战机能和P-38那样，在制空、对地攻击和侦察任务中均发挥出色。从这一点上讲，凯利·约翰逊的作品是独一无二的。

相对其他单引擎战斗机，P-38主要缺点如下：

◆ 动力系统可靠性不高

在欧洲战场，这个问题尤其突出。事实上，艾利森V-1710发动机在中低空的可靠性相当高，在高空环境下故障率有所提升。在欧洲战场上，P-38的引擎故障大部分由于使用不配套的燃油以及飞行员操作失误所致。其他战场上，P-38引擎故障的频率则不会那么显著。

◆ 中间冷却器功率不够

早期P-38安置在机翼前沿部分的中间冷却器能够最大限度地减少阻力，但无法根据发动机功率的增加而随之提升作用，从而限制了发动机性能的发挥。从P-38J开始的型号改用新的冷却器，问题得到解决。

高声呼喊：“P-38在哪里？”

“闪电”家族为什么如此之快地退出现役？P-38真的是一种二流战机吗？在这里，我们将进行彻底分析。

作为双发战斗机，P-38经常被评论家选中和其他二战期间的同类机型相比较。但无论是纳粹德国的Bf 110、Me 210还是后期的Me 410，都无法取得P-38那样的辉煌战果。不可否认，英国皇家空军的“蚊”式也是一种经典的双引擎飞机，在战术轰炸和侦察方面的成就堪称完美。但“蚊”本身是轻型轰炸机，出发点和P-38完全不同。

凯利·约翰逊和凯尔西认为：Bf 110那样的双座双引擎战斗机是完全不切合实际的，第二名机组成员的作用和压舱物没有任何区别。他们在P-38的发展历程中竭力避免走上Bf 110的路子，事实证明他们是对的。

然而，由于所执行的任务相同，而且作为双引擎战斗机的代表，P-38经常被不公平地驾驶舱供热/除霜系统功率不足在高空环境下，早期P-38座舱温度过低，限制了飞行员的行动，影响到战斗发挥；同时风挡除霜系统功率不足则干扰了飞行员的视野。这两个因素均对P-38的空战表现产生重要的影响。从P-38J开始的型号提升了驾驶舱供热/除霜系统的功率，问题得到解决。

◆ 压缩效应作用

由于采用较厚的机翼，早期P-38俯冲时会过早引发压缩效应，导致机毁人亡的惨剧。为了避免事故，美国陆航对P-38的俯冲机动进行了严格限制，导致在欧洲战场与俯冲性能出色的德国战斗机交手时占尽劣势。从P-38J-25-LO开始的型号加装了俯冲襟翼，问题得到解决。

◆ 操作相对复杂

对于新手飞行员来说，单引擎飞机比双引擎型号更容易学习和掌握。这就是说，相对单引擎战斗机，军方需要更多时间和金钱才能够培养出一个P-38战斗机飞行员。在战场环境、双方装备都基本相当的条件下，可供使用的飞行员数量则是影响战争胜负的一个重要的因素。这自然要严重影响到军方高层的决策。

◆ 后勤维护相对困难

P-38系列的左右两副螺旋桨相对旋转，因此需要2套不一样的变速齿轮箱，后勤压力因此加重。

为消除尾翼震颤现象，投放部队的P-38均安装有翼身结合体，翼身结合体结构精密，需要地勤人员花费大量时间维护。

为减少空气阻力，P-38的引擎罩造型相当紧凑，当地勤人员要对引擎罩内的发动机和其他设备进行维修时，会由于空间的狭小引发很多麻烦。

◆ 成本相对偏高

由于机身偏大，拥有2台发动机，P-38比其他单引擎战斗机的成本要高出不少（见下表）。

相比缺点，P-38的优点更加突出：

从表中我们可以看出，P-38的单价几乎与中型轰炸机B-25相当，大致为P-51的两倍。除此之外，训练飞行员、地勤维护甚至燃料消耗等方面的开支也要计算入P-38的使用成本之内。当第二次世界大战结束，美国陆航需要最大限度削减军费开支时，使用成

美国陆航几种战机的单价对比，单位为美元

年份	P-38	B-17	B-25	P-47	P-51
1938	163000	—	—	—	—
1939－1941	134280	301221	180031	113246	—
1942	120407	258949	153396	105594	58698
1943	105567	204270	151894	104258	58824
1944	97147	204270	142194	85578	51572
1945	95150	187742	116752	83001	50985

本偏高的P-38首当其冲，就是完全合乎情理的了。

◆ 双引擎设计的可靠性

在第二次世界大战中，欧美战斗机普遍采用强大而又脆弱的液冷引擎。如果P-51冷却器的乙二醇管道被一颗子弹贯穿，那么对飞行员来说，几乎只有弃机逃生一条路了。但“闪电”飞行员则不必担心这个，对他们来说，损失一个发动机只不过晚一点返回后方机场而已。很多在战争中幸存下来的“闪电”飞行员一直对P-38心存感激，因为正是双引擎设计救了他们一命。

◆ 对转螺旋桨布局的稳定性

P-38的左右螺旋桨采用不同的变速齿轮箱固然会给后勤工作带来麻烦，但对转的螺旋桨相互抵消了各自的扭矩，飞行员操纵起来更简单，同时飞机的稳定性和飞行品质更优秀。这是单引擎飞机永远无法做到的。此外，由于本身特殊双尾撑结构的影响，P-38是二战中极为罕见的重心位于升力中心之下的战斗机，先天性具备稳定性以及失速性能突出的优点。

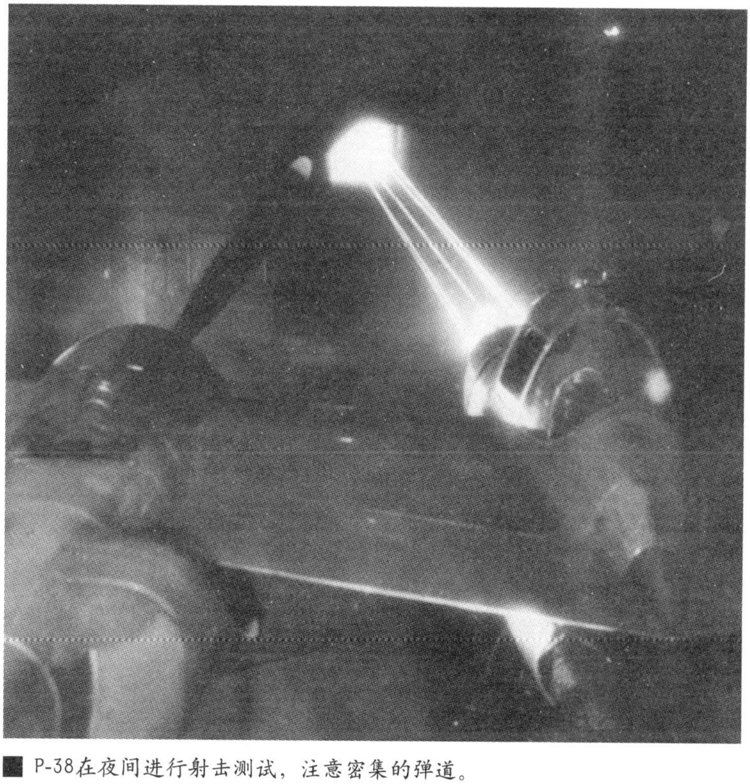

■ P-38在夜间进行射击测试，注意密集的弹道。

以上两点结合在一起，飞行员由此获得了1架稳定、高速的武器投放平台，可以精确地将大量的子弹、火箭弹以及各种炸弹投射到目标之上。

◆ 集中在机头的武器配备

P-38机头集中了4挺大口径机枪和1门机炮，弹道在有效射程范围——通常为1000码距离——之内不会发散，而是组成一条直径30英寸的火龙。驾驶员可以根据弹道指向操作战斗机，轻易地咬住并击中对手。

如果要具备这样的功能，绝大多数单引

擎战斗机就必须把尽可能多的武器装备和发动机一起挤进机头整流罩的空间中，弹道从螺旋桨中穿过。毫无疑问，机头剩余空间狭小，无法同时容纳发动机和足够多的武器配备。同时，这种布局也会带来一定的危险。

单引擎飞机的另外一种典型的武器配备方式是：将枪炮安装在两侧机翼上，在地面调节左右两侧武器的夹角，使其弹道在飞机正前方的一个固定距离交叉聚集。这样做虽然能部分实现集中火力的效果，但是弊端也是很明显的：只有和敌机的距离保持在一定范围内的条件下，才能够在其身上倾注所有的火力。这对飞行员的计算能力和时机把握能力提出了相当的挑战。尤其在2架战斗机对头攻击的条件下，相对速度超过了音速，要让飞行员估算出适当的时机扣动扳机，使交叉弹道击中对方，这并非常人能够完成的任务。

P-38“闪电”飞行员就不会有这样的烦恼：在火力射程范围之内，弹道永远是集中的！密集而又凶猛的火力成为敌军飞行员无尽的噩梦。前面提到，德国空军中尉弗兰兹·斯蒂格勒的队友中间流传的那句话“绝不和P-38做对头攻击，那完全无异于自杀”，就是这个原因。

其实，武器配备集中在机头并不是P-38的专利。二战期间很多双引擎战斗机都有着类似的配置，例如德国的Bf 110，英国的“英俊战士”等。为什么它们没有能成为P-38那样的一代经典昼间战斗机呢？原因很简单：性能相差太远。

◆ 机身结构坚固

P-38机身庞大，结构坚固，能承受比单引擎战斗机更多的外力冲击。二战中，飞行员驾驶着缺胳膊少腿的P-38安全返回基地，几乎是家常便饭了。乘坐在P-38之中，飞行员的生命就有了更多的保障。这实际上等于说，P-38为美国陆航保护了花费巨额费用培养出来的飞行员，因而减少了使用成本！

■ 强壮的体魄为P-38书写了一个又一个坚不可摧的神话。这架第94战斗机中队的P-38F-15-LO（美国陆航序列号43-2092）在北非战场对敌军低空扫射时撞上了一根电线杆。撞击中飞出的左侧螺旋桨将机头外壳从前方撕裂，被前方气流作用，形成了一个巨大的减速板；左侧机翼完全扭曲变形。这架飞机还是安全地飞回基地——副油箱还挂在机翼下。

◆ 前三点起落架

采用前三点起落架的P-38大大简化了起飞降落的难度，在地面滑跑阶段也可以像开汽车一样操纵自如。这对新飞行员来说有相当帮助，减轻了他们驾驶新飞机的恐惧心理。

相比之下，二战中很多著名战斗机的后三点起落架布局存在种种缺陷。例如德国的Bf 109就由于起落架过于狭窄，在起降阶段事故频出而遭至诟病。美国海军的F-4U“海盗”是一款出色的全能飞机，性能不亚于P-51或者P-47，但由于机头过长，后三点起落架过高，导致降落阶段的事故不断，影响了性能的发挥。在地面滑行阶段，采用后三点起落架布局的战斗机的机头部分会将驾驶舱的视野牢牢封死，需要地勤人员匍匐在机翼上引导，飞行员才能正确地驾驶飞机滑行前进；如果没有地勤人员的帮助，飞行员只能采用“之”字的滑行路线，以求从机头的左右两侧保持对前方的观察。这些问题，在P-38身上都不会出现。

◆ 出色的运载能力

凭借2台艾利森V-1710的强劲动力，P-38可以搭载与中型轰炸机相当的负荷。无论是2枚鱼雷还是上千公斤的炸弹，均能毫不费力地挂载升空。值得一提的是，P-38机头的武器配备并不会由于搭载重磅炸弹而有任何影响。一旦将炸弹投下，P-38立即可以重现战斗机本色，使用机枪和机炮扫射地面目标，甚至和敌机展开缠斗！

P-38将高速度、远航程、重火力完美地融为一身，使其担负起二战中其他战机无法实现的全能职责。有人说过：“P-38绝对不是二战中最好的战斗机，但它绝对是二战中最好的进攻型飞机！”

P-38不是完美的飞机，它有着林林总总的缺点，在战时受到种种责难。在二战结束时，性能已稍显逊色——在最大平飞速度方面，落后于“野马”与“雷电”家族的最新成员20－25英里/小时。同时，洛克希德公司的工作重心更是转移到P-80“射击星”——美国陆航第一代喷气式战斗机上来，因此，“闪电”系列的发展便早早地在P-38L上画下句号。

战后，“闪电”的战史更是被P-51的光环所掩盖。以客观的态度纵观航空历史，我们看到P-38的身份不仅仅是第二次世界大战中的美国主力战机之一，它的诞生蕴涵着深远的意义。

◆ 洛克希德公司的成长

在X-608号规范书发布之前，洛克希德公司从未涉及过军用航空领域，其规模不值一提，凯利·约翰逊也只是个初出茅庐的研究生而已。

P-38项目推动洛克希德公司不断扩展，与马丁公司合并后，最终成为今天美国最大

■ 洛克希德公司用以鼓励士气的荣誉榜，上面绘制的每一颗星星都代表着1架进入军队服役的洛克希德飞机。

由此可见P-38对于洛克希德公司、甚至对于美国空中力量的重要意义。

◆ **美国陆航的崛起**

在20世纪30年代，P-38尚未服役的年代里，美国陆航装备的战斗机与欧洲国家相比落后了整整一代。从P-38开始，美国陆航才真正拥有与世界顶尖战机所抗衡的利器。从这个型号开始，美国陆航迅速发展壮大，凌驾于其他国家空军之上，并在

的军火生产集团。同时，P-38的研发过程也造就了天才的设计师——凯利·约翰逊和他的“臭鼬”工程队。这个团队将在战争结束后继续缔造一个又一个传奇，制造出U-2、SR-71和F-117这样的划时代飞行器。

“闪电”诞生60年之后，洛克希德－马丁公司赢得了美国历史上最大的军火合同，也是全球军火采购史上最大的一笔买卖——联合攻击战斗机 (JSF) F-35的制造。F-35战斗机将在世界为多个国家承担起防卫领空的重任，其研发和部署将影响到未来各大洲的制空权格局。对于这款光芒四射的尖端战机，美国空军在审阅了多个命名方案后，最终赋予其“闪电Ⅱ”(Lightning Ⅱ) 的正式名称。

战后独立成为人类有史以来最强大的空中力量——美国空军。

这是一个大时代的开端。

感谢陈震先生为本书绘制的各类线图！

参考书目

Warren M. Bodie, The Lockheed P-38 Lightning, Widewing Publications 2001.

Joe Christy and Jeff Ethell, P-38 Lightning at War, Ian Allan Publishing 2002.

Jeff Ethell, P-38 Lightning in World War II Color, Motorbooks Publishing 1994.

Michael O'Leary, Lockheed P-38 Lightning (Osprey Production Line to Frontline 3), Osprey Publishing 1999.

Martin Caldin, FORK-TAILED DEVIL : THE P-38, Bantam Publishing 1990.

John Stanaway, Peter Three Eight: The Pilot's Story, Pictorial Histories Publishing 1986.

John Stanaway, P-38 Lightning Aces of the Pacific and CBI, Osprey Publishing 1997.

Gene B. Stafford and Don Greer, P-38 Lightning in Action, Squadron Signal Publishing 1979.

Perry Manley, P-38 Lightning in Action, Squadron Signal Publishing 1990.

Bert Kinzey, P-38 Lightning in detail & scale, Part 1, Squadron Signal Publishing 1998.

Bert Kinzey, P-38 Lightning in detail & scale, Part 2, Squadron Signal Publishing 1998.

Larry Davis and Don Greer, Lockheed P-38 Lightning, Squadron Signal Publishing 2003.

John Stanaway, P-38 Lightning Aces of the ETO/MTO, Osprey Publishing 1998.

William Wolf, 13TH Fighter Command In World War II, Schiffer Publishing 2004.

Amy E. Williams, The American Fighter Plane, BARNES & NOBLE Publishing 2005.

Jeffrey L. Ethell, Great Book of World War II Airplanes, Rh Value Publishing 1996.

Francis Dean, America's Hundred-Thousand, Schiffer Publishing 2000.

Francis Dean, Report of Joint Fighter Conference: NAS Patuxent River, MD-16-23 October 1944, Schiffer Publishing 2004.